BLV Tier- und Pflanzenführer

für unterwegs

Gesamtbearbeitung:
Wilhelm und Dorothee Eisenreich

Texte: Ute E. Zimmer,
Alfred Handel

CIP-Titelaufnahme der Deutschen Bibliothek

Zimmer, Ute E.:
BLV Tier- und Pflanzenführer für unterwegs /
Texte: Ute E. Zimmer; Alfred Handel.
Gesamtbearb.: Wilhelm u. Dorothee Eisenreich. -
3. Aufl. - München; Wien; Zürich: BLV, 1989
ISBN 3-405-13590-7
NE: Handel, Alfred:; Eisenreich, Wilhelm [Bearb.]

BLV Verlagsgesellschaft mbH
München Wien Zürich
8000 München 40

Dritte Auflage

Satz und Druck: Appl, Wemding
Bindung: Ludwig Auer, Donauwörth

Printed in Germany · ISBN 3-405-13590-7

BLV

Einführung

Dieses Buch möchte mit der Vorstellung von 549 Pflanzen- und Tierarten dem Leser einen Einstieg in das Verständnis der Natur vermitteln. Natürlich kann auch bei diesem Umfang die Artenauswahl nicht repräsentativ sein; sie soll jedoch dem Spaziergänger draußen die Möglichkeit geben, meist häufige und verbreitete Arten anzusprechen. Erfaßt sind dabei alle Lebensräume des Binnenlandes, nicht jedoch die direkte Küstenregion und die höheren Lagen der Alpen mit ihrer eigenständigen Tier- und Pflanzenwelt.
Die einzelnen Gruppen sind systematisch geordnet, mit grafischen Symbolen gekennzeichnet und so auch bereits im Inhaltsverzeichnis zu finden. Die Systematik versucht, die natürliche Verwandtschaft der Pflanzen bzw. Tiere darzustellen. Die Gruppen selbst sind aber mehr nach Auffälligkeiten und nicht mehr streng systematisch gegliedert. Sie sollen im Folgenden charakterisiert und im Text vorkommende Fachausdrücke erklärt werden.

Pflanzen

Pilze

Etwa ein Drittel aller Pflanzenarten der Erde sind Pilze. Sie besitzen kein Blattgrün (Chlorophyll), und entziehen humusreichen Böden oder dem Holz abgestorbener Bäume organische Nährstoffe. Neben einzelligen Formen haben die meisten Arten einen Vegetationskörper aus Zellfäden (Hyphen), die ein meist

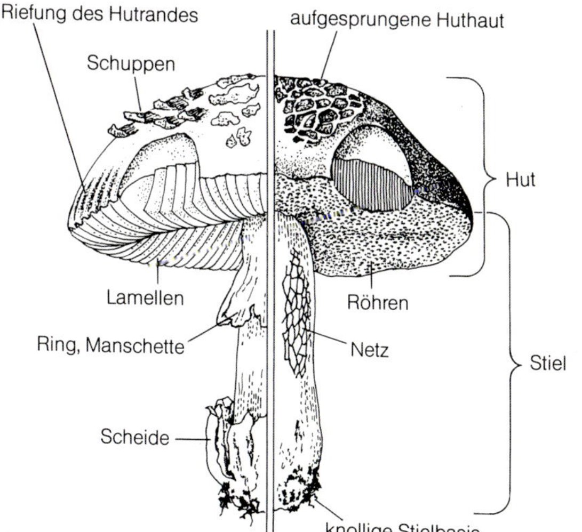

Aufbau eines Hutpilzes

reich verzweigtes Geflecht (Mycel) bilden. Bei unseren höheren Pilzen entstehen Fruchtkörper (»Pilzhüte«) aus dicht zusammengeschlossenen Hyphen, die aus dem Boden herauswachsen. In der Fruchtschicht der Hutunterseite, die zur Oberflächenvergrößerung aus Lamellen oder Röhren aufgebaut ist, entstehen ungeschlechtlich riesige Mengen von Sporen, die vom Wind verbreitet werden und die nach der Keimung ein neues Mycel bilden. Daneben gibt es noch eine recht komplizierte geschlechtliche Fortpflanzung.

Moose, Farne, Bärlappe, Schachtelhalme

Sie sind wie die Pilze Sporenpflanzen. Eine eigentliche Blüte fehlt (Kryptogamen); die Sporen der Moose werden in Kapseln, die der Farne, Bärlappe und Schachtelhalme an Blattorganen gebildet.

Die Moose unterteilt man in Leber- und Laubmoose; in diesem Buch werden nur Laubmoose vorgestellt. Sie gliedern sich in Stämmchen, Blättchen und Kapsel. Viele Moosarten sind mittels eines Wurzelfilzes im Substrat verankert. Moose können zwittrig, 1- oder 2häusig sein, d.h. ♀ und ♂ Geschlechtsorgane stehen auf einer Pflanze am selben Zweig bzw. an verschiedenen Trieben oder auf 2 verschiedenen Pflanzen. Die Fortpflanzung geht mit einem Generationswechsel einher: Aus einer Spore keimt ein Protonema (Vorkeim), aus dem das Moospflänzchen mit Geschlechtsorganen hervorgeht. Nach der Befruchtung entsteht die Sporenpflanze (Sporophyt), die gestielte Kapsel. Grundsätzlich ist jedes Moos auch zur vegetativen Vermehrung aus Bruchstücken oder Brutkörpern fähig.

Farne weisen bereits eine hohe Differenzierung auf. Erdgeschichtlich stellen sie eine sehr alte Pflanzengruppe dar. Aus einer unterirdischen Sproßachse entspringen zum ersten Mal echte Wurzeln und oberirdische mehr oder weniger lang gestielte Blätter (Wedel). Die Blattrippe, der die Fiedern ansitzen, heißt Spindel. Die Fiederunterseite trägt viele kleine Häufchen von Sporenbehältern (Sporangien), die sog. Sori (Einzahl: Sorus), die oft von einem dünnen Häutchen, dem Schleier (Indusium), bedeckt und für die Bestimmung wichtig sind. Wie die Moose haben auch die Farne einen Generationswechsel: Aus der Spore keimt ein zartes, herzförmiges Prothallium (Vorkeim), an dessen Unterseite sich die ♀ und ♂ Geschlechtsorgane entwickeln. Nach der Befruchtung entsteht noch am Prothallium die Farnpflanze mit fruchtbaren (fertilen) und u.U. auch unfruchtbaren (sterilen) Wedeln.

Die Pflanzen der Bärlappe sind immer gabelig (dichotom) verzweigt und tragen schuppen- oder nadelförmige Blätter. Die sporenerzeugenden Blätter (Sporophylle) stehen meist in dichten ährigen Ständen oder flach angedrückt an oberen Triebteilen.

Die Schachtelhalme verdanken ihren Namen dem eigenartig verschachtelten Aufbau der oberirdischen Pflanzenteile. Man unterscheidet Knoten und Glieder. An den Knoten sitzt eine Hülle teilweise miteinander verwachsener Schuppenblättchen, zwischen denen in einem Quirl die Seitenäste entspringen. Die Sporenbildung erfolgt an braunen, chlorophyllfreien, später hinfälligen oder vergrünenden Trieben mit einer zapfenartigen Ähre aus Sporophyllen an der Spitze.

Bäume und Sträucher

Der Erscheinungsform nach werden sie hier zusammengefaßt, sind aber systematisch durchaus nicht einheitlich. Die entwicklungsgeschichtlich primitiveren Nadelgehölze, deren Assimilationsgewebe als kleine, schmale Nadeln ausgebildet sind, tragen unscheinbare, 1geschlechtige Blüten, die 1häusig oder 2häusig (vgl. S. 6) verteilt sein können. Die Samenanlagen liegen nackt auf den Fruchtblättern (Zapfenschuppen). Die Nadelgehölze werden daher als »Nacktsamer« den höher entwickelten »Bedecktsamern« gegenübergestellt, zu denen unsere Laubgehölze zählen. Diese tragen flächige, breitere Assimilationsorgane, die Blätter. Die Blüten sind zwittrig oder 1geschlechtig und dann 1- oder 2häusig verteilt. 1geschlechtige

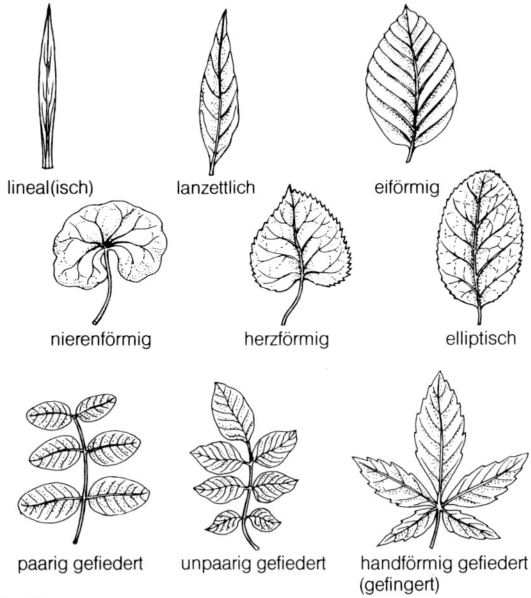

Blattformen

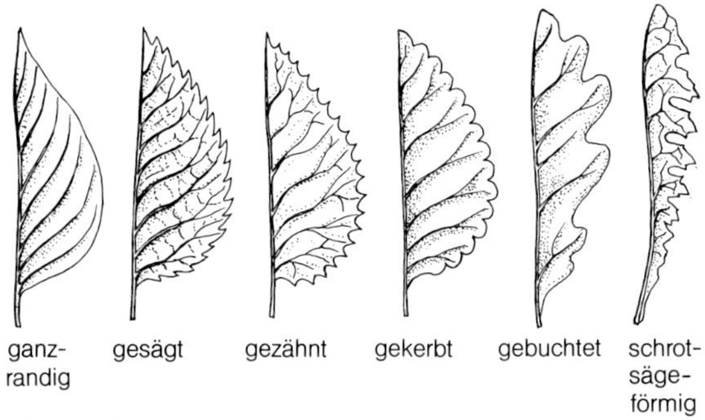

Blattrandformen

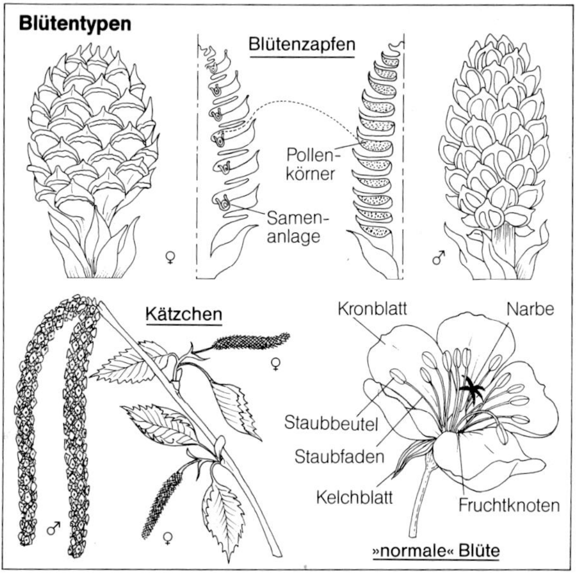

Blüten sind bei Gehölzen oft unscheinbar und zu biegsamen Ähren oder ähnlichen Blütenständen, den »Kätzchen« vereinigt, die vielfach als Ganzes abfallen. Die Bestäubung erfolgt durch Wind oder Tiere, v.a. Insekten. Häufig sind auch auffallendere Einzelblüten in einfachen oder zusammengesetzten Blütenständen angeordnet, die für viele Pflanzenfamilien typisch sind. Die Samenanlagen der »Bedecktsamer« sind immer in einem Fruchtknoten eingeschlossen. Die Früchte der Bäume und Sträucher werden in diesem Buch im Text mitbeschrieben, jedoch zur einfacheren Bestimmung in einem Extrabildteil (S.70–75) gegenübergestellt, da sie, wie auch die Blüten, überwiegend in einer jahreszeitlichen Periode erscheinen.

Krautige Blütenpflanzen

Wie zuvor dargestellt, sind Bäume und Sträucher auch Blütenpflanzen; sie wurden hier nur aus praktischen Gründen als eigene Gruppe abgetrennt. Demzufolge werden alle anderen –

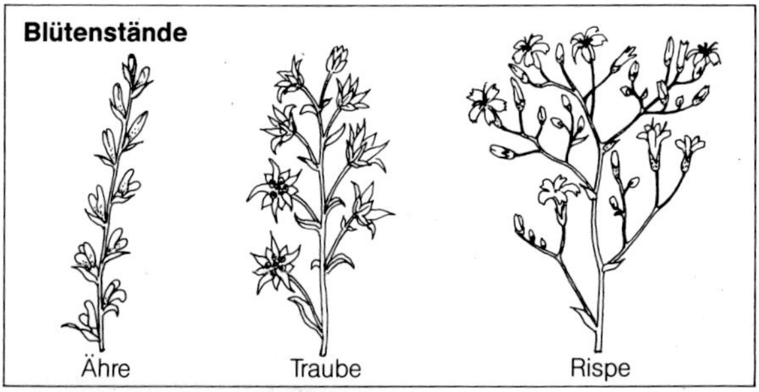

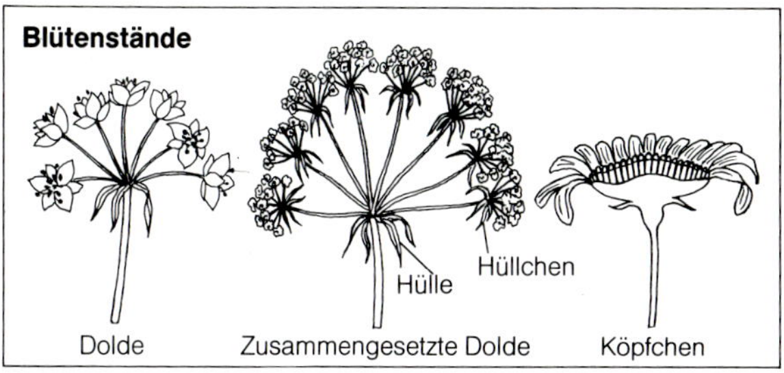

die man landläufig meist als Blumen bezeichnet – als »krautige« Blütenpflanzen gegenübergestellt, weil sie im Gegensatz zu den Gehölzen im allgemeinen keine verholzten Pflanzenteile haben. Dennoch wurden, auch aus praktischen Überlegungen, einige Kleinsträucher hier eingereiht, weil sie der Laie kaum als Gehölze erkennt, z.B. die Heidelbeere. Damit schließlich diese große Gruppe der Blütenpflanzen leichter zu handhaben ist, wurde sie nochmals nach Blütenfarben unterteilt.

Tiere

Weichtiere (Mollusken)

Aus jener Gruppe sind in diesem Buch Vertreter der Schnecken und Muscheln ausgewählt. Gemeinsam ist allen Mollusken die Gliederung in Kopf-Fuß-Eingeweidesack. Bei den Muscheln ist der Körper meist ganz von einer 2klappigen Kalkschale umgeben. Der Körper ist seitlich zusammengedrückt und besteht v.a. aus dem Eingeweidesack und dem muskulösen Fuß; der Kopf ist zurückgebildet. Zur Ernährung filtrieren die Muscheln kleinste Schwebteilchen aus dem Atemwasser, dem sie gleichzeitig mit den gut ausgebildeten Kiemen auch den notwendigen Sauerstoff entnehmen. Die Fortpflanzung erfolgt über eine, häufig parasitierende, Larve.
Die artenreichen Schnecken finden wir im Meer, Süßwasser und an Land. Sie alle besitzen einen muskulösen Fuß, einen Kopf mit Fühlern, an deren Basis oder Spitze Augen sitzen können, sowie einen rückseitigen, meist schalenbedeckten Eingeweidesack. Dieser erfährt bei den Schnecken eine charakteristische Drehung (Torsion) um die Längsachse, die in der spiralig aufgedrehten Kalkschale wiederholt wird. Von der Oberfläche des Eingeweidesackes reicht eine Hautfalte (Mantel) nach unten und umhüllt die Basis kragenartig. Dies führt zur Bildung einer Mantelhöhle, die die Atemorgane, häufig auch die Mündung der Ausscheidungs- und Geschlechtsorgane birgt. Die Schale wird vom Mantel abgeschieden. Bei Nacktschnecken ist sie bis auf einen winzigen Rest im eingeebneten Eingeweidesack (Mantelschild) zurückgebildet. Die Entwicklung der Meeresschnecken erfolgt über eine Larve, die der Süßwasser- und Landschnecken direkt.

Aus der großen Gruppe der Gliederfüßer (Arthropoden) sind als Beispiele Vertreter der Spinnen, Tausendfüßer und Insekten ausgewählt, wobei letztere nochmals in verschiedene Ordnungen unterteilt werden. Allen Arthropoden gemeinsam ist eine deutliche, äußere, heteronome Segmentierung des Körpers, dh. die Segmente sind gruppenweise voneinander unterschieden, innerhalb der Gruppe jedoch gleichartig. Namensgebende Merkmale sind die gegliederten Extremitäten, die als Laufbeine, Mundwerkzeuge und Sinnesantennen (Fühler) dienen können.

Spinnen

Der Körper gliedert sich in einen Vorderkörper und einen, oft durch eine tiefe Einschnürung von diesem getrennten Hinterkörper. Der Vorderkörper trägt 6 Extremitätenpaare: vorne die Cheliceren als Greif- oder Stechorgane, meist zum Nahrungserwerb, und die Pedipalpen, die bein- oder taster-, auch scherenartig ausgebildet sein können. Ihnen folgen 4 (für Spinnen charakteristisch!) Laufbeinpaare. Die echten Webspinnen haben an der Unterseite des Hinterleibes einen Spinnapparat aus 6 Spinnwarzen, die mit Hilfe der vielen hundert Spinndrüsen im Körperinnern zur Herstellung der bekannten Netze dienen. Alle Spinnen sind getrenntgeschlechtig, die Entwicklung ist meist direkt. Einige Arten betreiben Brutfürsorge.

Tausendfüßer

Zu ihnen gehören einige Gruppen entwicklungsgeschichtlich sehr alter Tiere, die wie die Insekten Tracheenatmer sind und 1 Paar Antennen am Kopf tragen. Ihr Rumpf besteht aus sehr vielen, gleichartigen Segmenten, die bei den »Doppelfüßern« bis auf die 3 ersten (mit je 1 Extremitätenpaar) alle je 2 Laufbeinpaare tragen. Im Gegensatz hierzu sind die Segmente der »Hundertfüßer« (mit Ausnahme des ersten und der 3 letzten Segmente) mit nur je 1 Laufbeinpaar bestückt. Die Angehörigen dieser Gruppen sind Bodentiere mit z. T. sehr hoher bodenbiologischer Bedeutung.

Insekten

Als die bei weitem artenreichste Tierklasse weisen sie – trotz vielfältiger Abwandlungen – alle die gleiche Körperorganisation in Kopf-Brust-Hinterleib auf. Der Kopf trägt 4 umgebildete Extremitätenpaare: 1 Paar Antennen, 3 Paar Mundwerkzeuge; der

Körperregionen eines Insekts (Schmetterling)

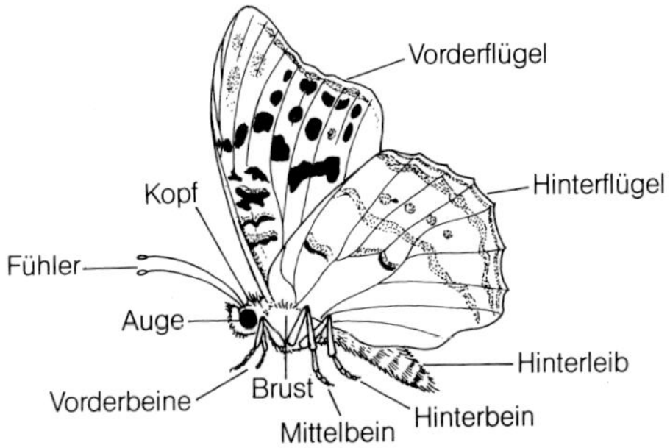

Brust sitzen unten 3 Laufbeinpaare und oben die Flügel an. Der normalerweise extremitätenlose Hinterleib trägt höchstens Anhänge. Charakteristisch ist zudem das harte Außenskelett des Körpers aus Chitin.
Hervorzuheben sind die beiden unterschiedlichen Entwicklungswege der Insekten: In einem Fall (Heuschrecken, Wanzen, Zikaden) entwickelt sich das fertige Insekt (Imago) über Larvenstadien, die der Imago sehr ähnlich sehen (unvollständige oder hemimetabole Entwicklung). Im anderen Fall (Libellen, Schmetterlinge, Käfer, Hautflügler, Zweiflügler) entwickelt sich die Imago über eine Larve (Made, Engerling, Raupe u. ä.), die völlig anders aussieht als die Imago und sich verpuppt. Aus dieser Puppe schlüpft dann die Imago (vollständige oder holometabole Entwicklung).
Bei vielen Insekten kommt es zur Brutpflege. Diese Brutfürsorge ist Ausgangspunkt für soziale Insektengemeinschaften, die mehrfach unabhängig voneinander entstanden sind (Bienen, Wespen, Hummeln, Ameisen, Termiten). Manche Staaten sind 1jährig (Wespen, Hummeln), kompliziertere ausdauernd (Bienen, Ameisen, Termiten). Bei Ameisen und Bienen kommt es zur Kastenbildung: die Arbeiter(innen) sind unfruchtbare Tiere,

Entwicklung der Insekten

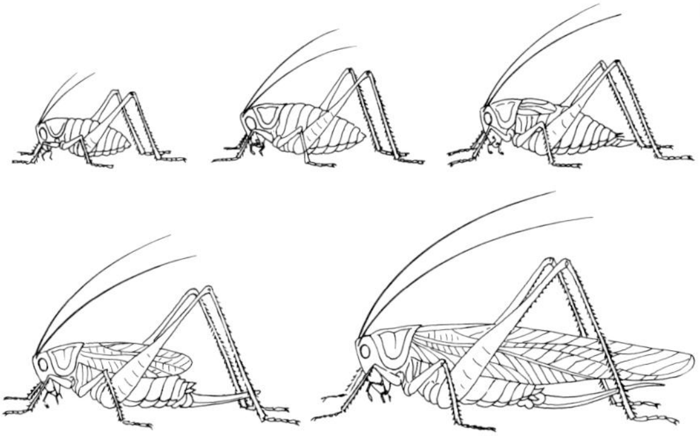

Beispiel für »unvollständig« (Grünes Heupferd)

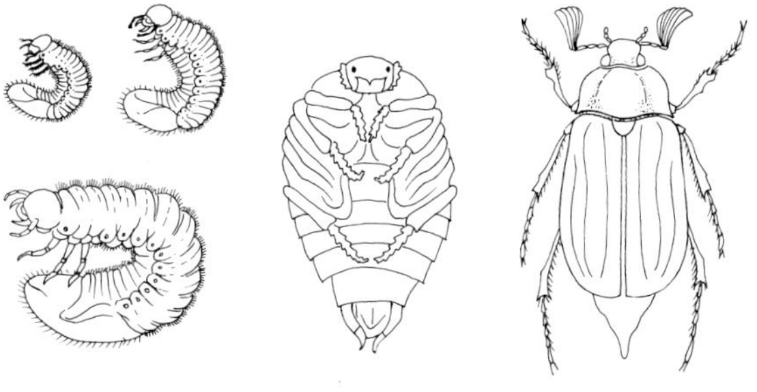

Beispiel für »vollständig« (Maikäfer)

die Fortpflanzung ist auf einzelne Geschlechtstiere (Königinnen) beschränkt. Die Vermehrung der Staaten erfolgt durch Ausschwärmen geflügelter Geschlechtstiere oder durch Teilung sehr großer Staaten.

Die letzten 5 beschriebenen Tierklassen gehören den Wirbeltieren an. Ihnen sind folgende Charakteristika gemeinsam: Knöcherne oder knorpelige Schädel, Kiemenbögen und Wirbelsäule, 2 Extremitätenpaare, die allerdings sekundär zurückgebildet sein können (Schlangen). Der Körper gliedert sich im allgemeinen in Kopf-(Hals)-Rumpf-Schwanz (teilweise zurückgebildet!). Das Gehirn ist hochentwickelt.

Fische

Diese sehr alte Klasse besteht aus wasserlebenden Formen, die als erwachsene Tiere mit Kiemen atmen. Neben den Knorpelfischen stellen die Mehrzahl der heutigen Fischarten die Knochenfische, von denen einige Arten hier vorgestellt werden.

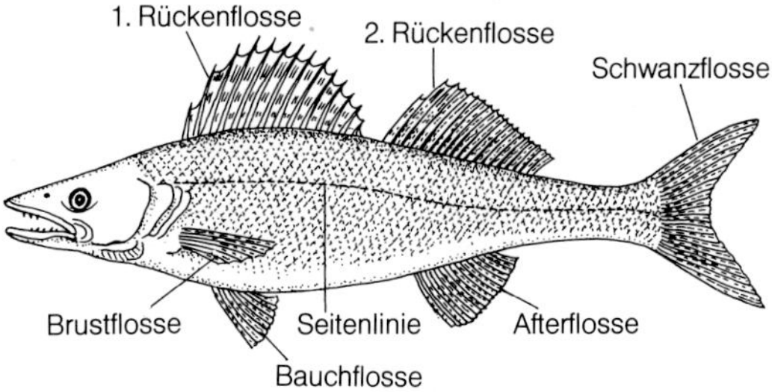

Körperregionen eines Fisches

Außerhalb der Laichzeit sind ♀ und ♂ in Gestalt und Färbung meist sehr ähnlich. Bei vielen Arten kommt es jedoch zur Laichzeit zu Veränderungen der Färbung, auch der Körperform v.a. der ♂ sowie zum Auftreten einer eigenartigen Körnelung (Laichausschlag) des Kopfes und/oder Vorderkörpers. Die Laichablage erfolgt entweder am Standort oder nach u.U. weiten Wanderungen in Schwärmen an bestimmten Laichplätzen. Die Befruchtung ist meist eine äußere. Einige Arten betreiben Brutpflege.

Lurche (Amphibien)

Im Gegensatz zu den meisten Wirbellosen gingen die Wirbeltiere nicht vom Meer aus sondern vom Süßwasser an Land. Die Amphibien bewohnen noch beide Lebensräume. Typische Schwanzlurche sind Salamander und Molche, deren Skelett noch teilweise knorpelig bleibt. Nur primitivere Arten haben noch eine äußere Befruchtung. Die Eier werden in Gallerthüllen an Wasserpflanzen abgelegt. Die wasserlebenden Larven ähneln weitgehend den erwachsenen Tieren und besitzen fädige, äußere Kiemen, die lange am Körper bleiben. Die Vorderbeine entwickeln sich zuerst. Der Feuersalamander ist larven-, der Alpensalamander lebendgebärend.

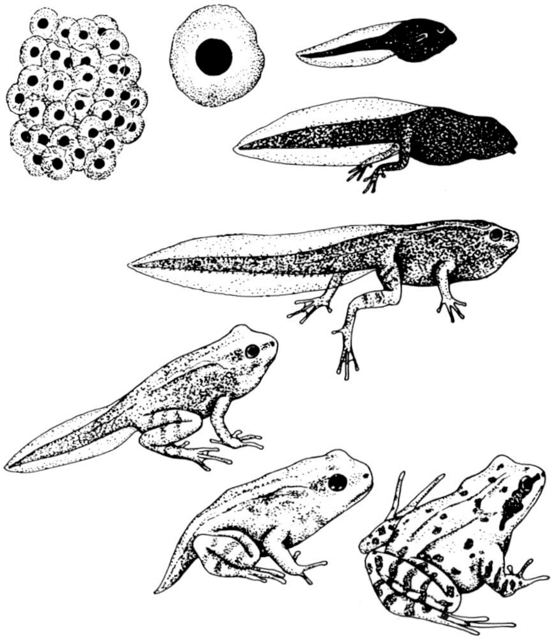

Entwicklung eines Froschlurchs (Grasfrosch)

Das charakteristische Merkmal der Froschlurche (Frösche, Kröten, Unken) ist ihre lockere, drüsenreiche Haut und ihr enormes Springvermögen, das durch Verlängerung der Hintergliedmaßen und den zurückgebildeten Schwanz begünstigt ist. Froschlurche findet man im Wasser, grabend in der Erde, auch auf Bäumen. Die Eier werden in einer Gallerthülle einzeln oder in Laichballen oder -schnüren (arttypisch!) abgelegt. Aus ihnen schlüpft die bekannte Kaulquappe mit plumpem Kopf, Flossensaum und Ruderschwanz. Die äußeren Kiemenanhänge verschwinden bald wieder, die Hinterbeine entwickeln sich zuerst, der Flossensaum und Ruderschwanz werden langsam zurückgebildet.

Kriechtiere (Reptilien)

Die Haut dieser Tiere, von denen einige Eidechsen und Schlangen vorgestellt werden, ist trocken, sehr drüsenarm, oft durch Hornschuppen oder -platten verstärkt, z.T. mit Knochenplatten unterlegt (Krokodile, Schildkröten). Kiemen treten, auch in der Embryonalentwicklung (nur noch Kiemenbögen!) nicht mehr auf, die Atmung erfolgt nur durch Lungen. Zur Begattung dienen paarige oder unpaare Begattungsorgane. Die meisten Reptilien legen dotterreiche, große Eier, die von einer pergamentartigen, häufig kalkinkrustierten Schale umgeben sind. Aus ihnen schlüpfen die jungen Reptilien. Einige Arten (Kreuzotter, Blindschleiche, Waldeidechse) sind lebendgebärend.

Vögel

Diese Klasse wird hier aufgrund ihrer unterschiedlichen Erscheinungsformen in mehrere, nicht unbedingt systematische Gruppen aufgespalten und mit jeweils einigen Vertretern vorgestellt: »Wasservögel«, Greifvögel, Hühner und Rallen, Watvögel mit Möwen und Seeschwalben, Tauben, Eulen, Spechte, Singvögel. Die Ordnung der Singvögel ist dabei die größte. Allen

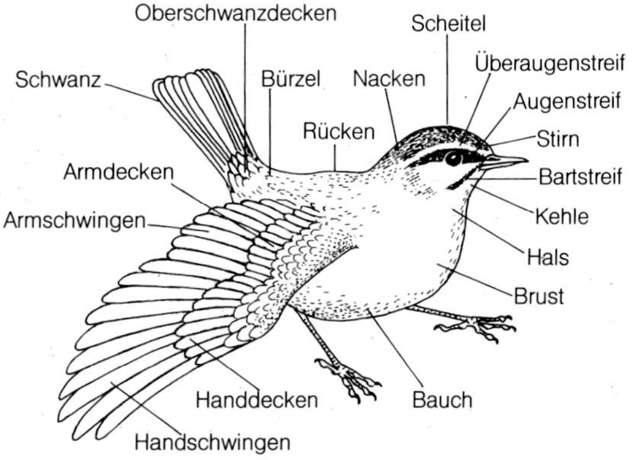

Körperregionen eines Vogels

Singvögeln gemeinsam ist ein komplizierter Stimmapparat, eine relativ geringe Größe, sieht man einmal von den zu den Singvögeln zählenden (!) Rabenvögeln ab. Alle Singvögel sind Nesthocker, im Gegensatz zu den nach dem Schlupf sofort selbständigen Nestflüchtern z.B. der Enten und Gänse.

Säugetiere

Sie sind durch eine Anzahl Merkmale von den übrigen Wirbeltieren unterschieden, von denen als augenfälligste die folgenden erwähnt sein sollen: feste, drüsenreiche Haut, echte Haare, der Besitz von Milchdrüsen, deren Sekret zum Säugen der Jungen dient. Weiterhin die 4 Zahntypen Schneide-, Eck-, Vorbakken- und Backenzähne mit einem natürlichen Zahnwechsel vom Milch- zum Dauergebiß. Wie die Vögel sind Säugetiere Warmblüter mit weitgehend konstanter Körpertemperatur, mit Ausnahme von Winterschläfern (z.B. Fledermäuse, Igel). Im einzelnen sind hier Vertreter der folgenden Gruppen beschrieben: Insektenfresser, Fledermäuse, Nagetiere und Hasenartige, Raubtiere, Huftiere.

Hinweise zur Benutzung des Buches

Texte

Sie sind weitgehend nach gleichen Stichpunkten gegliedert.
Bei allen Gruppen bedeuten
[M] = Merkmale und [V] = Vorkommen

Hinzu kommen bei allen Pflanzen (S. 18–210)
[B] = Besonderheiten

bei den wirbellosen Tieren (S. 212–280)
[L] = Lebensweise, Entwicklung

und bei den Wirbeltieren (S. 282–388)
[L] = Lebensweise und [F] = Fortpflanzung

Informationskästen

Sie stehen neben den Überschriften der Texte und enthalten Kurzinformationen, die bei der Bestimmung helfen, zusätzlich Wissenswertes vermitteln und das Nachschlagen erleichtern. Die Kästen sind daher von Gruppe zu Gruppe unterschiedlich aufgebaut.

Pilze

Höhe in cm	Zeit des Erscheinens	Genießbarkeit*

* dafür 3 Symbole:
= eßbar = ungenießbar = giftig

Moose, Farnpflanzen

Wuchshöhe in cm	Zeit der Sporenreife

Bäume und Sträucher

Wuchshöhe in m	Blütengröße in mm oder* Blütenstandsgröße in cm	Blütezeit

* Der Laie hat bei manchen Pflanzengruppen Schwierigkeiten, die Einzelblüten als solche zu erkennen; was er sieht ist der Blütenstand. Deshalb wird hier in der Größenangabe unterschieden (siehe auch folgende Gruppe).

Krautige Blütenpflanzen

Wuchshöhe in cm	Blütengröße in mm oder* Blütenstandsgröße in cm	Blütezeit

* siehe vorige Gruppe

Weichtiere

Größe (Länge bzw. Gehäusedurchmesser) in mm	bevorzugter Aufenthalt

Spinnen, Tausendfüßer, Insekten (ohne Schmetterlinge)

Körperlänge in mm*	Beobachtungs-zeitraum	bevorzugter Aufenthalt

* bei Libellen steht darunter die Flügelspannweite in mm

Schmetterlinge

Spannweite in mm	Flugzeit	Anzahl der Generationen pro Jahr

Fische, Lurche, Kriechtiere

Körperlänge (mit Schwanz) in cm	bevorzugter Aufenthalt	Fortpflanzungszeit

Vögel

Größe in Vergleichsform*	Zugverhalten** und Zeit der Anwesenheit	Anzahl der Bruten und Brutzeit

* Hier wird mit bekannten Größen verglichen, z.B.: Taube = so groß wie Taube; <Taube = kleiner als Taube; >Taube = größer als Taube
** Angabe, ob Zugvogel, Standvogel o.a.
(siehe Abkürzungen)

Säugetiere

Größe in Vergleichsform*	bevorzugter Aufenthalt	Fortpflanzungszeit

* siehe vorige Gruppe

Gefährdung nach der Roten Liste

Die Rote Liste unterscheidet verschiedene Kategorien der Gefährdung:
0 = Ausgestorben oder verschollen
1 = Vom Aussterben bedroht
2 = Stark gefährdet
3 = Gefährdet
4 = Potentiell gefährdet
Da Arten der Kategorien 0 und 1 in diesem Buch gar nicht enthalten sind, und die andere Unterscheidung für den Laien nicht von ausschlaggebender Bedeutung ist, wird nur die Tatsache der Gefährdung schlechthin angegeben. Dies erfolgt durch ein **G** vor dem Informationskasten.
Geschützte Arten sind nicht eigens markiert. Denn einerseits sind die Schutzbestimmungen regional zum Teil unterschiedlich, und anderseits sind sie oft unzureichend: nicht alle gefährdeten Arten stehen unter Schutz!

Abkürzungen

Mit Abkürzungen wurde im Interesse einer leichten Benutzbarkeit sparsam umgegangen. Die wenigen sind hier erklärt:
♂ = Männchen, männlich
♀ = Weibchen, weiblich
S = Standvogel
Str = Strichvogel
Z = Zugvogel
TZ = Teilzieher
DZ = Durchzügler
Ø = Durchmesser
römische Zahlen (z.B. III–V) für Monate (März bis Mai)

Gallenröhrling
Tylopilus felleus

8–15 cm	VI–X	

M Ein sehr typisches Merkmal ist die immer deutliche, braune Netzaderung der gesamten Oberfläche des bauchig verdickten, hellbraunen Stieles. Der Hut (5–15 cm) ist gelblich bis hellbraun, bei Trockenheit wird die Oberfläche rissig. Die Röhren sind anfangs weiß, später rosa (Unterschied zum Steinpilz!). **V** Die Art bevorzugt Nadelwälder mit sauren Böden. **B** Eine besondere Bedeutung dieses Pilzes liegt darin, daß er am häufigsten mit dem wohl beliebtesten Speisepilz, dem unten beschriebenen Steinpilz, verwechselt wird. Der Irrtum klärt sich allerdings sehr schnell beim Genuß des Pilzes auf. Der gallenbittere Geschmack (Name!), der selbst schon durch einen Pilz verursacht wird, macht die Pilzmahlzeit ungenießbar.

Steinpilz
Boletus edulis

5–14 cm	VII–X	

M Der anfangs halbkugelige, helle Hut wird mit zunehmendem Alter weiter ausladend und dunkelbraun (Ø bis 30 cm). Er sitzt auf einem keulenförmigen Stiel, der sich nach oben verjüngt und meist im oberen Bereich mit einer deutlichen Netzstruktur versehen ist. Die Röhren an der Hutunterseite sind im Jugendstadium rein weiß, werden aber später gelblich bis gelbgrün. Das recht feste Fleisch ist weiß und unter der Huthaut bräunlich. Es verändert sich an Schnittflächen nicht. **V** Man findet den Steinpilz in der angegebenen Zeit in all unseren Waldtypen. **B** Aufgrund seines ausgezeichneten, nußartigen Geschmacks ist der Steinpilz der wohl bekannteste und am häufigsten gesuchte Speisepilz. Verwechslung mit dem Gallenröhrling ist möglich. Pilzkenner unterscheiden mehrere Steinpilz-Arten, die auch in der Standortwahl verschieden sind.

Netzstieliger Hexenröhrling
Boletus luridus

4–20 cm	VI–X	

M Das Farbspektrum der Hutoberfläche (Ø bis 20 cm) dieser Art umfaßt gelbbraune, dunkelbraune und rotbraune Farbtöne. Die Hutform ist im Jugendstadium halbkugelig und wölbt sich später auf. Auch die Röhrenfärbung an der Hutunterseite muß differenziert betrachtet werden: während die Röhren selbst gelb bis gelbgrün gefärbt sind, ist die Röhrenmündung rot, so daß die Hutunterseite rot erscheint. Der Stiel ist ockerfarben bis gelblich und mit einem rotbraunen Netz überzogen. Beim Anschneiden erscheint das Fleisch gelblich, verfärbt sich dann aber sehr schnell bläulich. **V** Bevorzugt Buchenwälder, ist aber auch in anderen Laubwäldern, selten auch in Nadelwäldern anzutreffen. **B** Der Pilz sollte nur gekocht verzehrt werden. Man kann die Art mit dem giftigen Satansröhrling verwechseln, dessen Hut allerdings heller erscheint.

Maronenröhrling
Xerocomus badius

6–14 cm	VII–XI

[M] Der Maronenröhrling wird immer wieder mit dem Steinpilz verwechselt, obwohl doch einige Merkmale eine sichere Unterscheidung erlauben. So genügt es schon, die gelbliche bis gelbgrüne Röhrenoberfläche an der Hutunterseite zu berühren. Die Druckstelle läuft im Gegensatz zum Steinpilz immer bläulich an. Der Hut des Pilzes ist kastanienbraun und erreicht 15 cm Ø. Der in der Dicke stark variierende Stiel ist gelblichbraun, oft faserig gestreift, aber niemals mit netzartiger Oberfläche. Das wohlschmeckende Fleisch (läuft beim Anschneiden bläulich an) riecht obstartig. [V] In Laub- und Nadelwäldern. [B] Der vorzügliche Speisepilz wird hin und wieder mit dem gallebitteren und netzstieligen Gallenröhrling verwechselt.

Birkenpilz
Leccinum scabrum

8–15 cm	VI–X

[M] Der 8–12 cm breite Hut ist gelblich bis dunkelbraun, selten auch grau bis fast weißlich. Die Röhren sind weiß bis blaßgrau und ragen bei älteren Exemplaren deutlich unter dem Hutrand hervor. An der Einmündung des Stieles ist die Röhrenschicht eingesenkt. Der Stiel verjüngt sich nach oben, ist weißlich und mit dunkelgrauen bis schwärzlichen Schuppen übersät. Das Fleisch ist bei Jungpilzen fest und weiß, mit zunehmendem Alter wird es schwammig. Die Jungpilze zählen zu den guten Speisepilzen. [V] Entsprechend dem Namen ist diese Art häufig unter Birken - oftmals in Gruppen - anzutreffen. [B] Das Fleisch dieses guten Speisepilzes wird beim Kochen schwarz. Der Birkenpilz kann mit einigen anderen *Leccinum*-Arten verwechselt werden. Da diese aber ebenfalls eßbar sind, kommt der Verwechslung keine nachteilige Bedeutung zu.

Rotkappe
Leccinum testaceoscabrum

10–15 cm	VI–X

[M] Der Stiel dieser Art ähnelt dem des oben beschriebenen Birkenpilzes sehr stark. Auch hier ist die weiße bis hellgraue Oberfläche mit schwarzen Schuppen bedeckt. Deutlich unterscheidet allerdings die Rotkappe der namengebende, orangerote Hut (Ø max. 15 cm); er läuft am Rand häutig aus. Die Röhren sind weißlich bis schmutzig grau und um die Stielmündung eingesenkt. Das Fleisch ist weiß und riecht sehr schwach. Beim Anschneiden verfärbt es sich deutlich blau. [V] Wie der Birkenpilz kommt auch die Rotkappe bevorzugt unter Birken vor. [B] Aufgrund des ausgezeichneten Geschmacks zählt die Rotkappe zu den gern gesammelten Speisepilzen. Bei der Zubereitung wird das Fleisch schwarz. Diese, auch Birken-Rotkappe genannte, Art wird leicht mit der Espen-Rotkappe *(L. aurantiacum)* verwechselt, die allerdings rotbraune Stielschuppen hat.

Kahler Krempling

Paxillus involutus

4–7 cm	VI–XI	

M Der umgebogene Hutrand ist namengebend für die Gruppe der Kremplinge. Diesen Vertreter charakterisiert eine feinfilzige, nach Regen glatt glänzende Hutoberfläche. Die Hutfarbe variiert von lederbraun bis oliv-bräunlich. In der Hutmitte befindet sich meist eine deutliche, trichterförmige Vertiefung. Die Lamellen sind gelblich, werden dann gelbbraun und dunkeln bei Berührung sehr schnell nach. Sie laufen am Stiel herab und sind leicht abzulösen. Der Stiel ist voll und zur Basis verjüngt, die Farbe variiert von gelblich bis bräunlich-gelb. **V** Man findet die Art in Laub- und Nadelwäldern. **B** Das gelbbraune, roh stark giftige Fleisch wird beim Kochen schwarz. Auch im gekochten Zustand wird vom Genuß abgeraten.

Wiesenchampignon

Agaricus campester

5–9 cm	V–X	

M Der dick fleischige bis 10 cm breite Hut ist weiß, zunächst halbkugelig, später gewölbt, und seine abziehbare Oberhaut ist manchmal fein geschuppt. Um Verwechslungen mit Giftpilzen zu vermeiden sollte man sich die Lamellenfärbung einprägen: sie sind bei Jungpilzen zunächst rosa, werden dann braun und letztlich schwarz. Der weiße Stiel ist voll fleischig, hat eine glatte Oberfläche und einen weißen, häutigen Ring. Das Fleisch ist weiß, evtl. leicht rosa, riecht angenehm und schmeckt mild. **V** Der hochgeschätzte Speisepilz ist bevorzugt auf gedüngten Wiesen anzutreffen. **B** Die Pilze erscheinen häufig nach ausgiebigen Regenfällen und sind dann meist in großen Massen zu finden. Sehr oft wachsen sie in Hexenringen oder verstreuten Gruppierungen. Die Art kann leicht mit anderen Champignon-Arten (z.B. *A. radicatus*, *A. vaporarius*) verwechselt werden.

Waldchampignon

Agaricus silvaticus

8–14 cm	VII–X	

M Die Lamellen sind bei diesem Pilz im Jugendstadium rosa bis blaßgrau, später kräftig schokoladenbraun. Der Stiel entspringt nie einer Scheide. Der Hut dieser Art wird bis 10 cm breit, ist anfangs gewölbt und flacht sich dann ab. Die Hutoberfläche ist zimtbraun faserig beschuppt. Der am Grunde verdickte Stiel ist leicht geschuppt und rötet beim Anschnitt deutlich. Ziemlich weit oben sitzt ein breiter, abstehender Ring. **V** Die Pilze gedeihen bevorzugt in Nadelwäldern und dort v.a. unter Fichten. Der Boden muß kalkhaltig sein. **B** Trotz deutlicher Unterschiede wird diese, wie andere Champignon-Arten, sehr häufig mit den tödlich giftigen Knollenblätterpilzen verwechselt, die im selben Lebensraum vorkommen. Eine Verwechslung ist v.a. durch die Beachtung der Lamellenfarbe und der fehlenden Stielscheide sicher zu vermeiden.

Parasolpilz
Macrolepiota procera

15–35 cm	VII–X	essbar

M Die schirmartigen Hüte dieses Pilzes erreichen 30 cm ∅; er gehört damit zu den größten Schirmpilzen unseres Waldes. Im Gegensatz dazu sind die Hüte der Jungpilze eiförmig bis kugelig. Die Huthaut ist immer in deutliche hell- bis dunkelbraune Schuppen zerrissen. Nur das Hutzentrum bleibt glatt. Die Lamellen sind weiß und nicht mit dem Stiel verwachsen. Getragen wird der Hut von einem bis 40 cm hohen, ebenfalls braun geschuppten Stiel, der durch einen deutlichen, verschiebbaren Ring charakterisiert ist. V Man findet Parasolpilze an lichten Stellen unserer Wälder sowie an Waldrändern. B Das zarte Fleisch dieses ausgezeichneten Speisepilzes ist reinweiß; es riecht und schmeckt angenehm nach Nuß.

Grüner Knollenblätterpilz
Amanita phalloides

6–12 cm	VII–X	giftig

M Jungpilze sind vollkommen von einer eischalähnlichen, häutigen Hülle umgeben. Der daraus durchbrechende, radialfaserige Hut ist anfangs glockig und schirmt dann bis zu 10 cm Breite auf. Die Farbe des Hutes variiert von olivgrün über gelblich bis weiß. Die Lamellen sind weiß, schimmern oft grünlich. Ihre Farbe ist ein wichtiges Unterscheidungsmerkmal zu Champignon-Arten, mit denen der Knollenblätterpilz oft verwechselt wird. Der Stiel ist schlank, weiß bis grünlich gebändert. Im oberen Bereich befindet sich eine häutige, herabhängende Manschette; das knollige (Name!) Unterende entspringt einer häutigen, weißen Hautscheide (oft unter der Erde), die bei Champignons ebenfalls nie vorkommt. V Man findet die Art meist in Laubwäldern, wo die Pilze bevorzugt unter Eichen, Buchen, Haseln und Kastanien gedeihen. B Der Pilz ist tödlich giftig.

Weißer Knollenblätterpilz
Amanita virosa

8–15 cm	VI–IX	giftig

M Grundeigenschaft dieses tödlich giftigen Pilzes ist die reinweiße Farbe in allen seinen Teilen. Der Hut wird bis 8 cm breit, ist anfangs kugelig, schirmt sich dann auf, bleibt aber meist kegelig. Bei Feuchtigkeit wird die Oberfläche schmierig, bei trockenem Wetter seidig glänzend. Der schlanke Stiel entspringt einer häutigen, knolligen (Name!) Scheide und hat eine schuppig-filzige Oberfläche, die besonders deutlich unterhalb der häutigen Manschette ausgeprägt ist. Das Fleisch ist ziemlich weich und riecht unangenehm. V Der Pilz bevorzugt eindeutig den Nadelwald, wo er meist in kleineren Gruppen anzutreffen ist. Der Boden am Standort sollte sauer sein. B Die Gifte der Knollenblätterpilze sind stark lebertoxisch, d.h. ihr Wirkungsort ist die Leber. Sie wirken in kleinsten Mengen; die Giftmenge nur eines Pilzes ist bereits tödlich.

Fliegenpilz

Amanita muscaria

12-25 cm	VIII-X	

[M] Der allbekannte rote Hut (es gibt allerdings auch andersfarbige Varietäten!) ist bei Jungpilzen kugelig, schirmt dann auf und erreicht 20 cm Ø. Die Hutoberfläche ist meistens weiß beflockt. Die dicht stehenden Lamellen sind weiß und haben mit dem Stiel keinen Kontakt. Dieser ist ebenfalls weiß, unten knollig verdickt und ferner durch eine deutliche, hängende Manschette charakterisiert. Die Stielknolle hat bewarzte Gürtel. [V] Man kann die Art in allen Waldtypen antreffen, oft unter Birken oder Fichten. Meist stehen die Pilze in kleinen Trupps. [B] Der Fliegenpilz ist das Pilzsymbol schlechthin und deshalb wohl die bekannteste Pilzart. Er ist in jeder Zubereitungsform giftig und sollte deshalb auf jeden Fall gemieden werden.

Pantherpilz

Amanita pantherina

6-17 cm	VII-X	

[M] Der Hut dieses gefährlichen Giftpilzes erreicht 10 cm Ø, die Form ist zunächst halbkugelig, dann eben ausgebreitet. Die Farbpalette umfaßt die Töne grau über gelbbraun bis schokoladenbraun. Der Hut ist weiß beflockt, der Hutrand gerieft. Die Lamellen sind weiß und stehen sehr dicht. Der schlanke weiße Stiel hat eine ziemlich tief sitzende, ungeriefte Manschette und entspringt einer stulpenförmigen Knolle. Das weiße Fleisch riecht schwach nach Rettich. [V] Der Pantherpilz gedeiht vorwiegend auf Sandböden in Heiden, Laub- und Nadelwäldern. Teilweise kommt er recht häufig vor. [B] Die Art verursacht sehr ernste Vergiftungen, die allerdings nur beim Genuß größerer Mengen tödlich enden. Angriffsort dieses Giftes ist das Nervensystem. Hin und wieder wird der Pantherpilz mit dem nachfolgend beschriebenen, eßbaren Perlpilz verwechselt.

Perlpilz

Amanita rubescens

8-20 cm	VI-X	

[M] Wie beim Fliegen- und Pantherpilz findet man auch hier weiße Flocken auf der Hutoberfläche. Die Hutfarbe kann als fleischfarben bis braun bezeichnet werden. Da die Art leicht mit dem oben beschriebenen Pantherpilz verwechselt wird, sollte man den hier glatten Hutrand beachten (Pantherpilz gerieft!). Die Lamellen sind weiß, werden später und auch auf Druck rötlich. Der Stiel ist kräftig, meist hellrosa, mit knolliger Basis und deutlicher Manschette. Ein sehr wichtiges Erkennungsmerkmal ist das nach Anschnitt immer stark rötende Fleisch. [V] Perlpilze kommen in Laub- und Nadelwäldern und auf allen Bodentypen vor. Meist ist die Art stark verbreitet und bildet größere Bestände. [B] Man sollte den Pilz nur gekocht verzehren, da er eine giftige Substanz enthält, die beim Kochen zerstört wird. Gekocht gilt er als ausgezeichneter Speisepilz.

Samtfußrübling

Flammulina velutipes

5–10 cm	VIII–IV	

[M] Der gewölbte oder abgeflachte, 3–5 cm breite Hut ist honiggelb, in der Mitte immer dunkler. Bei Feuchtigkeit ist die Oberfläche schmierig. Die gelblichen Lamellen dunkeln später nach. Der Stiel wird im Alter hohl, ist spitzenwärts gelblich, an der Basis dunkelbraun. Die Stieloberfläche ist samtig (Name!). Das gelbliche Fleisch ist geruchlos und auch wenig geschmacksintensiv. [V] Der Samtfußrübling wächst im Spätherbst oder Winter in ergiebigen Büscheln am Holz von Laubbäumen. [B] Diese Art gibt dem Pilzfeinschmecker die Möglichkeit, mitten im Winter ein frisches Pilzgericht zu genießen. Der Pilz übersteht tiefe Temperaturen im Schnee schadlos; diese Besonderheit macht ihn zu einer kaum verwechselbaren Art.

Nebelgrauer Trichterling

Lepista (Clitocybe) nebularis

8–18 cm	IX–XI	

[M] Im Gegensatz zu fast allen anderen Trichterlingen vertieft sich der Hut bei dieser Art auch im Alter nicht zu einem Trichter, sondern bleibt immer eben. Die Hutfarbe variiert in verschiedenen Grautönen von aschgrau bis weißlich. Die Huthaut ist bereift, der Hutrand eingerollt. Ø bis 18 cm. Die Lamellen sind fahlgelb, laufen am Stiel etwas herab und sind leicht ablösbar. Der weiße bis gräuliche Stiel wird im Alter hohl, seine Oberfläche ist längsfaserig, oft hat er eine etwas keulige Form. [V] Diese Art erscheint bei uns als typischer Spätherbstpilz. Charakteristisch ist auch das oft massenhafte Vorkommen in Laubwäldern an freien laubbedeckten Standorten. [B] Der Pilz riecht eigenartig und oft unangenehm süßlich. Er gilt als eßbar, wird jedoch nicht von jedermann vertragen. Er sollte aus diesem Grund auf jeden Fall längere Zeit gekocht werden.

Stockschwämmchen

Kuehneromyces mutabilis

4–8 cm	V–XI	

[M] Die bei Feuchtigkeit zimtbraunen, dichtstehenden Hüte bilden appetitlich aussehende Pilzterassen an Baumstrünken. Bei Trockenheit ist die Hutfarbe wesentlich heller. Das Hutzentrum und der Randbereich sind immer dunkler gefärbt. Der Hut erreicht 8 cm Ø. Die Lamellen sind hellgelb, später ebenfalls zimtbraun. Sie stehen dicht gedrängt und laufen etwas am Stiel herab. Dieser trägt einen deutlichen Ring und ist ähnlich wie der Hut gefärbt. Unterhalb des Ringes ist die Stieloberfläche sparrig-schuppig. Das Fleisch ist weißlich, es riecht und schmeckt angenehm. [V] Der Pilz ist ausschließlich an totem Holz, meist an Baumstrünken von Laubbäumen zu finden. [B] Die Art gilt als vorzüglicher Suppenpilz. Sie kann leicht mit anderen büschelig an Holz wachsenden Pilzen verwechselt werden (z.B. Hallimasch, *Armillariela mellea*, u.a.).

Hallimasch

Armillariella mellea

7–14 cm	X–XII	

M Der Hut ist honigfarben bis braun und mit dunklen Schuppen besetzt. Anfangs ist der Hutrand eingerollt, breitet sich dann aber aus und wird wellig. Die Lamellen sind zunächst weißlich, werden später bräunlich und schließlich braun gefleckt. Sie laufen am Stiel leicht herab. Dieser ist faserig, sehr zäh, oben heller braun als unten. Ein deutlicher, weißer Ring ist stets vorhanden. **V** Man findet die Art überwiegend in Laubwäldern. **B** Abgestorbenes Holz ist das bevorzugte Nährsubstrat dieses Herbstpilzes. Sehr häufig trifft man diesen Parasit aber auch am Holz noch lebender Bäume und Wurzeln. Er tritt immer in ausgeprägten Büscheln auf und schädigt das Holz. Das Fleisch schmeckt kratzend, ist nach Abbrühen aber eßbar.

Schopftintling

Coprinus comatus

12–18 cm	V–XI	

M Der Hut dieses häufigen Wiesenpilzes ist anfangs langgestreckt-eiförmig, schirmt dann bis zur Glockenform auf. Die Hutoberfläche ist weiß, zum Rand hin rosa, dann schwarz und sich auflösend. Farb- und Konsistenzveränderung der Lamellen entsprechen der des Hutes. Der weiße, hohle Stiel ist mit einem beweglichen Ring versehen. **V** Schopftintlinge bevorzugen gedüngte Wiesen, Waldränder, sind aber auch in Gärten und an Straßenrändern zu finden. **B** Für den Laien ist es schon verwunderlich, daß sich ein Pilz in eine tintenartige Flüssigkeit auflöst. Dabei ist diese Eigenart nur eine alternative Methode, Sporen zu verbreiten. Sie tropfen mit der Flüssigkeit ab, werden also nicht, wie meist üblich, als Staub verblasen. Die Pilze müssen deshalb zum Genuß jung, in geschlossenem Zustand, gesammelt werden, schmecken dann jedoch sehr gut.

Speisetäubling

Russula vesca

4–14 cm	VII–X	

M Im Vergleich zu rothütigen Speitäublingen, die ungenießbar sind, ist bei diesem Speisepilz die Huthaut immer fleischbräunlich. Sie reicht nicht bis zum Hutrand, so daß die erscheinenden Lamellenenden den Rand riefig strukturieren. Das Zentrum des Hutes ist meist etwas dunkler gefärbt. Die Lamellen sind weißlich, evtl. rostig gefleckt. Sie sind nicht so brüchig wie beim Speitäubling. Der weiße, feste Stiel verjüngt sich zur Basis. **V** Der Pilz gedeiht recht häufig in Laubwäldern, ist hin und wieder aber auch in Nadelwäldern anzutreffen. **B** Speisetäublinge haben weißes, sehr festes Fleisch. Es ist fast geruchlos, doch von nußartigem Geschmack. Die Art gilt deshalb als sehr guter Speisepilz. Die Täublinge sind eine sehr artenreiche und bei uns sehr verbreitete Gattung, die sich durch meist weißliche Sporen und brüchiges Fleisch auszeichnet.

Pfifferling

Cantharellus cibarius

3-9 cm	VI-X	

M Der fleischige Hut ist dotter- bis hellgelb, anfangs gewölbt, breitet sich dann aus und bildet eine Vertiefung im Zentrum (Ø bis 12 cm). Der Rand ist gewellt und gelappt. Die Fruchtschicht bildet hier Leisten, die, oft gegabelt, weit am Stiel herablaufen. Sie sind mit dem Hut gleichfarbig. Der sich aus dem Hut verjüngende Stiel ist fleischig und ebenfalls wie der Hut gefärbt. Das weißliche Fleisch riecht aromatisch und schmeckt pfefferähnlich scharf. **V** Gedeiht in Laub- und Nadelwäldern. Meist wächst er in kleinen Trupps mit recht unterschiedlich großen Exemplaren. **B** Gemeinsam mit dem Champignon ist der Pfifferling der wohl bekannteste bei uns heimische Speisepilz. Um so bedauerlicher, daß er z.T. schon sehr rar geworden ist.

Dreifarbige Koralle

Ramaria formosa

7-16 cm	VIII-IX	

M Der Name des Pilzes ergibt sich einerseits aus dem korallenähnlichen Aussehen des Fruchtkörpers, andererseits aus der Färbung der »Korallenäste«. Diese sind sehr zahlreich, rosa bis orangerosa gefärbt und zweigen aus bis 4 cm dicken, weiß gefärbten Basisstrünken ab. Die Äste verzweigen sich nochmals und bilden zitronengelb gefärbte Endspitzen. Bei älteren Pilzen verliert sich diese charakteristische Dreifärbung. Das Fleisch ist weiß bis rosa, geruchlos und schmeckt ekelhaft bitter. **V** Die Art wächst in Laubwäldern, bevorzugt Buchenwäldern mit kalkigen Böden. **B** Der Pilz kann leicht mit bedingt eßbaren Arten verwechselt werden. Er ist giftig und verursacht z.T. heftige Durchfälle. Auch die der Dreifarbigen Koralle ähnelnden Arten gelten nicht als gute Speisepilze, so daß man auf das Sammeln dieser Pilze verzichten sollte.

Schmetterlingstramete

Trametes versicolor

-	I-XII	

M Die meist in Gruppen auftretenden Hüte ergeben aufgrund ihrer variantenreichen Färbung insgesamt ein interessantes Bild. Der einzelne, fächerförmige und stiellose Hut ist sehr dünn, 2-6 cm breit und an der Oberfläche verschiedenfarbig zoniert. Es kommen beige, grünliche, bräunliche und schwärzliche Zonierungen vor. Die Farbbereiche sind teils glänzend, teils matt. Die Poren auf der Unterseite sind weißlich oder gelblich und sehr fein. Der gesamte Fruchtkörper des Pilzes ist sehr zäh. **V** An Strünken verschiedener Laubhölzer ist die Schmetterlingstramete sehr häufig zu finden. Deswegen ist sie ausschließlich in Laub- und Mischwäldern verbreitet. **B** Der Pilz parasitiert auf dem Holz seines Wirtsbaumes; das Mycel erzeugt dabei eine charakteristische Weißfäule des Holzes. Als Speisepilz ist diese Art nicht zu verwenden.

Kartoffelbovist

Scleroderma citrinum (Dickschaliger K.)

3–8 cm	VII–XI	

M Der bei diesem Pilz kugelige oder knollige Fruchtkörper kann als Sporenbehälter angesehen werden, in dessen Innerem die Sporen heranreifen und bei Zerfall des Behälters frei werden. Den Namen hat die Art durch die verblüffende Ähnlichkeit – in Form, Farbe und Gewicht – mit einer Kartoffel erhalten. Etwas abweichend ist die schuppig gefelderte Oberfläche. Hebt man die Knolle vom Boden ab, bleiben meist Mycelfäden hängen. Die Sporenmasse im Innern der dickwandigen (ca. 3 mm) Knolle ist zunächst weiß und wird bei der Reifung schwärzlich. Sie riecht unangenehm scharf. **V** Der giftige Pilz bevorzugt sandige, kalkfreie Böden in Laub- und Nadelwäldern. **B** Die Art wird häufig mit Stäublingen verwechselt, die z.T. eßbar sind.

Stinkmorchel

Phallus impudicus

10–20 cm	VII–XI	

M Der Fruchtkörper entstammt einer unterirdischen, hühnereigroßen, zunächst geschlossenen Scheide (»Hexenei«, nur dieses eßbar!), die im Längsschnitt schon die spätere Endform des Pilzes erkennen läßt. Ausgewachsen erreicht dieser 20 cm Höhe. Der glockige bis fingerhutförmige Hut mit gekammerter Oberfläche ist von einer olivgrünen Sporenmasse überzogen, die allmählich abtropft. Der Stiel ist weiß, hohl und von poröser Oberflächenstruktur. **V** Man findet die Art in Laub- und Mischwäldern, bevorzugt auf Lichtungen. **B** Der Gestank, den der reife Pilz verströmt, lockt Aasfliegen und Mistkäfer an, die, indem sie auf dem Pilz herumkriechen für die Sporenverbreitung sorgen. Der Name »Morchel« leitet sich von der wabigen, morchelähnlichen Hutoberfläche ab, die allerdings erst nach dem Abtropfen der Sporenmasse sichtbar wird.

Speisemorchel

Morchella esculenta

7–10 cm	IV–V	

M Der bis 5 cm breite Hut ist kugelig oder länglich-oval, und die gesamte Oberfläche weist unregelmäßige, wabenartige Vertiefungen auf. Die Farbe variiert von goldgelb bis dunkel ockerfarben. Der weiße, an der Basis verdickte Stiel ist, wie auch der Hut, innen hohl. Seine Oberfläche ist feinschuppig überstäubt. Das zerbrechliche, wachsartige, weiße Fleisch riecht angenehm würzig. **V** Der Pilz ist bereits früh im Jahr in Laubwäldern, v.a. unter Eschen, aber auch an grasigen Stellen zu finden. **B** Das Erscheinungsbild dieser Art ist sehr veränderlich, so daß diverse Varietäten unterschieden werden. Alle Formen sind eßbar. Sie gelten als sehr gute Speisepilze und eignen sich auch gut zum Trocknen. Exemplare, die schon länger stehen (nicht immer leicht zu erkennen!) und rohe Pilze sollten nicht verzehrt werden; sie sind nicht gut verträglich.

Torfmoos
Sphagnum palustre

10–25 cm	VI–VIII

M Rasen ausgedehnt, schwammig, blaßgrün bis weißlich. Stengel blaßgrün, an der Spitze schopfig, nach unten quirlästig verzweigt. Blätter spiralig angeordnet, dachziegelig übereinander, kapuzenförmig zugespitzt, hohl. Kapselstiel ca. 1 cm lang, entspringt aus dem Schopf und erstem Astquirl. Kapsel kugelig, schwarzbraun, Deckel flach kuppelförmig. **V** Verbreitetes, schattenliebendes Moos feuchter, saurer Wälder, Moore und Gräben. **B** Torfmoose sind wurzellose Pflanzen. Während sie an der Spitze weiterwachsen, sterben sie am unteren Ende ab, vertorfen. Alle Pflanzenteile - lebende und abgestorbene - sind stark wasserspeichernd. Torfmoose sind daher entscheidend an der Moorbildung (v. a. Hochmoore) beteiligt.

Frauenhaarmoos
Polytrichum commune

10–40 cm	IV–VIII

M Rasen locker, dunkel- bis blaugrün, meistens unverzweigt. Stengel aufrecht, Blätter spiralig, lineal-lanzettlich, lang zugespitzt. Spitze braun, ohne Stachel. Blattrand scharf gesägt. Blätter 8–12 mm lang, feucht fast waagrecht abstehend, trocken dem Stengel anliegend. Kapselstiel 6–12 cm lang, gelbrot, entspringt aus der Stengelspitze. Kapsel aufrecht oder leicht geneigt, länglich, scharf 4kantig, gelb- bis rotbraun. Deckel flach, mit kurzer, aufrechter Spitze. Haube filzig, goldgelb, bedeckt die Kapsel völlig. Sporen grün. **V** Feuchte Wald- und Heideböden, Bruchwälder, Sümpfe. Häufig und weit verbreitet. **B** Zeigt sauren Boden an. Bildet oft umfangreiche Polster. Wegen seiner Wuchshöhe eines der größten mitteleuropäischen Moose. Die goldgelbe Kapselhaube gab der Art auch den volkstümlichen Namen »Goldenes Frauenhaarmoos«.

Gabelzahnmoos
Dicranum scoparium

5–10 cm	IV–X

M Lockere, glänzend grüne bis gelblich- oder bräunlich-grüne Rasen. Stengel aufrecht, unverzweigt oder schwach gabelig, mit spärlichem braunem Wurzelfilz. Blätter spiralig angeordnet, schmal, flach, 5–8 mm lang, aus eiförmigem, scheidigem Grund in eine lange, pfriemförmige Spitze ausgezogen, von der Mitte ab scharf gesägt. Alle Blätter (selten nur die obersten) einseitswendig. Pflanze 2häusig. Kapselstiel 2–4 cm lang, braunrot, entspringt aus der Spitze des Stengels. Kapsel geneigt, länglich-zylindrisch, braun, glatt. Deckel geschnäbelt. **V** Formenreiches, anpassungsfähiges Wald- und Heidebodenmoos; bevorzugt sauren Humus. Auch an Baumstämmen und Fels. **B** Wegen der - zumindest in trockenem Zustand - deutlich einseitswendig gekrümmten Blätter trägt diese Art den deutschen Namen »Besen-Gabelzahnmoos«.

Weißmoos

Leucobryum glaucum

5–15 cm	IX–XI

M Polster dicht, halbkugelig gewölbt, weißlich bis bläulichgrün, innen weiß (Name!). Stengel aufrecht, gabelig bis büschelig verzweigt; ohne Wurzelfilz. Blätter spiralig angeordnet, etwas abstehend, aus eiförmigem Grund lanzettlich, an der Spitze eingerollt, 3–5 cm lang, hohl, nicht faltig. Fruchtet selten. Kapselstiel 3–7 cm lang, entspringt aus der Spitze des Stämmchens. Kapsel sehr klein, 1–2 mm lang, geneigt und gekrümmt, schwach dunkelbraun glänzend, mit 8 Längsfurchen. Deckel geschnäbelt. **V** Saure Buchen-, Eichen-, Nadelwälder, Heide, Torfböden. **B** Typischer Säurezeiger. Die häufig ausgebreiteten Polster können in besonderen, zu diesem Zweck versteiften »Wasserzellen« sehr viel Wasser speichern.

Sternmoos

Mnium undulatum

5–15 cm	IV–VIII

M Rasen locker, ausgedehnt, sattgrün, im Schatten gelbgrün. Sterile Stengel wedelartig übergebogen, unverzweigt. Fertile Stengel an der Spitze bäumchenartig verzweigt, schwach wurzelfilzig, mit vielen Ausläufern. Blätter zungenförmig, 10–15 mm lang, 1–2 mm breit, nach oben etwas größer werdend, an der Spitze etwas abgerundet oder mit kurzem, aufgesetztem Spitzchen, stark querwellig. 2häusig, fruchtet selten. Kapselstiel 2–4 cm lang, gelblichrot, oben hakig gekrümmt. Meist entspringen 2–10 Kapselstiele aus der Stengelspitze. Kapsel walzlich, grüngelb bis braun. Deckel fast halbkugelig, mit kurzem Spitzchen. **V** Verbreitetes Waldbodenmoos, schatten- und feuchtigkeitsliebend; auch in feuchten Wiesen, auf morschem Holz. Meidet sehr saure Standorte. **B** Bei dieser Art sind fertile und sterile Stengel unterschiedlich ausgebildet.

Etagenmoos

Hylocomium splendens

10–20 cm	IV–V

M Rasen locker, mehrschichtig, ausgedehnt, gelblich- bis olivgrün, glänzend. Stengel rot, 2–3fach gefiedert. Seitenäste 2zeilig angeordnet, aufsteigend, dann übergebogen. Aus der Mitte des Rückens entspringt der nächste Jahrestrieb. Blätter spiralig angeordnet, leicht dachziegelig. Stammblätter eilänglich mit langer, oft geschlängelter Spitze, längs-, in der Spitze querfaltig. Astblätter breit-eiförmig, kurzgespitzt, mit umgeschlagenem Rand, hohl, nicht faltig. Blattrand gesägt. Kapselstiel 2–3 cm lang, entspringt aus seitlichen Kurztrieben. Kapsel waagrecht, eiförmig, schwach gekrümmt, braun. Deckel kurz geschnäbelt. **V** Verbreitet in sauren Wäldern, Heiden, Mooren. Bildet im Hochgebirge oft große Polster! **B** Durch die aufeinanderfolgende Anordnung der Jahrestriebe ergibt sich ein etagenartiger Aufbau v. a. älterer Pflanzen (Name!).

Sprossender Bärlapp
Lycopodium annotinum

30–120 cm	VIII–IX

[M] Stengel kriechend, reich gabelig verzweigt. Äste aufsteigend, 10–30 cm hoch. Blätter nadelförmig, 3–9 mm lang, spiralig am Stengel angeordnet, waagrecht, steif von den aufrechten Sprossen abstehend. Spitze ohne weißes Glashaar, Rand fein gesägt. Sporenähre (Sporophyllstand) aufrecht, einzeln an der Spitze eines aufsteigenden Sprosses. Sporenbehälter (Sporangium) in der Achsel der kurzen, rundlich-eiförmigen, kurz zugespitzten, am Rand weißlich-trockenhäutigen Blättchen der Sporenähre. [V] Schatten- und feuchtigkeitsliebende Nadelwaldpflanze, insbesondere der Mittelgebirge und Alpenregion, auch auf mäßig feuchten Heideböden. [B] Typisch für Bärlappe ist die gabelige Verzweigung ober- und unterirdischer Pflanzenteile.

Waldschachtelhalm
Equisetum silvaticum

15–60 cm	IV–VI

[M] Stengel 0,4–0,8 cm dick, aufrecht, hellgrün, aus einzelnen, ineinandergeschachtelten Abschnitten aufgebaut. Jeder Abschnitt oben mit einer lockeren, glockigen, 1–2,5 cm langen Scheide aus 3–5 eiförmigen, anfangs hellgrünen, später rötlichbraunen Blättchen zusammengesetzt. Blättchen bis über die Mitte miteinander verwachsen. Stengel mit 7–12 feinen Rippen. Äste quirlig, 4–5rippig, bogig überhängend, nochmals quirlig verzweigt. Innerer zentraler Luftgang nimmt ⅓–⅔ des Stengeldurchmessers ein. Sporenähre auf anfangs bleichen, astlosen, später vergrünenden Trieben. [V] Verbreitet und häufig in schattigen, feuchten Wäldern, Quellsümpfen, sickerfeuchten Stellen. Kalkmeidend. [B] Die Sporenähre der bleichen, astlosen Triebe fällt nach der Reife meist ab; die bleichen Teile ergrünen und verzweigen sich dann wie die sterilen Triebe.

Ackerschachtelhalm
Equisetum arvense

10–50 cm	III–IV

[M] Stengel 0,2–0,4 cm dick, aufrecht, hell- oder dunkelgraugrün, aus einzelnen, ineinandergeschachtelten Abschnitten aufgebaut. Jeder Abschnitt oben mit einer anliegenden Scheide aus 6–19 verwachsenen, lineal-lanzettlichen, 0,5–1 cm langen Blättchen. Stengel mit 6–8 tiefen Furchen. Äste quirlständig, 4–5kantig, ihre Scheiden mit 3–4 Zähnen. Zentraler Luftgang im Stengel mißt ⅛–¼ des Stengeldurchmessers. Sporophyllstände auf besonderen, vor den sterilen, grünen Trieben erscheinenden Stengeln. Fertile Triebe unverzweigt, braun, verwelken nach der Sporenreife. Ihre Scheiden bauchig, mit 6–12 schwarzbraunen Zähnen. [V] Weit verbreitet, häufig auf Äckern, Wiesen, an Wegrändern, auch auf Eisenbahnschotter. [B] Wegen seines Kieselsäuregehaltes früher zum Putzen von Zinngeräten (»Zinnkraut«), heute noch als Heilpflanze genutzt.

Adlerfarn

Pteridium aquilinum

50–200 cm	VII–X

M Blattwedel frischgrün bis gelbgrün, einzeln am unterirdisch kriechenden Wurzelstock stehend. Blattstiel bis 1 m lang, 2–3 mm dick, gelblich. Wedel im Umriß breit 3eckig, 2–4fach gefiedert. Fiederchen letzter Ordnung länglich-elliptisch, sitzen breit an der Spindel an, Rand schwach gekerbt. Sommergrün, bildet oft dichte Bestände. Fertile Wedel unterscheiden sich kaum von den sterilen. Sporangien bilden an der Unterseite der Fiederchen letzter Ordnung eine zusammenhängende Linie entlang dem umgeschlagenen, weißhäutigen Blattrand, der sie bedeckt. Sporangien ohne Schleier. **V** Weit verbreitet, sehr häufig. Wälder, Weiden und Waldränder. Bildet oft große Bestände. **B** Querschnitt des Blattstiels zeigt Doppeladler (Name!).

Rippenfarn

Blechnum spicant

15–50 cm	VII–VIII

M Wedel glänzend dunkelgrün, in Rosetten flach niederliegend oder schräg aufsteigend am gestauchten Wurzelstock. Derb, wintergrün. Blattstiel sehr kurz, bräunlichrot überlaufen. Spreite 1fach gefiedert, Fiedern beiderseits 30–60, gegen die Spitze und den Grund kleiner, meist wechselständig, lineal, zugespitzt, Basis verbreitert, Rand glatt, nach unten gebogen. Fertile Wedel von den sterilen deutlich unterschieden; sie stehen aufrecht in der Rosettenmitte, sind schmäler und rippenartig gefiedert (Name!). Sommergrün. Fiederunterseite mit je 2 strichförmigen, eng aneinanderliegenden, fast verschmolzenen Sporangienhäufchen (Sori). **V** Saure, frische bis nasse Wald- und Heideböden. Kalkfeindlich. Weit verbreitet und häufig. **B** Auffällig sind die unterschiedliche Form und Lebensdauer der sommergrünen, fertilen und der wintergrünen, sterilen Wedel.

Gemeiner Wurmfarn

Dryopteris filix-mas

30–120 cm	VII–IX

M Wedel dunkelgrün, stehen in Rosetten am gestauchten Wurzelstock; meist sommergrün. Blattstiel kurz, schwach spreuschuppig. Spreite doppelt gefiedert. Fiedern 1. Ordnung dicht wechselständig, mit 20–60 wechselständigen Fiederchen 2. Ordnung, Rand grob gezähnt. Fertile Wedel unterscheiden sich kaum von den sterilen. Sori rund, mit nierenförmigem Schleier, an der Unterseite der Fiederchen in 2 Reihen längs des Hauptnervs. **V** Weit verbreitet und häufig. Liebt schattige Wälder, Kalk, mäßig feuchte, nährstoffreiche Böden. **B** Die jungen, an der Spitze im Frühjahr noch eingerollten Wedel bilden – wie bei anderen Farn-Arten auch – die charakteristischen »Bischofsstäbe«. Wegen der im Wurzelstock enthaltenen Filixsäure und des Filmarons, wird der Wurmfarn als Arzneimittel gegen Bandwürmer (Name!) eingesetzt.

Braunstieliger Streifenfarn

Asplenium trichomanes

10–30 cm	VII–IX

[M] Wedel grau- bis gelbgrün, stehen in Büscheln am gestauchten Wurzelstock. Wintergrün. Blattstiel kurz, wie die Spindel rotbraun bis schwarzglänzend, zäh. Spreite 1fach gefiedert. Fiedern gegenständig, kurz gestiefelt, aus keilförmigem Grund länglich-rund, grob gekerbt, 5–10 mm lang, nach unten kleiner werdend. Fertile Wedel nicht von den sterilen unterschieden. Sporangien in länglichen, gleichgerichteten Häufchen (Sori) auf der Unterseite der Fiedern, neben den Nerven. Anfangs von einem zarten, schmalen Schleier bedeckt. [V] Pflanze der Mauern und trockenen Felsen. [B] Die Fiederblättchen fallen oft vom Stiel ab, so daß neben beblätterten Wedeln die schwarzen Stiele als »struppige Haare« stehen bleiben.

Mauerraute

Asplenium ruta-muraria

5–30 cm	I–XII

[M] Wedel graugrün, stehen in Büscheln am gestauchten Wurzelstock. Derb, wintergrün. Blattstiel mindestens so lang wie die Spreite, wie die Spindel graugrün bis grün, höchstens am Grund braun. Spreite im Umriß 3eckig bis rautenförmig, 2–3fach gefiedert. Endfiedern breit-rautenförmig mit lang-keilförmigem Grund, wenigstens an der Spitze gekerbt. Fertile Wedel nicht von den sterilen unterschieden. Sporangien in länglichen, schmalen Häufchen (Sori) auf der Fiederunterseite, längs der Nerven. Anfangs von einem schmalen, zerschlitzten Schleier bedeckt. [V] Sonnige Kalkfelsen und Mauern. Weit verbreitet, sehr häufig. [B] Formenreiche Art; die einzelnen Varietäten unterscheiden sich v.a. in Größe, Zahl und Anordnung der Fiederblättchen. Auf deren Rautenform und den Standort der Pflanze bezieht sich der Name.

Tüpfelfarn

Polypodium vulgare

10–40 cm	VII–IX

[M] Wedel dunkelgrün, unten etwas heller, stehen einzeln am kriechenden Wurzelstock. Wintergrün. Blattstiel etwa so lang wie die 1fach fiederschnittige Spreite, hellgrün. Fiedern länglich, an der Spitze abgerundet, am Grund verbreitert, meist miteinander verschmolzen, ganzrandig oder schwach gesägt, nach oben zu kleiner. Fertile Wedel nicht von den sterilen unterschieden. Sporangien auf der Unterseite in großen (2,5 mm), runden, gelben Häufchen (Sori) ohne Schleier, in 2 Reihen neben den Seitennerven. [V] Kalkfreie Felsspalten, Moos, auf Baumstümpfen, gelegentlich in Astgabeln. Meist im Halbschatten. Verbreitet und häufig. [B] Die großen gelben Sori schimmern durch die Fiedern durch (»Tüpfelfarn«). Wegen des Zuckergehaltes des in der Erde kriechenden Wurzelstocks erhielt die Art auch den volkstümlichen Namen »Engelsüß«.

Fichte, Rottanne
Picea abies

bis 60 m	♀ 5–6 cm ♂ 1,5–2 cm	V–VI

[M] Häufigster heimischer Waldbaum, bis 60 m hoch, bis 2 m dick. Die rötliche Rinde (Name!) blättert in unregelmäßigen Schuppen ab. Nadeln glänzend dunkelgrün, bis 2 cm lang, stechend spitz, um den ganzen Zweig herum angeordnet. 1häusig. Blüht alle 3–4 Jahre. ♂ Blütenstände blattachselständig, kugelig, 1,5–2 cm lang, nach unten gerichtet. Anfangs purpurn, dann gelb. ♀ Blütenstände endständig an vorjährigen Trieben der Krone, zapfenförmig, 5–6 cm lang, aufrecht. Anfangs gelbgrün, dann hellrot. Früchte (S. 70): Nach 1 Jahr Reife fallen die inzwischen 10–16 cm langen, 3–4 cm dicken, braunen, holzigen Zapfen herab. [V] Lehmige, sandige Böden, liebt feuchtes Klima. [B] Wird bis 500 Jahre alt. Holz weich, harzig.

Waldkiefer, Föhre
Pinus silvestris

bis 50 m	♀ 0,5–0,6 cm ♂ 0,6–0,7 cm	V–VI

[M] Rinde junger Bäume fuchsrot, später graubraun, löst sich in dünnen Streifen. An den Kurztrieben sitzen je 2 blaugrüne, zugespitzte, 4–7 mm lange Nadeln. 1häusig. Blüht fast jährlich. ♂ Blütenstände gelblich, walzlich, 6–7 mm lang, am Grund junger Langtriebe. ♀ Blütenstände eiförmig-kugelig, hellrosa-dunkelrot, zu je 1–2 am Ende junger Langtriebe. Blühreif mit 30–40 Jahren. Früchte (S. 70): Ende des ersten Jahres sind die gestielten, anfangs grünen Zapfen nach unten gebogen, reif graubraun, 5–7 cm lang und 2–4 cm breit. Die dicken, holzigen Samenschuppen werden im Alter oft weit gespreizt. Nach der Samenausstreuung bleiben die Zapfen meist noch einige Jahre am Baum. [V] Anspruchslos, widerstandsfähig; auf Sand, Fels, im Moor. [B] Wird bis 300 Jahre alt. Vielseitigster europäischer Forstbaum. Liefert v. a. Bau- und Möbelholz.

Lärche
Larix decidua

bis 40 m	♀ 1–1,5 cm ♂ 0,5–1 cm	III–V

[M] Sommergrün, Krone kegelförmig. Rinde glatt, graubraun, blättert längsrissig ab. Langtriebe dünn, gelblich, mit einzelnen, 2–3 cm langen Nadeln. Kurztriebe dunkel mit Büscheln von je 30–40 Nadeln. Nadeln weich, hellgrün, unten gekielt, färben sich im Herbst goldgelb und fallen ab. Blühreife ab 30–60 Jahre. 1häusig. Blüht alle 3–5 Jahre. ♂ Blütenstände eiförmig-kugelig, gelb, sitzen an unbeblätterten, mindestens 2jährigen Kurztrieben. ♀ Blütenstände aufrecht, von Nadelkranz umgeben, eiförmig, anfangs rosa bis tiefrot, vergrünen später, an 3jährigen, stets beblätterten Kurztrieben. Früchte (S. 70): Reifen zu 4 cm langen, braunen Zapfen heran; bleiben nach der Samenausschüttung noch 10 oder mehr Jahre an den Zweigen. [V] Lockere Ton- und Kalkböden, braucht viel Licht. [B] Holz besonders hart, daher als Bau- und Möbelholz sehr beliebt.

Wacholder
Juniperus communis

3-5 m	♀ 2 mm ♂ 4-5 mm	IV-VI

M Immergrüner Strauch, mehrstämmiger Baum oder niederliegende Gebirgsform (20-50 cm). Rinde glatt, graubraun, schuppt im Alter ab. Nadeln spitz, stechend, graugrün, stehen von den hellen Trieben in 3zähligen Quirlen rechtwinklig ab. Bis 15 mm lang, 1-2 mm breit, oben mit weißem Mittelband, unten stumpf gekielt. Meist 2häusig. ♂ Blüten elliptisch, gelblich, einzeln in den Blattachseln vorjähriger Zweige. ♀ Blütenstände grünlich, achselständig an vorjährigen Zweigen. Früchte (S. 70): Anfangs grüne, später schwarzblau bereifte, fleischige Beerenzapfen (»Wacholderbeeren«). **V** Sandige, felsige Heiden, Moore, lichte Nadelwälder. Lichtbedürftig. **B** Wird bis 800 Jahre alt. Bekannte Gewürzpflanze. Holz dient als Räuchermittel.

Berberitze, Sauerdorn
Berberis vulgaris

bis 3 m	7 mm	IV-VI

M Strauch mit glatter, hellgrüner Rinde. Zweige kantig, erst grünlich, dann bräunlich bis weißgrau. Blätter eiförmig bis länglich verkehrt-eiförmig, spiralig an Kurztrieben gebüschelt. Unmittelbar an den Kurztrieben steht ein 3(5)teiliger, aus einem Blatt hervorgegangener Dorn. Blütentrauben 2-4 cm lang, am Ende von Kurztrieben hängend. Zwitterblüten gelb, langgestielt, stark duftend. Die seitlichen Blüten der Traube haben meist je 6, die Endblüte hat 5 halbkugelig zusammengeneigte, goldgelbe Kelch- und Kronblätter. Bestäuber v. a. Bienen. Früchte (S. 70): Längliche, rote, fleischige Beeren, 8-11 mm lang, reifen VIII-X. Mit meist 2-3 Samen von 4-6 mm Länge. **V** Waldränder, Hekken, Gebüsche, sonnige, trockene Hänge, Flußauen. **B** Treibt als erstes aller Laubgehölze im Frühjahr aus. Zwischenwirt des Getreiderost-Pilzes.

Hasel, Haselnuß
Corylus avellana

1-4 m	♀ 7 mm ♂ 8-10 cm	II-IV

M Strauch mit rötlich- oder weißlichgrauer, glatter, glänzender, von braunen Korkwarzen durchsetzter Rinde, die leicht abschuppt. Zweige grau, in der Jugend drüsig-rauhhaarig. Blätter gestielt, eirundlich bis verkehrt-eiförmig, Grund herzförmig, vorne zugespitzt, unten weichhaarig, Rand doppelt gesägt. 2zeilig oder spiralig an den Zweigen angeordnet. 1häusig. Blüht bereits im Februar, lange vor dem Laubaustrieb. Die ♂ Kätzchen (Foto) hängen zu 1-4 am Ende oder in den Blattachseln vorjähriger Triebe. Die ♀ Blüten stehen einzeln am Ende junger Triebe; sie sind klein, »knospenartig« mit roten Narbenfäden und fallen kaum auf. Früchte (S. 70): Bis IX/X färbt sich die 1samige, anfangs bleich-gelblichweiße Nuß zur bekannten rosabraunen Haselnuß. **V** Laubmischwald, Hecken, Bachufer. **B** Gute Bienenweide, dennoch Windbestäubung.

Hainbuche, Weißbuche

Carpinus betulus

bis 25 m	♀ 3 cm ♂ 4–7 cm	VI

M Baum mit breiter, runder Krone. Rinde glatt, weißgrau, Zweige zottig. Blätter 2zeilig, länglich-eiförmig, zugespitzt, erscheinen durch deutlich hervortretende Nerven gefältelt. Blattgrund herzförmig, Blattrand doppelt gesägt. 1häusig. Die Blütenkätzchen erscheinen etwa mit dem Laub. ♂ Kätzchen gelblich, lockerblütig, hängen an wenigblättrigen Kurztrieben; ♀ Kätzchen gestielt, hängen am Ende junger, beblätterter Kurztriebe. Windbestäubung. Früchte (S.71): Bis 14 cm lange Fruchtstände mit 4–10 Paar 1samiger Nüßchen, die jeweils von einem grünen, später gelben, 3lappigen Flugorgan umgeben sind. **V** Laubmischwälder, Bachränder, Hecken. **B** Wird bis 150 Jahre alt. Holz weißgelb (Name!), dient zur Werkzeugherstellung.

Hängebirke

Betula pendula

bis 25 m	♀ 2–4 cm ♂ 2,5–10 cm	IV–V

M Krone anfangs schmal, kegelförmig, dann rund, überhängend. Rinde weiß, horizontal abblätternd, geht bald in eine schwarze, harte Borke über. Jungtriebe klebrig, verkahlen später, Harzdrüsen trocknen. Blätter rhombisch-3eckig, lang zugespitzt, am Grund breit keilförmig, scharf doppelt gesägt, klebrig, kahl, 2–3 cm lang gestielt. 1häusig. ♂ Kätzchen zu 1–3 am Ende vorjähriger Triebe, hängen – zur Blütezeit bis 10 cm lang – schlaff herab. ♀ Kätzchen blühen aufrecht, in grünen, geschlossenen, walzenförmigen Blütenzäpfchen. Windbestäubung. Früchte (S.71): Die Blütenzäpfchen krümmen sich nach der Befruchtung abwärts und werden zu – ab VII/VIII reifen – Fruchtzäpfchen. **V** Einzeln in Laub- und Nadelwäldern, an Waldrändern, auf Wiesen, trockenen Mooren, torfigen Sandhängen. **B** Holz weiß, weich, brennt auch in frischem Zustand gut.

Schwarzerle

Alnus glutinosa

bis 25 m	♀ 0,4–0,6 cm ♂ 6–12 cm	III–IV

M Krone locker, breit verzweigt. Baum oft mehrstämmig mit glatter, glänzend grünlichbrauner Rinde, die in eine zerklüftete, schwarze (Name!) Borke übergeht. Triebe kahl, klebrig. Blätter rundlich, kahl, dunkelgrün, unten heller, in den Nervenwinkeln rostfarben bärtig. Blattrand grob doppelt gesägt. 1häusig. Blüht vor der Laubentfaltung. ♂ Kätzchen bräunlich, hängen zu 2–5 endständig an vorjährigen Trieben. ♀ Kätzchen violett, stehen zu 3–5 blattachselständig zusammen. Windbestäubung. Früchte (S.71): Grüne, fest geschlossene Blütenzäpfchen wachsen während der Reife zu 1,5 cm langen, eiförmigen, dunkelschwarzbraunen Fruchtzäpfchen heran. **V** Graben-, Bach-, Flußränder; bildet in feuchten Niederungen und Mooren auch kleine, lockere Bestände. **B** Holz im Wasser lange haltbar, wird daher oft zum Bau von Bootsstegen verwendet.

Rotbuche
Fagus silvatica

bis 30 m	♀ 2,5 cm ♂ 2 cm	IV–V

[M] Stamm schlank, gerade; Krone dicht, gewölbt. Rinde glatt, grau, Äste braungrau, Blätter 2zeilig, eiförmig, zugespitzt, am Grund abgerundet, mit welligem, glattem oder schwach gezähntem Rand; anfangs lichtgrün, seidig behaart, später dunkelgrün, kahl; färben sich im Herbst von Gelb nach Rot bis Rotbraun um. 1häusig. Blüht während des Laubaustriebs. ♂ Blütenstände rundlich, gelbgrün, hängen an bis zu 2 cm langen Stielen an jungen Trieben. ♀ Blütenstände kugelig, gestielt, je 2 Blüten in einer filzigen, später holzigen, 6zipfeligen Fruchthülle. Windbestäubung. Früchte (S. 71): Reifen IX/X zu 3kantigen, glänzend braunen Bucheckern. [V] Buchen-, Mischwald. [B] Holz rötlich (Name!). Wichtigster heimischer Laubbaum.

Traubeneiche
Quercus petraea

bis 40 m	♀ 3 mm ♂ 3–6 cm	IV–V

[M] Schlanker Stamm; breite, regelmäßige Krone. Blätter symmetrisch gelappt und gebuchtet, stehen spiralig an gelblichen, meist 1–3 cm langen Stielen. 1häusig. ♂ Kätzchen gelblich, hängen schlaff vom Grund der Jungtriebe herab. ♀ Blüten stehen zu 1–5 in fast ungestielten, traubigen Blütenständen (Name!) im Spitzenbereich junger Triebe. Windbestäubung. Früchte (S. 71): Grünbraune Eicheln, die im unteren Drittel von einem holzigen, flaumig geschuppten Fruchtbecher (Cupula) umgeben sind. [V] Trockene, steinige Böden; verträgt keine Nässe. [B] Wird bis 600 (1000) Jahre alt. Eichen liefern sehr hartes, wertvolles und wegen seines hohen Gerbstoffgehaltes gegen Fäulnis sehr widerstandsfähiges Holz, z. B. für Fußböden, Fässer und v. a. Möbel. Die ebenfalls gerbstoffhaltigen Eicheln finden in der Homöopathie Verwendung.

Feldulme, Feldrüster
Ulmus minor

G	bis 40 m	1–1,5 cm	III–IV

[M] Stamm konisch; Rinde glatt, bräunlichgrau, geht in eine korkreiche, zerklüftete Borke über. Zweige kahl, rotbraun bis olivgrün. Blätter 2zeilig, kurz gestielt, elliptisch bis verkehrt-eiförmig, unsymmetrisch, vorne zugespitzt, meist doppelt gesägt; oben glatt, glänzend hellgrün, unten in den Winkeln des Hauptnervs bärtig. Zwitterblüten unscheinbar, ungestielt, blühen vor dem Laubaustrieb im oberen Kronenbereich, zu 15–30 in einem büscheligen Blütenstand. Windbestäubung. Früchte (S. 71): Reifen bereits während des Laubaustriebs zu kleinen, geflügelten Nüßchen. Flügelsaum elliptisch, papierartig, erst grün, später gelb gefärbt. [V] Frische, nährstoffreiche Böden, sonnenexponierte Lagen, da sehr wärmebedürftig. [B] Kann mehrere hundert Jahre alt werden. Liefert wertvolles, rötliches Holz (Rüster). V. a. die Feldulme ist von der Ulmenkrankheit stark betroffen.

Eberesche
Sorbus aucuparia

bis 16 m	8–10 mm	V–VI

[M] Strauch oder Baum. Rinde glatt, glänzend hellgrau, schuppt in Blättchen als schwärzliche Borke ab. Junge Zweige locker filzig behaart, dann kahl, braun. Das eschenähnliche Blatt (Name!) ist unpaar gefiedert, bis 20 cm lang, mit 9–15 länglich-elliptischen, 2–6 cm langen, ungleich stachelspitz gesägt-gezähnten Blättchen. Blüten weiß, in filzig behaarten, reichblütigen, flachen, 7–12 cm großen Rispen, am Ende junger Triebe. Insektenbestäubung. Früchte (S. 72): Ab VIII/IX leuchtend korallenrote, kugelige Scheinbeeren mit meist 3 Samen, in üppigen Doldenrispen. [V] Felshänge, Schuttfelder, Hochmoore, Gebüsche. [B] Wird bis 100 Jahre alt. Blüten riechen unangenehm, produzieren aber viel Pollen und Nektar.

Mehlbeere
Sorbus aria

bis 15 m	6–8 mm	V–VI

[M] Strauch oder vielstämmiger Baum mit dicht belaubter Krone. Rinde schwarzgrau, weißfleckig, bleibt lange glatt, später längsrissig. Zweige glänzend braunrot, anfangs weißfilzig. Blätter 1–2 cm lang gestielt, breit-elliptisch bis eiförmig, unterseits weißfilzig. Zwitterblüten weiß, wohlriechend, gestielt, in 5–10 cm großen, schirmartig ausgebreiteten Trugdolden am Ende junger Triebe. Insektenbestäubung. Früchte (S. 72): Ab X erscheinen die leuchtend orangeroten, eikugeligen Scheinbeeren, die etwas größer sind als bei der Eberesche. Das mehlige, gelbe Fruchtfleisch gab der Art den Namen. [V] Trockene, sonnige Hänge, Laub- und Mischwälder, Gebüsche, Kalkfelsen. Lichtbedürftig. [B] Das gelbweiße Holz ist sehr zäh und wird für Drechslerarbeiten genutzt. Die mehligen Beeren werden recht gerne von Vögeln genommen und die Pflanze damit verbreitet.

Eingriffeliger Weißdorn
Crataegus monogyna

3-6 m	10–16 mm	V–VI

[M] Sommergrüner Strauch mit stark verzweigten Ästen und verdornenden Zweigen. Stamm oft mit tiefen Längsfurchen. Junge Zweige kahl, braungrün bis rotbraun, ältere graubraun. Dornen 1 cm lang, fallen ab. Blätter breit ei- bis rautenförmig, tief 3-5spaltig oder -teilig, oben dunkel-, unten bläulichgrün, in den Nervenwinkeln behaart. Zwitterblüten weiß, lang gestielt, zu 5–10 in Doldenrispen am Ende junger Kurztriebe. 1 Griffel pro Blüte (Name!). Insektenbestäubung. Früchte (S. 72): Ab IX leuchten die roten Schließfrüchte in reichen Doldentrauben. Spitze deutlich von Kelchzipfeln gekrönt. Fruchtfleisch mehlig, gelb, mit 1 Steinkern. [V] Lichte Laubwälder, Hecken, Waldränder, Zäune. [B] Der sehr ähnliche Zweigriffelige Weißdorn weist 2 Griffel pro Blüte auf und die Schließfrüchte dieser Art enthalten 2 Steinkerne. Beliebte Heckenpflanze.

Himbeere
Rubus idaeus

2-3 m	10 mm	V-VII

M Strauch mit stielrunden, bereiften Schößlingen, die wie die Blattstiele mit zahlreichen schwachen, kegelförmigen, meist schwarzroten Stacheln besetzt sind. Blätter 3-5zählig gefiedert, oben kahl, unten weißfilzig, am Rand ungleich scharf gesägt. Zwitterblüten weiß, nickend an beblätterten Seitensprossen vorjähriger Schößlinge. Insektenbestäubung. Früchte (S. 72): Ab VII reifen die aromatischen roten Früchte. Obwohl der Volksmund sie als Beeren bezeichnet, handelt es sich hierbei um eine Sammelfrucht, die aus vielen kleinen Steinfrüchtchen mit je 1 Stein besteht. **V** Waldränder, -lichtungen, Wege, Gebüsche, Bahndämme. **B** Vermehrt sich hauptsächlich durch Wurzelsprosse. Häufig als Obstpflanze kultiviert.

Brombeere
Rubus fruticosus

2-3 m	15-30 mm	V-VIII

M Sommergrüner Strauch mit bogig überhängenden, stark stacheligen Zweigen. Blätter wechselständig, meist handförmig geteilt, sitzen an Blattstielen mit sehr scharfen Stacheln, die - je nach Unterart - in Form und Größe variieren. Die 3-5 spitz-eiförmigen, gesägten Blättchen sind unten weißfilzig. Zwitterblüten in vielblütigen, endständigen Rispen an Seitentrieben vorjähriger Sprosse. Insektenbestäubung. Früchte (S. 72). Von VIII-X reifen die Sammelfrüchte, die wie die oben beschriebenen Früchte der Himbeere aus kleinen Steinfrüchtchen zusammengesetzt sind. Anfangs grün, färben sie sich über Rot nach tief Schwarzblau um. **V** Wege, Bahndämme, Gebüsche, Waldränder, -lichtungen. **B** Bildet kriechende, sich leicht bewurzelnde Triebe, was schnell zu Dickichtbildung führen kann. Sog. Sammelart mit vielen schwierig unterscheidbaren Kleinarten.

Heckenrose, Hundsrose
Rosa canina

bis 3 m	40-50 mm	V-VI

M Sehr formenreiche Rosenart mit bogig überhängenden Ästen, reich mit kräftigen, hakenförmigen Stacheln besetzt. Blätter spiralig angeordnet, unpaar gefiedert; meist mit gut entwikkelten Nebenblättern am kahlen oder bestachelten, drüsigen Blattstiel. Die 5-7 eiförmig-elliptischen, 2-4 cm langen Blättchen sind am Rand einfach oder doppelt gesägt. Blaßrosa bis weiße, 4-5 cm große Zwitterblüten einzeln oder in Doldenrispen am Ende beblätterter Kurztriebe, 1-2 cm lang gestielt, sehr kurzlebig. Insektenbestäubung. Früchte (S. 72): Ab IX reifen die bekannten, korallenroten Hagebutten; in ihrem Innern sind viele, kleine harte, kantige Nüßchen. **V** Hecken, magere Weiden, Waldränder. **B** Die Hagebutten gehören zu den Sammelfrüchten, da in die fleischig gewordene Blütenachse die Nüßchen, die eigentlichen Früchte, eingebettet sind.

Schlehe, Schwarzdorn

Prunus spinosa

bis 4 m	10–15 mm	III–IV

[M] Sparriger, dicht verzweigter, sehr dorniger Strauch. Rinde dunkelgrau, leicht rissig. Triebe rotbraun, feinbehaart bis filzig; die Kurztriebe verdornen. Blätter spiralig angeordnet, länglich-elliptisch bis breit-lanzettlich, am Rand fein gesägt. Laubaustrieb nach der Blüte. Zwitterblüten weiß, kurzgestielt, meist einzeln an schuppig beblätterten Kurztrieben; sehr kurzlebig. Insektenbestäubung. Früchte (S. 73): Kugelig, bis 1 cm groß, reifen ab X von grünen zu schwarzblauen, hell bereiften, 1samigen Steinfrüchten. [V] Laubgehölze, Wald-, Feld-, Wegränder, Fels-, Schutthänge, trockene Flußauen. [B] Bildet dichte Hecken. Früchte roh sehr herb, nach dem ersten Frost gesammelt, wegen ihres hohen Vitamingehaltes sehr heilkräftig.

Traubenkirsche

Prunus padus

bis 15 m	5–10 mm	V–VI

[M] Sommergrüner Baum mit dichter Krone aus aufrechten oder überhängenden, glänzend rotbraunen Ästen. Rinde schwarzgrau, wird später dünn, flachrissig und borkig. Die mit 2 grünen Drüsen besetzten Blattstiele tragen verkehrt-eiförmige bis lanzettlich zugespitzte Blätter mit fein scharf gesägtem Rand. Unten in den Nervenwinkeln weißlich oder bräunlich bärtig (»Milbenhäuschen«). Gleichzeitig mit dem Laub erscheinen die auffälligen, weißen, überhängenden, vielblütigen Blütentrauben (Name!), die 8–15 cm lang werden können. Insektenbestäubung. Früchte (S. 73): Ab VI reifen die erbsengroßen, glänzend schwarzroten Steinfrüchte mit 1 runzeligen, oval-zugespitzten Stein. [V] Meist einzeln in feuchten Schluchten, Flachmooren, Gebüschen, Laubwäldern, an Flußufern. [B] Die Laubblätter wachsen meistens nach der Blüte weiter.

Roßkastanie

Aesculus hippocastanum

bis 30 m	20–30 mm	IV–V

[M] Eingebürgerter Zierbaum mit graubrauner, glatter Rinde, die später als dünnschuppige Borke abblättert. Krone dicht, hochgewölbt. Zweige gelblich-rotbraun, anfangs braunfilzig. Blätter gegenständig, 5–7zählig gefingert, mit sitzenden, bis 25 cm langen, verkehrt-eiförmigen, zum Grund keilförmig verschmälerten, ungleich gesägten Teilblättern. Zwitterblüten weiß, 2–3 cm groß, in 20–30 cm hohen, aufrechten, kegelförmigen, reichblütigen Scheinrispen (»Kerzen«). Früchte (S. 73): In der weichstacheligen, grünen, bis 6 cm dicken, 3klappig aufspringenden Fruchtkapsel reift ab IX/X meist nur 1 glänzend brauner Same mit hellem Nabelfleck, die Kastanie. [V] Parks, Alleen, oft angepflanzt; selten auf Waldlichtungen. [B] Kastanienextrakt wird in der Homöopathie gegen Venenerkrankungen (Krampfadern, Hämorrhoiden) eingesetzt.

Bergahorn
Acer pseudoplatanus

bis 40 m	5–10 mm	IV–V

M Krone breit, gewölbt. Borke glatt, graugelb, abblätternd. Blattstiele 5–15 cm lang, ohne Milchsaft. Blätter gegenständig, oben dunkel-, unten graugrün, 10–20 cm lang und ebenso breit, 5lappig mit spitzen Buchten und ungleich gesägtem Rand. Während des Laubaustriebs erscheinen die hängenden Traubenrispen mit 1geschlechtigen und zwittrigen, gelbgrünen Blüten. Insektenbestäubung. Früchte (S. 73): Spaltfrüchte aus 2 kugeligen, gelblich bis rötlich geflügelten Nüßchen. Die kräftig geäderten Flügel stehen spitz- oder fast rechtwinklig zueinander. Fruchtreife ab IX/X. **V** Feuchte, tiefgründige, nährstoffreiche Böden. **B** Holz glänzend weiß, sehr hart. Unser stattlichster Ahorn ähnelt der Platane (botanischer Name!).

Spitzahorn
Acer platanoides

bis 30 m	10–12 mm	IV–V

M Krone eiförmig. Borke schwärzlichbraun, längsrissig. Zweige kahl, glänzend braun, führen in der Jugend Milchsaft. Blätter gegenständig, glattrandig, meist 5lappig, rund ausgebuchtet, die Zähne zu langen Spitzen (Name!) ausgezogen. Stiel 8–12 cm lang, rötlich. Vor dem Laubaustrieb erscheinen die gelblichgrünen, 1geschlechtigen und Zwitterblüten nebeneinander in 4–8 cm langen, endständigen Rispen. Insektenbestäubung. Früchte (S. 73): Die grünlichen Spaltfrüchte hängen in Doldentrauben und zerfallen nach der Reife in 2 Teilfrüchte mit je einem runden, flachen, kahlen, 3–5 cm lang geflügelten Nüßchen. Die häutigen Flügel bilden gegeneinander einen stumpfen Winkel und sind leicht nach oben gebogen. **V** Alleen, Parks. **B** Holz glänzend weiß, sehr hart. Bestens geeignet für Drechslerarbeiten und Kunsttischlerei.

Feldahorn
Acer campestre

bis 15 m	6–8 mm	V

M Stamm knorrig, mit rundlicher Krone. Borke dick, braun, durch Längs- und Querrisse gefeldert, oft mit Korkleisten. Zweige oliv-gelbbraun, milchsaftführend. Blätter derb, stumpfkerbig gelappt, unterseits meist weichhaarig, an 5–10 cm langen, oft rötlichen Stielen. Zusammen mit dem Laub erscheinen die gelbgrünen, 1geschlechtigen und Zwitterblüten nebeneinander in 10–20blütigen Rispen. Insektenbestäubung. Früchte (S. 73): Im Gegensatz zu den beiden oben beschriebenen Ahorn-Arten stehen bei diesem die Flügel der Teilfrüchte waagrecht ab und färben sich während der Fruchtreife (IX) rötlich. **V** Lichte Laubgehölze, Waldränder, Hecken, sonnige Abhänge. **B** Kleine, langsamwüchsige Ahornart, die oft strauchig bleibt. Wird bis 150 Jahre alt. Ihr rötliches, schön gemasertes, sehr hartes, elastisches Holz ist bei Schnitzern sehr beliebt.

Pfaffenhütchen
Euonymus europaeus

bis 6 m	6–10 mm	V–VI

M Sparriger Strauch. Äste grau bis rotbraun, tragen junge, grüne, durch schmale Korkleisten 4kantige Zweige. Blätter gegenständig, elliptisch bis lanzettlich, zugespitzt, am Rand fein kerbig gesägt, oben sattgrün, unten blaugrün, im Herbst prächtig rot. Blüten gelblichgrün, meist zwittrig, 1,5–2,5 cm lang gestielt, in 2–9blütigen, blattachselständigen Trugdolden; erscheinen zusammen mit den Laubblättern. Insektenbestäubung. Früchte (S. 74): Ab IX/X reifen die rosa- und karminroten, giftigen Früchte, auf Grund deren Ähnlichkeit mit einem Pfarrer-Barett die Pflanze ihren Namen erhielt. **V** Wege, Waldränder, Feldgehölze. **B** Holz hart, gelblich, wurde früher zur Herstellung von Spindeln genutzt (»Spindelstrauch«).

Faulbaum, Pulverholz
Rhamnus frangula

bis 3 m	2–6 mm	V–VIII

M Rinde glatt, graubraun. Äste fast glatt, wechselständig; tragen v. a. an den Enden gehäufte, waagrecht abstehende, locker belaubte, grauviolette Zweige. Blätter spiralig angeordnet, breitelliptisch, zugespitzt, ganzrandig, mit 9–12 Nervenpaaren, unten wenigstens in der Jugend behaart. Weiße Zwitterblüten, 5–10 mm lang gestielt, zu 3–7 blattachselständig, erscheinen zusammen mit dem Laub. Insektenbestäubung. Im Sommer oft Blüten und Früchte (S. 74) jeden Reifestadiums zusammen an demselben Zweig: unreife grüne, halbreife rote und reife schwarze Scheinbeeren mit 2–3 linsenförmigen bis 3eckigen, giftigen Samen. **V** Gebüsch, Laub-, Nadel-, Misch-, Auwälder, Flachmoore. **B** Rindengeruch unangenehm faulig (Name!). Rinde wird zur Herstellung von Abführtees genommen. Mit Faulbaumkohle stellte man früher Schießpulver her (»Pulverholz«).

Echter Kreuzdorn
Rhamnus cathartica

bis 3 m	10–12 mm	V–VI

M Zweige kreuzgegenständig (Name!), kahl, glänzend; Kurztriebe verdornt. Rinde dunkelbraun, glatt, im Alter schwärzlich, leicht rissig. Blätter gegenständig, länglich-rund bis elliptisch, mit leicht herzförmigem Grund, zugespitzt, am Rand fein kerbig gesägt, beiderseits mit je 3–5 bogigen Nerven. Blüten unauffällig, gelbgrün, 1geschlechtig, in 2–8blütigen, 10 mm lang gestielten Scheindolden, blattachselständig an jungen Trieben. Insektenbestäubung. Früchte (S. 74): Zu Beginn des Herbstes erscheinen die erbsengroßen, erst grünen, dann dunkelblauschwarzen, beerenartigen Steinfrüchte. Fruchtfleisch grün, mit 1 Stein. **V** Gebüsche, Laubwälder, trockene, steinige, sonnige Hänge, Auwälder, Moore, Gräben. **B** Aus dem grünen Fruchtfleisch gewann man früher das »Saftgrün« der Maler. Tee aus getrockneten Früchten wirkt abführend.

Hartriegel
Cornus sanguinea

bis 5 m	10–12 mm	V–VI

[M] Einjährige Zweige rot überlaufen, später olivbraun. Im Spätherbst und Winter sind alle Zweige blutrot gefärbt. Blätter gegenständig, breit-elliptisch bis eiförmig, zugespitzt, oben lebhaft grün, unten etwas heller, locker behaart, bis 10 cm lang; im Herbst leuchtend rot. Weiße Zwitterblüten erscheinen nach dem Laubaustrieb. 20–50 Blüten in 2–4 cm lang gestielter, 5–7 cm großer Schirmrispe, am Ende beblätterter Jungtriebe. Insektenbestäubung. Früchte (S. 74): Ab IX/X färben sich die erbsengroßen, anfänglich grünen, beerenartigen Steinfrüchte blauschwarz. Fruchtstiele rot gefärbt. [V] Ufer, Auen, Moore, Waldränder, Gebüsche, Trockenhänge. [B] Das Holz ist sehr hart und wird v. a. zur Werkzeugherstellung verwendet.

Salweide
Salix caprea

bis 3 m	3–6 mm	III–V

[M] Ansehnlicher Strauch mit glatter Rinde, die später netzartig aufreißt. Zweige glänzend braun, kahl. Blätter breitelliptisch, 2 cm lang gestielt, ganzrandig oder wellig gezähnt; in der Jugend beiderseits weißfilzig, später oben dunkelgrün, matt, kahl, unten graugrün, dicht flaumig, oft mit vortretendem, gelbem Adernetz. Laubaustrieb erst nach der Blüte. 2häusig. Blüten 1geschlechtig, ohne Blütenhülle, in eiförmigen Kätzchen. Insektenbestäubung. Früchte (S. 74): Ab IV/V reifen die für Weiden typischen grünen, trockenen Kapselfrüchte, mit langen, seidigen, weißen Haarbüscheln. [V] Gräben, Auen, Moore, Gebüsche, Wiesen, häufigste »Waldweide« der Waldlichtungen und -ränder. [B] Holz rötlich, hervorragendes Brennholz. Wegen der pelzigen Blütenkätzchen ein beliebter Osterschmuck. Eines der ersten heimischen Blühgehölze. Gute Bienenweide!

Sommerlinde
Tilia platyphyllos

20–40 m	12–16 mm	VI

[M] Mächtiger Baum mit tief angesetzter, regelmäßiger Krone. Rinde grau, senkrecht gefurcht. Blätter herzförmig, zugespitzt, meist unsymmetrisch, 2zeilig an den rötlichen, flaumig behaarten Trieben angeordnet. Weiße »Milbenhäuschen« in den Adern der Blattunterseiten. Blätter häufig klebrig durch Blattlausausscheidungen (»Honigtau«). Erst nach vollständiger Belaubung erscheinen die gelblichen Zwitterblüten. Insektenbestäubung. Früchte (S. 74): Ab VIII/IX reifen die kugeligen, deutlich 4–5kantigen, graufilzigen Früchte. Meist bilden 3 der sehr harten Nüßchen einen Fruchtstand. Der Stiel ist mit einem flügelig vergrößerten, 5–7 mm langen, gelblichen Tragblatt verwachsen (Flugorgan). [V] Laubwälder, Alleen, Einzelbäume. [B] Wird bis 1000 Jahre alt. Das weiche, gelblichweiße bis rötliche Holz eignet sich ausgezeichnet als Schnitzholz.

Schwarzer Holunder
Sambucus nigra

bis 12 m	5-8 mm	VI

[M] Strauch oder Baum. Rinde hellgrau bis braun, an jungen Zweigen graugrün, von zahlreichen, auffälligen Rindenporen durchsetzt. Borke tiefgefurcht, korkig. Typisch ist das weiche, weiße, junge Mark. Blätter unpaar gefiedert, mit (3–)5(–7) eiförmig-elliptischen, zugespitzten Blättchen. Laubaustrieb vor der Blüte (III/IV). Charakteristisch duftende, 10–15 cm große, endständige, weiße Schirmrispen mit vielen, 5zähligen Zwitterblüten. Insektenbestäubung. Früchte (S. 75): Ab IX/X reifen in Trugdolden kleine, kugelige, glänzend schwarze, beerenartige Steinfrüchte mit 3 bräunlichen Steinkernen. Fruchtstiele rotviolett. [V] Laub-, Auwälder, Hecken, Ortschaften. [B] Blütentee und gekochte Früchte sind gut gegen Erkältung!

Gemeiner Schneeball
Viburnum opulus

bis 4 m	6-20 mm	V-VI

[M] Strauch mit kahlen Zweigen. Rinde hellgrau, schuppt im Alter ab. Blätter 3–5lappig, gegenständig; die eiförmigen, buchtig gezähnten, spitzen Lappen sind glatt, oben kahl, unten flaumig, Blattrand grob gezähnt, Blattstiel mit fädigen Drüsen. Im Herbst ist der Strauch weinrot. Blütenstände auffällig, bis 10 cm große, weiße, gestielte Schirmrispen. Unfruchtbare (sterile) Randblüten vergrößert (»Schauapparat« zur Insektenanlockung!). Insektenbestäubung. Früchte (S. 75): Im Spätsommer reifen die erbsengroßen, glasigen, glänzend roten, saftreichen Steinfrüchte mit einem flachen, roten Stein. Sie sind schwach giftig und bleiben oft bis in den Winter am Strauch. [V] Laub-, Auwälder, feuchte Gebüsche und Wiesen, auch Erlenbrüche. [B] Aus Stock- und Stammschößlingen wurden früher Pfeifenrohre und Spazierstöcke geschnitzt. Der Gartenschneeball hat nur sterile Blüten.

Wolliger Schneeball
Viburnum lantana

bis 5 m	6-8 mm	V-VI

[M] Aufrechter, buschiger Strauch, trägt v. a. in der Jugend sternfilzige Zweige. Blätter gegenständig, kurz gestielt, elliptisch bis länglich-eiförmig, kurz zugespitzt, am Rand scharf oder stumpf gezähnt, oben runzelig, dunkelgrün, unten sternhaarig-filzig bis weißgrau-wollig (Name!). Zwitterblüten intensiv duftend, in 5–10 cm großen, weißen Schirmrispen. Im Gegensatz zur oben beschriebenen Art sind hier alle Blüten gleichgestaltet. Insekten- und Selbstbestäubung. Früchte (S. 75): Beerenartige, schwach giftige Steinfrüchte, reifen bereits ab VII; oft sind in einer Trugdolde unreife grüne, halbreife rote und reife glänzend schwarze Früchte nebeneinander. [V] Waldränder, Auen, Gebüsch, steinige, sonnige Abhänge. [B] Die biegsamen Zweige wurden früher zum Flechten von Körben und insbesondere zum Binden von Korngarben genommen.

Rote Heckenkirsche

Lonicera xylosteum

1-3 m	10-15 mm	V-VI

M Strauch mit dunkelgraubraunen, hohlen Ästen und kurzweichhaarigen, jungen Zweigen. Rinde abblätternd. Blätter eirundlich bis breit-elliptisch, zugespitzt, gestielt, ganzrandig, unten weichhaarig, graugrün, oben lebhaft grün. Zwitterblüten schwach duftend, weiß, außen oft rötlich, färben sich später häufig blaßgelb. Bestäubung durch Hummeln. Früchte (S. 75): Reifen VIII–X; glänzend scharlachrote, erbensgroße, glasige Beeren, sitzen je paarweise auf einem gemeinsamen Fruchtstiel, sind häufig an der Basis miteinander verwachsen. Giftig! V Hecken, Parks, Gebüsche, Waldrand. B Die Früchte sind giftig. Der wissenschaftliche Name bezieht sich auf das harte, beinartige Holz (xylon = Holz, osteon = Knochen).

Esche

Fraxinus excelsior

bis 40 m	3-4 cm	V

M Stattlicher Baum mit eiförmiger Krone. Rinde graugelb, Borke längs- und feiner querrissig. 1jährige Zweige rundlich, glänzend hellgrau. Blätter lang gestielt, gegenständig, unpaar gefiedert mit meist 11 länglich-lanzettlichen, zugespitzten, 7–11 cm langen Teilblättchen, unterseits am Mittelnerv behaart. Laubaustrieb nach der Blüte (VI). Blütenrispen seitenständig, Einzelblüten unscheinbar, 1geschlechtig oder zwittrig. Windbestäubung. Früchte (S. 75): Reifen ab IX; 1samige, braune, flachgedrückte Nüßchen, die in je einen, bis 4 cm langen, 1 cm breiten, zungenförmigen Flügel eingebettet sind. Sie fallen v. a. im Winter am sonst kahlen Baum auf. V Tiefgründige, nährstoffreiche, feuchte bis anmoorige Böden; oft angepflanzt. B Das Holz ist sehr hart und elastisch; es wird zur Herstellung von Möbeln, Turngeräten und Skiern verwendet.

Liguster

Ligustrum vulgare

bis 5 m	3-5 mm	VI-VII

M Strauch mit aufrechten, grauberindeten Ästen. Jüngere Zweige kahl, oliv oder bräunlich, gegen die Spitze fein behaart. Kurztriebe stehen häufig quirlig. Treibt aus reich verzweigtem Wurzelstock viele Ausläufer (gute Heckenpflanze!). Blätter kurz gestielt, gegenständig, länglich-lanzettlich, spitz oder leicht ausgerandet, oben dunkelgrün, unten heller. Blüten gelblichweiß, zwittrig, in 6–8 cm langen, endständigen, pyramidalen, fein behaarten Rispen. Insektenbestäubung. Früchte (S. 75): Reifen ab VIII/IX; kugelige, 5–10 mm dicke, schwarze, fleischige Beeren in traubigen Fruchtständen, mit 2–4 ölhaltigen Samen. Die giftigen Beeren bleiben oft den ganzen Winter am Strauch. V Lichte Laubwälder, Gebüsche, Hecken, Mauern; oft angepflanzt. B Der schwarzviolette Beerensaft wurde früher zum Färben von Stoffen und Leder genutzt.

Fichte S. 46

Wacholder S. 48

Waldkiefer S. 46

Berberitze S. 48

Lärche S. 46

Hasel S. 48

Hainbuche S.50

Rotbuche S.52

Hängebirke S.50

Traubeneiche S.52

Schwarzerle S.50

Feldulme S.52

Eberesche S. 54

Himbeere S. 56

Mehlbeere S. 54

Brombeere S. 56

Eingriffeliger Weißdorn S. 54

Heckenrose S. 56

Schlehe S. 58

Bergahorn S. 60

Traubenkirsche S. 58

Spitzahorn S. 60

Roßkastanie S. 58

Feldahorn S. 60

Pfaffenhütchen S. 62

Hartriegel S. 64

Faulbaum S. 62

Salweide S. 64

Echter Kreuzdorn S. 62

Sommerlinde S. 64

Schwarzer Holunder S. 66

Rote Heckenkirsche S. 68

Gemeiner Schneeball S. 66

Esche S. 68

Wolliger Schneeball S. 66

Liguster S. 68

Weiße Seerose

Nymphaea alba

bis 3 m	100–120 mm	VI–IX

M Über 4 grünen Kelchblättern sind ca. 20 weiße Kronblätter spiralig angeordnet, die allmählich in viele gelbe Staubblätter übergehen. Wie die Blüten sind auch die ovalen, tief eingeschnittenen, lederartigen Schwimmblätter mit langen, elastischen Stielen am dicken, im Schlamm kriechenden Wurzelstock befestigt. Daneben findet man noch »salatartige« Unterwasserblätter. **V** Gehört dem Schwimmpflanzengürtel der Weiher, Teiche, Seen und Flußaltwässer an und reicht bis in eine Tiefe von max. 3 m. **B** Die hübschen Blüten der Weißen Seerose sind tagsüber von etwa 7–16 Uhr geöffnet; sie schließen sich dann sehr rasch, trotz noch intensivsten Sonnenlichts. Die Pflanze bietet für Fische einen guten Laichschutz.

Gewöhnliche Waldrebe

Clematis vitalba

3–8 m	20–30 mm	VI–IX

M Die Blüten dieser giftigen Liane riechen unangenehm, sind gelblich-weiß, ca. 20–30 mm groß und langgestielt. Die reichblütigen Rispen entspringen entweder seitlich den Blattachseln oder stehen am Ende junger Triebe. Die 4 filzig behaarten Blütenblätter sind 7–8 mm lang, die zahlreichen Staubblätter etwas kürzer. Die vielen silbrigweiß behaarten Fruchtblätter sind nicht miteinander verwachsen, oberständig, mit langen Griffeln. Diese strecken sich nach der Bestäubung und wachsen zu einem abstehend behaarten Flugorgan aus. Nach der Fruchtreife prägen sie das Bild der Pflanze. **V** Waldreben findet man ziemlich häufig in Auenwäldern; ansonsten in allen Waldtypen. Oft sind auch Gebüsche von der Pflanze überwuchert. **B** Die Pflanze rankt mit ihren Blattstielen und gilt als sehr lichtbedürftig. Wertvolle Pollenblume für Bienen und Fliegen.

Buschwindröschen

Anemone nemorosa

10–25 cm	20–40 mm	III–IV

M Das Hahnenfußgewächs hat weiße, manchmal außen rötlich überlaufende Blüten. 6–8 Blütenblätter umgeben die zahlreichen gelben Staubblätter der meist 1blütigen Pflanze. Am Stengel findet man 3 handförmig geteilte Hochblätter. Der Blattrand ist – wie auch bei den Grundblättern – grob und ungleich gesägt. **V** Die Pflanze wächst in Laub- und Nadelwäldern, in Gebüschen und auf Bergwiesen. **B** Die recht verbreitet vorkommende Art ist aufgrund ihres großen Lichtbedürfnisses ein typischer Frühblüher unserer Wälder. Meist bildet sie ausgedehnte Bestände. Sie wird von verschiedenen Insekten bestäubt, die Verbreitung der Nußfrüchte wird von Ameisen übernommen. Aufgrund ihres überreichlichen Pollenangebotes bezeichnet man die Pflanze als Pollenblume. Sie bildet für die bestäubenden Insekten eine wichtige Nahrungsquelle.

Flutender Hahnenfuß

Ranunculus fluitans

bis 6 m	10-20 mm	VI-VIII

M Die langgestielten, weißen Blüten dieser Wasserpflanze werden 1–2 cm groß und setzen sich aus 5 grünen Kelch- sowie 5–12 weißen, am Grunde gelben Kronblättern zusammen. Die im Wasser flutenden, stielrunden, kahlen Stengel werden bis zu 6 m lang und tragen ans Fließwasser angepaßte, gestielte Blätter. Ihre Oberfläche ist in 7–15 cm lange, parallele Blattzipfel fein gegliedert, die an der Luft aber pinselartig zusammenfallen. Schwimmblätter dagegen bildet die ausdauernde Pflanze nur sehr selten aus. V Die Art gedeiht bevorzugt in schnell fließenden, sauerstoffreichen Bächen und Flüssen und bildet meist größere Bestände. B Bestäubung und Fruchtbildung werden durch Überflutung der Blüten häufig verhindert.

Wald-Erdbeere

Fragaria vesca

5-20 cm	10-15 mm	IV-VI

M An blattlosen, behaarten Blütenstielen stehen weiße Blüten, deren 5 rundliche Kronblätter die kräftig gelben Staubblätter umgeben. Die 3zähligen Blätter sind am Rand gesägt, unterseits seidenhaarig. Auf dem zur Fruchtzeit waagrecht abstehenden oder nach unten geschlagenen Kelch entwickelt sich die bekannte, leuchtend rote Erdbeere. V Das Rosengewächs gedeiht an lichten Waldrändern, auf Lichtungen und an Gebüsch- und Heckenrändern. B Die Erdbeere ist keine einzelne Frucht, sondern eine Sammelfrucht: auf der zur Anlockung fleischig gewordenen Blütenachse sitzen zahlreiche sog. Nüßchen. Die Vermehrung erfolgt auch durch Ausläufer. Die Pflanze kann mit der verwandten Knack-Erdbeere verwechselt werden, deren Beeren jedoch meist gelblich bleiben und beim Pflücken mit dem Kelch abgehen.

Mädesüß

Filipendula ulmaria

50-150 cm	5-10 mm	VI-VIII

M Der kahle, kantige Stengel trägt in vielstrahligen Trugdolden kleine, gelblichweise Blüten, die einen starken, mandelartigen Geruch verströmen. Die unpaarig gefiederten, dunkelgrünen Laubblätter sind oberseits kahl, unterseits weißfilzig. Die Endfieder ist handförmig, 3–5spaltig, die kleineren, 3–5 cm langen, gesägten Seitenfiedern stehen in 2–5 Paaren am Blattstiel. Wegen des ätherischen Öls wurde die Pflanze früher als Getränkezusatz, v. a. des bierähnlichen »Met« verwendet (Name!). V Die Mädesüß-Stauden bilden charakteristische Bestände auf Streuwiesen, Flach- und Zwischenmooren, an kleineren Gräben und im Röhricht. B Die Art enthält giftige Glykoside und wurde früher als Heilpflanze verwendet. Die unterirdische Knolle wurde gegessen. Die hier genannten Nutzungsarten gelten auch für das verwandte Kleine Mädesüß *(F. vulgaris)*.

Weiß-Klee

Trifolium repens

15–45 cm	8–12 mm	V–IX

[M] In Unkenntnis der großen Vielfalt an Klee-Arten werden fast alle lediglich als Klee bezeichnet. Die weißen, kugeligen Blütenköpfchen dieser Art bestehen aus 2–5 mm langen, gestielten Einzelblüten mit 10nervigen Kelchen. Nach der Blüte werden die Blüten hellbraun und hängen herab. Das Blütenköpfchen erreicht einen Durchmesser von 8–12 mm. Die Blätter setzen sich aus 3 eiförmigen, fein gezähnten Fiederblättchen zusammen. Auffallend sind die trockenhäutigen, rotvioletten Nebenblättchen am kriechenden (lat. Artname!), bis 45 cm langen Stengel. [V] Der Weiß-Klee gedeiht auf Wiesen, Äckern, in Parks und an Wegrändern. [B] Der hohe Eiweißgehalt dieser Stickstoffzeiger-Art macht sie zu einer wichtigen Futterpflanze.

Weißer Steinklee

Melilotus albus

30–120 cm	4–5 mm	VI–IX

[M] Die 4–5 mm großen, weißen Blüten stehen in 4–6 cm langen Blütentrauben an den Enden der 30–120 cm hohen Stengel. Die gestielten Einzelfiedern der 3zähligen Blätter haben 6–12 Paar Seitennerven und ebenso viele Zähne. Als Frucht entwickelt sich eine bis 5 mm lange, schwarze Hülse mit deutlicher Netznervatur und stumpfem Ende. [V] Nicht nur Wegränder, auch Schuttplätze, Bahndämme und andere typische »Unkraut«-Biotope werden von diesem Schmetterlingsblütler besiedelt. [B] Wie alle Steinklee-Arten duftet auch der Weiße Steinklee beim Trocknen nach Waldmeister, da sich Cumarin, der Duftstoff des Waldmeisters, bildet. Die Pflanze wird wegen ihres Stickstoffgehaltes, der für alle Schmetterlingsblütler typisch ist, zur Gründüngung benutzt. Als Bienenweide hat sie ebenfalls eine gewisse Bedeutung.

Wald-Sauerklee

Oxalis acetosella

5–15 cm	10–15 mm	IV–V

[M] Die 5 weißen Kronblätter dieses Sauerkleegewächses (eigene Familie, die nicht mit dem eigentlichen Klee verwandt ist) sind deutlich purpurn geadert und von länglich-eiförmigen Kelchblättern umgeben. Jede Blüte steht einzeln an einem mit 2 schuppigen Vorblättern besetzten Stiel. Die grundständigen Blätter sind lang gestielt und 3zählig kleeblattartig gefiedert. [V] Sauerklee gedeiht an schattigen Stellen von Mischwäldern mit feuchten, humosen Böden. [B] Die Art entspringt einem verzweigten Erdsproß (Rhizom). Bei starker Besonnung senken sich die Teilblättchen dieser Schattenpflanze ab, um die Verdunstung zu vermindern. Der saure Geschmack der Blätter wird durch die enthaltene Oxalsäure (lat. Name!) verursacht. Früher wurde die Pflanze als Salatgewürz benutzt. In größeren Mengen wirkt Oxalsäure jedoch giftig.

Wald-Sanikel

Sanicula europaea

20-50 cm	3 mm	V-VII

[M] Die lang gestielten Grundblätter des Doldengewächses sind immergrün, 5eckig und 3-5teilig handförmig. Die Stengelblätter sind fast sitzend und immer kleiner. In einer endständigen Dolde stehen weißliche oder gelbliche Blüten. Sie sind jeweils zu kleinen kopfartigen Döldchen zusammengefaßt. [V] Diese Art ist in Laub- und Nadelmischwäldern recht häufig anzutreffen. [B] Die Pflanze enthält viel Kieselsäure, Saponine, Gerb- und Bitterstoffe und wurde deshalb früher als Heilpflanze bei äußerlichen Verletzungen und inneren Blutungen eingesetzt. Die 4-5 mm großen, kugeligen Früchte sind dicht mit hakigen Borsten besetzt, die am Fell verschiedener Tierarten haften und die Verbreitung gewährleisten.

Große Sterndolde

Astrantia major

30-100 cm	2-4 cm	VI-IX

[M] Die weißen, rosaroten oder grünlichen Blüten stehen bei diesem Doldengewächs in charakteristischen runden Dolden, die von lanzettlichen, 10-30 mm langen, weißen oder rötlichen Hüllblättern umgeben sind. Die Einzelblüten sind lang gestielt. Die gestielten, grundständigen Blätter sind 10-20 cm breit und 5-7teilig tief handförmig. Die 2-3teiligen Einzelabschnitte sind grob gezähnt und die seitlichen sind teilweise verwachsen. [V] Die Art gedeiht in Auwäldern, Gebüschen, Nadelwäldern und auf Bergwiesen. [B] Durch die vergrößerten Hüllblätter der Dolden entsteht der Eindruck großer Blüten, was der Anlockung von bestäubenden Insekten dient. Zur Verhinderung einer Selbstbestäubung ist die Art durch Vorweiblichkeit (Proterogynie) gekennzeichnet, d.h. die weiblichen Blüten entwickeln sich vor den männlichen Blüten.

Wiesen-Kerbel

Anthriscus silvestris

60-150 cm	6-12 cm	IV-VIII

[M] Die Pflanzen sind 60-150 cm hoch. Der Stengel ist gerieft, innen hohl und nur im unteren Bereich behaart, die Blätter doppelt bis dreifach gefiedert. Die weißblütige Dolde setzt sich aus 8-15 Strahlen zusammen. Eine Hülle fehlt, doch sind die Döldchen mit 4-8blättrigen Hüllchen versehen. Die Hüllchenblätter sind am Rand bewimpert. Die an der Oberfläche glatten und glänzenden Früchte werden 5-10 mm lang. Dabei bleibt der Fruchtstiel jeweils kürzer als die Frucht. [V] Man findet den Wiesen-Kerbel v.a. in Fettwiesen, d.h. gut gedüngten Wiesen, an Weg- und Waldrändern und in Gebüschen. [B] Die Pflanze ist ein Stickstoffzeiger und meist in großen Massen anzutreffen. Der als Gewürzpflanze verwendete Garten-Kerbel *(A. cerefolium cerefolium)* unterscheidet sich vom Wiesen-Kerbel durch die nur 2- bis 6strahlige Dolde und den schwach gerillten Stengel.

Geißfuß

Aegopodium podagraria

50–100 cm	5–12 cm	V–IX

M Am 3kantigen, markigen Stengel dieses Doldengewächses stehen doppelt 3zählige Grundblätter. Die ei-länglichen Fiederblättchen sind 5–10 cm lang und gezähnt. In der 12–20strahligen Dolde stehen kleine weiße Blüten; Hüllblätter und Hüllchenblätter fehlen bei dieser Art. Die länglich-eiförmigen Früchte sind kümmelähnlich und ca. 3 mm lang. Die Triebe entspringen einem unterirdischen Ausläufer. **V** Diese recht verbreitete Pflanze ist in Auen- und Schluchtwäldern, Hecken, Gärten, an Wegrändern und Ufern anzutreffen. **B** Der Name der Art leitet sich von der ziegenfußähnlichen Form der Fiederblättchen ab. Früher wurde die Pflanze als Heilmittel bei Gicht und rheumatischen Erkrankungen verwendet.

Wiesen-Bärenklau

Heracleum sphondyleum

30–180 cm	10–15 cm	VI–X

M Die kräftigen, hohlen Stengel dieser Pflanze werden bis 20 mm dick und 180 cm hoch. Sie sind kantig, deutlich gefurcht und steif beborstet. Die einfach gefiederten Blätter werden bis 40 cm groß. Während die unteren rinnig gestielt sind, fallen die oberen, sitzenden Blätter durch aufgeblasene Blattscheiden auf. Die weißblütige Dolde ist 15–30strahlig und sehr groß (bis 15 cm). Eine Hülle fehlt, die Hüllchenblätter sind lanzettlich. Die Früchte dieses von Juni bis in den Oktober hinein blühenden Doldengewächses sind bis 11 mm lang und geflügelt. **V** Die Pflanze ist auf nährstoffreichen Wiesen, in Gräben, Auenwäldern, Gebüschen und an Ufern anzutreffen. **B** Wie bei den meisten Doldengewächsen, werden die Blüten von Fliegen und Käfern bestäubt. Früher wurde die Art als Heilpflanze verwendet. In unserer Flora sind 2 Unterarten heimisch.

Wilde Möhre

Daucus carota

50–80 cm	3–7 cm	V–VIII

M Die Pflanze wird 80 cm hoch und blüht von Mai bis August. Am borstig behaarten Stengel sitzen 2- bis 4fach gefiederte Blätter. Die weißblühende Dolde ist flach gewölbt, verändert ihre Form allerdings im Reifezustand; sie bildet dann eine nestartige Mulde, da sich die Doldenstrahlen zum Zentrum krümmen. Fiederteilige Hüllblätter umgeben die Dolde, die Hüllchenblätter sind einfach linealisch. **V** Die Wilde Möhre findet man auf Wiesen, Äckern, an Wegrainen, in Unkrautbeständen und in Steinbrüchen. **B** Dieses häufige Doldengewächs ist die Stammform der Gartenmöhre. Die verdickte Wurzel riecht deutlich nach Möhren und kennzeichnend ist die oft in der Doldenmitte sitzende schwarzpurpurne »Mohrenblüte«. Die Art wird als Heilpflanze angebaut, ist sehr vitaminreich und wird deshalb auch als Gemüsepflanze genutzt.

Knoblauchsrauke

Alliaria petiolata

20–100 cm	5–8 mm	V–VII

M Der kantige, im unteren Bereich behaarte Stengel wird bei dieser Pflanze 20–100 cm hoch; die Grundblätter sind gestielt, herzförmig mit kerbig gesägtem Rand, die kurzgestielten Blätter im oberen Stengelbereich sind hingegen dreieckig und unregelmäßig gezähnt. Von Mai bis Juli findet man die endständige Blütentraube dieses Kreuzblütlers, die von 6 mm langen, weißen Blüten gebildet wird. Aus ihnen entwickeln sich 3–7 cm lange Schoten, die an abstehenden Stielen sitzen. **V** Die Knoblauchsrauke ist in fast allen Unkrautfluren anzutreffen. **B** Der Name dieser wenig beachteten, unscheinbaren Pflanze rührt von dem Knoblauchduft her, den sie beim Zerreiben verströmt; früher wurde die Art auch zu Heilzwecken verwendet.

Brunnenkresse

Nasturtium officinale

10–90 cm	8–10 mm	VI–IX

M Die ausdauernde Pflanze entspringt einer waagrecht kriechenden Grundachse. Ihre Blätter sind gefiedert, Seitenblättchen breit herzförmig, mit größerem Endblättchen. Die kleinen, weißen Blüten stehen in lockeren Trauben; Staubbeutel gelb. **V** Man findet die Brunnenkresse in sauberen Bächen, Quellen und Quellsümpfen mit fließendem, bevorzugt sehr kühlem Wasser. **B** Die in der Pflanze enthaltenen Senfölglykoside, das Jod und verschiedene Vitamine machen sie zu einer wichtigen Heilpflanze, die bei Nieren- und Blasenleiden, bei Gicht, Zuckerkrankheit und Vitaminmangelerkrankungen verwendet werden kann. Die vor der Blüte gesammelten jungen Sprosse werden roh als Salat zubereitet, z. B. zusammen mit jungen Löwenzahn- und Brennesselblättern. Neben dieser Art gibt es bei uns auch die Kleinblättrige Brunnenkresse *(N. microphyllum).*

Wiesen-Schaumkraut

Cardamine pratensis

10–40 cm	15–25 mm	IV–VI

M Die Blüten sind weiß, rosa oder zart violett mit gelben Staubgefäßen. Es sind 4 Kelch- und 4 Kronblätter vorhanden. Die Einzelblüten bilden eine Traube. Die gefiederten Blätter sitzen an einem bis 40 cm hohen, runden und hohlen Stiel. Charakteristisch ist, daß die in einer Rosette stehenden Grundblätter rundliche Fiederblätter, die Stengelblätter hingegen linealische Fiederblätter haben. Aus den Blüten entwickeln sich 2–4 cm lange Schoten, die ihre Samen durch eine Schleudereinrichtung verbreiten. **V** Die Art ist in feuchten Wiesen, Mooren, in Auenwäldern und an Gewässerufern verbreitet anzutreffen. **B** Ende April dominiert die Pflanze in vielen Wiesen und gibt ihnen damit den sog. Frühjahrsaspekt. Die Gattung *Cardamine* ist in unserer Flora mit 9 Arten vertreten, die allerdings z. T. auf spezielle Verbreitungsgebiete beschränkt sind.

Hirtentäschelkraut

Capsella bursa-pastoris

10-50 cm	4-5 mm	II-XI

M Schon bei Kindern sind die Früchte - herzförmige, kleine Schötchen - dieser weltweit verbreiteten Pflanze sehr bekannt. Sie stehen an dünnen Stielchen, meist zusammen mit Blüten, am 10-50 cm hohen Stengel. Die 4-5 mm breiten Blüten bilden eine endständige Traube. Die Blütenkronblätter sind länger als der Kelch. Im Stengelverlauf variiert das Aussehen der Blätter: Die rosettigen, buchtig gelappten bis fiederteiligen Grundblätter werden im oberen Stengelbereich von ungeteilten, stengelumfassenden Blättern mit pfeilförmigem Blattgrund abgelöst. **V** Man findet die Art an Wegrändern, auf Äckern und Schuttplätzen. **B** Die Pflanze ist eine typische kulturbegleitende Pionierpflanze mit großem Formenreichtum.

Acker-Hellerkraut

Thlaspi arvense

10-40 cm	4-6 mm	IV-X

M Ihren Namen verdankt die Art den ringsum geflügelten, bis 15 mm langen Schötchen, die mit ihrem Aussehen an Münzen erinnern. Dabei sind die Flügel an der Oberseite U-förmig eingekerbt. Das Acker-Hellerkraut erreicht eine Sproßhöhe von 10-40 cm; die hellgrünen Grundblätter sind gestielt und verkehrt-eiförmig, die lanzettlichen Stengelblätter hingegen sitzen stiellos am kantigen Sproß. Ihr Blattgrund ist pfeilförmig. Beim Zerreiben der Blätter entsteht Lauchgeruch. In endständigen Trauben erscheinen von April bis Oktober weiße, 4-6 mm breite Blüten. **V** Man findet den Kreuzblütler ziemlich häufig auf Schuttplätzen und Äckern. **B** Wie das oben beschriebene Hirtentäschelkraut ist auch diese Art ein sog. Kulturbegleiter. Die Samen werden durch einen Schleudermechanismus aus den Schötchen geworfen.

Preiselbeere

Vaccinium vitis-idaea

5-25 cm	6-10 mm	V-VIII

M Die zwittrigen Blüten stehen in endständigen, nickenden Blütentrauben. Sie sind weiß, oft rosa überlaufen und gestielt. Die 5 Kelchblätter sind im unteren Bereich miteinander verwachsen, die spitz 3eckigen, bräunlichen Kelchzipfel im oberen Teil rötlich. Die weiße, oft rötlich überlaufene Krone ist bis zur Hälfte 5spaltig, glockig, oben offen, mit 4-5 zurückgekrümmten Lappen. Die 10 Staubblätter haben eine verbreiterte, behaarte Basis und dunkelgelbe, 2spitzige Staubbeutel. Sie sind kürzer als der Griffel des mehr oder weniger unterständigen Fruchtknotens. **V** Preiselbeeren gedeihen in Nadel- und Laubmischwäldern, in Heiden und Mooren. **B** Die Blätter werden bei Harnwegserkrankungen verwendet, die Beeren sind eine beliebte Beigabe zu Wildgerichten. Die Preiselbeere gehört wie die auf S. 148 beschriebene Heidelbeere zu den Heidekrautgewächsen.

Hederich

Raphanus raphanistrum

20-60 cm	20-30 mm	V-IX

M Die weißen oder gelben Blüten dieser Pflanze sind violett geädert. Ihre Kelchblätter stehen aufrecht. Meist sind im Blütenstand auch reifende Schoten zu finden, die - perlschnurartig gegliedert - 10 cm lang werden und in ein schnabelförmiges, samenloses Endstück auslaufen. Die gestielten Blätter sind im oberen Bereich des 20-60 cm hohen Stengels ungeteilt und unregelmäßig gezähnt, unten stehende Blätter sind fiederlappig bis fiederteilig. **V** Besonders häufig findet man den Hederich an Wegen, die unmittelbar an Getreidefeldern vorbeiführen, aber auch an anderen typischen Unkrautstandorten. **B** Verschiedene nah verwandte Varietäten dieses Kreuzblütlers werden in unseren Gärten als Rettiche oder Radieschen kultiviert.

Vogelmiere

Stellaria media

10-40 cm	6-10 mm	I-XII

M Diese Pflanze bildet mit ihren niederliegenden Stengeln meist kleinere Rasen. Die Sprosse sind im Querschnitt rund, einreihig behaart und erreichen eine Länge von 2-40 cm. Die eiförmigen, spitzen Blätter sind im unteren Stengelbereich gestielt, die oberen sitzen dem Stengel an. Die weißen Blüten dieses Nelkengewächses sind durch tief 2teilige Kronblätter gekennzeichnet, die die Kelchblätter nicht oder nur knapp überragen. 3-10 Staubblätter mit violetten Staubbeuteln stehen im Zentrum der Blüten. Als Frucht wird eine Kapsel ausgebildet, die den Kelch nur knapp überragt. **V** Die Vogelmiere gedeiht auf Äckern, in Gärten, an Ufern und auch in Wäldern. Typisch ist auch ihr Vorkommen auf Schutthalden. **B** Die weltweit verbreitete Pflanze gilt als Kulturfolger und bevorzugt stickstoffreiche Böden. Sie wird z.T. als Heilpflanze verwendet.

Große Sternmiere

Stellaria holostea

10-40 cm	20-30 mm	IV-VI

M Besonders auffallend an den weißen Blüten sind die bis zur Mitte gespaltenen Kronblätter. Sie sind doppelt so lang wie die Kelchblätter. Die sich entwickelnde Fruchtkapsel ist kugelig und öffnet sich mit 6 Klappen. Die immergrünen Blätter sind schmal-lanzettlich, sehr steif und sitzen dem 4kantigen Stengel an. Dieser ist im oberen Bereich zerstreut behaart. Die Pflanze gehört zu den Nelkengewächsen. **V** Krautreiche Laubwälder, Gebüsche und Hecken sind Lebensräume dieser verbreiteten Pflanze. Lehmige und sandige Böden werden bevorzugt. **B** Die Blüten dieser Art stehen in einem als Dichasium bezeichneten Blütenstand, der dadurch gekennzeichnet ist, daß jeweils zwei Seitenzweige weiterwachsen, während die Hauptachse ihr Wachstum einstellt. Neben dieser Art und der oben beschriebenen Vogelmiere gibt es bei uns 6 weitere *Stellaria*-Arten.

Taubenkropf-Leimkraut
Silene vulgaris

10–50 cm	10–20 mm	V–IX

[M] Die Pflanze wird 10–50 cm hoch und fällt durch die weißen, mit kugeligem Kelch versehenen Blüten auf (Name!). Der Kelch ist auffallend netzadrig mit 20 Nerven, die weißen Blütenblätter sind tief 2teilig. Die Blüten stehen in einer Rispe an einem aufrechten Stengel. Die elliptischen bis lanzettlichen Blätter stehen gegenständig und sind blaugrün gefärbt. [V] Das Leimkraut gedeiht bevorzugt auf Magerrasen, an Wegrändern, Böschungen und anderem steinigen Untergrund. [B] Früher wurde die Pflanze zu Heilzwecken verwendet. Die Blüten dieses Nelkengewächses sind sehr nektarreich und werden vorwiegend von verschiedenen Nachtfalter-Arten bestäubt. Viele verschiedene Formen sind in dieser Sammelart vereinigt.

Weiße Lichtnelke
Silene alba

30–100 cm	20–30 mm	VI–IX

[M] Die Blüten dieser kräftigen, bis 1 m hohen Pflanze öffnen sich erst am Nachmittag. Aus einer 15–30 mm langen Kelchröhre, die in einem glockig aufgeblasenen Kelch steckt, entströmt dabei ein schwacher Duft. Die weißen Kronblätter des Nelkengewächses sind tief 2lappig, die Blütenkrone ist 20–30 mm breit. Auf ♂ und ♀ Pflanzen entwickeln sich jeweils eingeschlechtliche Blüten im lockeren, kurzhaarig-drüsigen Blütenstand. Der aufrechte, mehrfach verzweigte Stengel trägt breitlanzettliche bis eiförmige Blätter, die im unteren Stengelbereich gestielt sind und oben dem drüsigen, weichhaarigen Stengel ansitzen. Frucht ist eine 10zähnige, eiförmige Kapsel. [V] Die Art gedeiht an Wegrändern, auf Äckern, Schuttplätzen und anderen Ruderalstandorten. [B] Die Bestäubung dieser Pflanze erfolgt in erster Linie durch Nachtfalter.

Gemeine Zaunwinde
Calystegia sepium

1–3 m	30–60 mm	VI–IX

[M] Mit seinen 1–3 m langen Stengeln windet sich dieses Windengewächs an anderen Pflanzen empor. Die 8–15 cm langen Blätter sind tief herzförmig. In den Blattachseln stehen trichterförmige, weiße Blüten, die einen Durchmesser von 6 cm erreichen. Auffallend sind die unten dicht drüsenhaarigen Staubfäden. Der kahle Blütenkelch ist von 2 herzförmigen Vorblättern eingeschlossen, die die Kelchblätter weit überragen. Unterirdische Stengel kriechen sehr weit durch den Erdboden und sorgen für eine beachtliche Ausbreitung der Art. [V] Zaunwinden findet man in Gärten und Hecken. Die bevorzugten Standorte sind Wegraine an Gewässerufern. [B] Die Bestäubung der Blüten erfolgt durch Nachtschmetterlinge, die mit ihrem langen Rüssel leicht in den Blütentrichter gelangen. Die Pflanze kommt bei uns in 2 Unterarten vor.

Wiesen-Labkraut
Galium mollugo

30–100 cm	2–5 mm	V–IX

[M] Die Pflanze wird durchschnittlich 30–70 cm hoch, hat einen aufsteigenden, 4kantigen Stengel mit lanzettlichen Blättern, die meist zu 8 im Quirl stehen. Das Einzelblatt ist 2–8 mm breit und läuft mit einer Stachelspitze aus. Die 4 Kronblätter der rispenartig beieinanderstehenden Blüten tragen jeweils eine feine Grannenspitze. Die Blütenstiele sind länger als die Blüten. Das Wiesen-Labkraut ist eines der häufigsten Labkräuter und gehört zur Familie der Rötegewächse, die bei uns mit vielen Arten vertreten sind. [V] Die Art ist bevorzugt in nährstoffreichen Wiesen anzutreffen. [B] Die Pflanze enthält das Labferment, welches früher zur Käseherstellung benutzt wurde. Aus den Wurzeln kann ein roter Farbstoff gewonnen werden.

Waldmeister
Galium odoratum

10–30 cm	5 mm	IV–VI

[M] Die weißen Blüten dieser bekannten Pflanze stehen in einem rispigen Blütenstand. Die trichterige Krone ist 4zipfelig ausgebreitet. Am 4kantigen Stengel des Rötegewächses stehen lanzettlich-stachelspitze Blätter jeweils zu 6–9 in einem Quirl. Die Art hat unterirdisch kriechende Ausläufer und hakig-borstige Früchte. [V] Waldmeister kommt meist in größeren Beständen in lichten Laubmischwäldern und v.a. in Buchenwäldern vor. [B] Der typische Waldmeistergeruch entsteht beim Trocknen der Pflanze und wird durch Cumarin verursacht. Er wird in der Parfümerie und als Geschmacksstoff verwendet, entsteht allerdings erst beim Trocknen oder beim Zerquetschen der Pflanze. Wegen des Geschmackstoffes setzt man die Blätter auch der bekannten Waldmeisterbowle zu. Daneben benutzt man die Pflanze als Heilmittel.

Wiesen-Augentrost
Euphrasia rostkoviana

5–25 cm	10–15 mm	VI–X

[M] Die Pflanze wird bis 25 cm hoch und ist überwiegend auf Magerrasen anzutreffen. Die Einzelblüte besteht aus einer violett angehauchten Oberlippe und einer weißen, 3gelappten Unterlippe. Diese ist violett gestreift und gelb gefleckt. Die eiförmigen Blätter sind ungestielt und – wie auch der Blütenstand – durch Drüsenhaare charakterisiert. Sie sitzen an einem verzweigten, aufsteigenden Stengel. [V] Die Art ist v. a. auf kargen Magerrasen, wie Schafweiden und Trockenrasenhängen anzutreffen. [B] Die Pflanze entzieht anderen Pflanzen Wasser und Nährsalze (Halbschmarotzer). Wie der Name sagt, wird dieses Braunwurzgewächs (auch heute noch) bei Augenkrankheiten verwendet, da es verschiedene Gerbstoffe und ätherische Öle enthält. Die vielen anderen Arten der Gattung *Euphrasia* sind bei uns auf den verschiedensten Standorten verbreitet.

Weiße Taubnessel

Lamium album

20-50 cm	20-25 mm	IV-X

[M] Die Taubnessel wird oftmals mit der Brennessel verwechselt. Sie hat jedoch, wie der Name schon sagt, keine Brennhaare und gehört auch in eine ganz andere Familie, zu den Lippenblütlern. Die gestielten Blätter sind scharf gesägt und stehen kreuzgegenständig an einem 20-50 cm hohen, 4kantigen Stengel. Die 2lippigen Blüten haben eine helmartige, behaarte Oberlippe, die einer gekrümmten Kronröhre entspringt. Im Inneren der Röhre ist ein Haarring erkennbar. [V] Taubnesseln findet man an jedem Weg- und Wiesenrand, in Gräben, Hecken und auf Schuttplätzen. [B] Die Pflanze wird von Hummeln bestäubt. Sie gilt als Stickstoffanzeiger und wurde früher zu Heilzwecken bei entzündlichen Erkrankungen verwendet.

Ährige Teufelskralle

Phyteuma spicatum

20-80 cm	4-10 cm	V-VII

[M] Die gelblich-weißen Blüten dieses Glockenblumengewächses stehen in einem anfangs eiförmigen, dann ährigen Blütenstand. An der Spitze sind die Kronblätter der Einzelblüten verwachsen. Die herzförmigen, doppelt gesägten Grundblätter sind lang gestielt, die schmäleren Stengelblätter haben nach oben hin immer kürzere Stiele, die obersten sitzen dem Stengel letztlich an. [V] Man findet die Pflanze in allen krautreichen Waldtypen. [B] Die Ährige Teufelskralle hat eine fleischige, rübenförmig verdickte Wurzel. Die sehr samenreiche Kapsel besitzt Öffnungen, aus denen die Samen austreten und vom Wind verbreitet werden. Die Bestäubung der Blüten erfolgt durch Insekten. Der Name dieser Art leitet sich von den krallenförmig gebogenen Blüten der nah verwandten Kugeligen Teufelskralle *(P. orbiculare)* ab.

Schafgarbe

Achillea millefolium

15-80 cm	3-6 mm	V-X

[M] Die Blüten werden von 20-80 cm hohen, kräftigen Stengeln getragen und sind doldenartig angeordnet. Die randlichen Zungenblüten sind rosa oder weiß, die zentralen Röhrenblüten weiß bis gelblich, die Blütenhüllblätter braun umrandet. Die Blätter sind länglich und doppelt fiederteilig und stehen wechselständig am aufrechten Stengel. [V] Auf Schafweiden, Wiesen, Halbtrockenrasen und an Wegrändern ist dieser Korbblütler häufig zu finden. [B] Der Tee dieser aromatisch riechenden Pflanze wird in der Naturheilkunde bei verschiedenen Erkrankungen, vor allem des Magens und des Darms eingesetzt. Die enthaltenen ätherischen Öle wirken schleimlösend und fördern die Verdauung. Daneben dient die Pflanze als bewährtes Wundheilungsmittel. Schafgarbensaft kann bei Benetzung der Haut eine Lichtempfindlichkeit verursachen.

Gänseblümchen

Bellis perennis

3-20 cm	1-2,5 cm	II-XI

M Die Einzelblüten dieses Korbblütlers bilden ein Körbchen, welches fälschlicherweise als »die Blüte« angesprochen wird. Das Körbchen sitzt auf einem blattlosen, bis 20 cm hohen Stengel. Während die Randblüten (Zungenblüten) weiß bis rosa gefärbt sind, zeigen die Röhrenblüten im Zentrum eine dottergelbe Farbe. Die spatelförmigen Blätter sind am Rand gekerbt und bilden mit ihren kurzen Stielen eine grundständige Rosette. **V** Die verbreitete Pflanze wächst auf Weiden, Wiesen in Gärten und an Wegrändern. **B** Aufgrund seines Lichtbedürfnisses tritt das Gänseblümchen v.a. in kurzgeschorenen Rasen oder regelmäßig abgefressenen Schafweiden auf. Die Art erscheint bereits auf schneefeuchten Wiesen und ist dann ganzjährig zu finden.

Margerite

Leucanthemum vulgare

20-80 cm	3-5 cm	V-IX

M Das Blütenkörbchen ähnelt dem des oben beschriebenen Gänseblümchens, nur erreicht es einen größeren Durchmesser. Es setzt sich aus randlichen Zungenblüten, die immer weiß gefärbt sind, und aus zentralen, gelben Röhrenblüten zusammen. Der aufrechte, bis 50 cm hohe Stengel ist im oberen Bereich durch länglich-lanzettliche, am Rand gesägte Blätter gekennzeichnet. Sie sind ungestielt. Im Gegensatz dazu findet man im unteren Abschnitt gestielte und am Rand gekerbte Blätter. Auffallend ist der zähe Stengel. **V** In hochstehenden Wiesen ist diese charaktergebundene Art meist in großen Massen zu finden. Im Gebirge kommt sie oft auch zwischen Felsen an sonnigen Abhängen vor. **B** Die tiefwurzelnde Pflanze wird von Insekten bestäubt. Die Samenverbreitung erfolgt durch den Wind, z.T. auch durch Pflanzenfresser.

Zottiges Franzosenkraut

Galinsoga ciliata

10-80 cm	0,3-0,8 cm	V-X

M Der Name der Pflanze leitet sich von der im oberen Stengelbereich grauzottigen Behaarung ab. Die grob gezähnten Blätter stehen gegenständig; die kleinen Blütenköpfe werden von anliegend behaarten, rotdrüsigen Stielen getragen. Jedes Blütenköpfchen besitzt 4-5 weiße Zungenblüten. Die schuppenförmigen Tragblätter des Köpfchens, Spreublätter genannt, sind ungeteilt und lineallanzettlich. **V** Man findet die Art als typisches »Unkraut« zerstreut auf Äckern, in Gärten, Weinbergen und an anderen Standorten mit stickstoffreichen Böden. **B** Die einjährige Pflanze ist ursprünglich in Südamerika heimisch und breitet sich seit Mitte des letzten Jahrhunderts in Mitteleuropa aus. Die Art wird sehr häufig mit dem Kleinblütigen Knopfkraut *(Galinsoga parviflora)* verwechselt. Bei diesem sind die Spreublätter des Köpfchens jedoch 3spaltig.

Echte Kamille

Matricaria chamomilla

15-40 cm	1-2,5 cm	V-VIII

M Das wichtigste Unterscheidungsmerkmal dieser Art zur ähnlichen Geruchlosen Kamille ist der innen hohle Blütenboden und der bekannte, aromatische Duft. Weiße, bald herabhängende Zungenblüten umringen die goldgelben, 5zähnigen Röhrenblüten und der Durchmesser des Blütenköpfchens beträgt 10-25 mm. Am 15-40 cm hohen Stengel sitzen 2-3fach fiederteilige Blätter mit schmallinealischen Zipfeln. **V** Man findet die Echte Kamille auf Äckern, Getreidefeldern, an Wegen und auf Ruderalstellen. **B** Ihre allbekannte Bedeutung als Heilpflanze verdankt die Art einer Reihe entzündungshemmender und krampfstillender Inhaltsstoffe. Zur Heilanwendung werden meist die Blütenköpfe gesammelt und als Tee verwendet.

Geruchlose Kamille

Matricaria inodora

10-50 cm	3-4 cm	VI-X

M Im Gegensatz zur oben beschriebenen Echten Kamille ist diese Art, wie der Name sagt, geruchlos. Der halbkugelige Blütenboden ist markig und mit gelben Röhrenblüten besetzt. Die 12-20 weißen Zungenblüten stehen waagrecht ab. Insgesamt wird der Blütenkopf dieses Korbblütlers 30-40 mm breit. Die 2-3fach fiederteiligen Blätter mit langen, fädigen Abschnitten entspringen einem bis 50 cm hohen Stengel, der sich nur oben verzweigt. **V** Man findet die nährstoffliebende Pflanze auf gedüngten Äckern, an Wegrändern, auf Schuttplätzen und in anderen Unkrautgesellschaften. **B** Im Gegensatz zu der Echten Kamille enthält diese Art kaum ätherische Öle und hat als Heilpflanze nie die Bedeutung der Echten Kamille erlangt, obwohl auch sie wirksame Inhaltsstoffe besitzt. Neben den beiden hier beschriebenen gibt es bei uns 2 weitere *Matricaria*-Arten.

Silberdistel

Carlina acaulis

G	3-30 cm	3-8 cm	VII-IX

M Das 3-8 cm breite Blütenköpfchen dieses Korbblütengewächses besteht nur aus weißlichen oder rosafarbenen Röhrenblüten. Die inneren Hüllblätter werden 3-4 cm lang und geben mit ihrem silberweißen Schimmer der Pflanze den Namen. 8-25 cm lange Laubblätter bilden eine bodennahe Rosette. Sie sind fiederteilig und stark bedornt. **V** Die Silberdistel wächst auf kalkigen Halbtrocken- und Trockenrasen. Bevorzugt werden sonnige Hänge und Waldränder, evtl. lichte Wälder. **B** Die ausdauernde Pflanze kommt in 2 Unterarten vor, die sich im Verbreitungsgebiet unterscheiden. Sie wird durch Insekten bestäubt, die Fruchtverbreitung erfolgt durch den Wind mit Hilfe 10-15 mm langer »Flughaare«. Die silberweißen Hüllblätter bewegen sich bei Befeuchtung, in der Regel abends, nach innen. Bei trockener Luft spreizen sie sich weit nach außen.

Gemeiner Froschlöffel
Alisma plantago-aquatica

20–100 cm	5–8 mm	VI–IX

[M] 10–90 cm ragt die pyramidenförmige Blütenrispe mit der grundständigen Rosette langgestielter Luftblätter aus dem Wasser. Die zwittrigen Einzelblüten stehen an 2 cm langen, schlanken Stielen, die 3 äußeren Blütenblätter sind grün, breiteiförmig, die 3 inneren 2–3mal so groß, weiß oder rötlich, am Grunde mit einem gelben Nagel. Neben den löffelartig geformten (Name!) Luftblättern treten v.a. bei jungen Pflanzen langflutende, linealische, sitzende Wasserblätter auf. [V] Der Gemeine Froschlöffel gedeiht im Röhricht nährstoffreicher Gewässer an Ufern, Gräben, in Sümpfen und Großseggengesellschaften. [B] Die Pflanze enthält einige schwach giftige Verbindungen, die vom Weidevieh z.T. nicht vertragen werden.

Krebsschere
Stratiotes aloides

G	15–40 cm	30–40 mm	V–VII

[M] Im Frühsommer taucht die trichterförmige, dichte Blattrosette der Krebsschere vom Schlammboden auf, wo sie überwinterte. Sie schwimmt halb untergetaucht frei auf der Wasseroberfläche. Am Grunde der schwertförmigen, gesägten, dunkelgrünen, bis 40 cm langen Blätter entwickelt sich ein Wurzelbüschel. Aus den Blattachseln entwickeln sich zwischen Mai und Juli lang gestielte Blütenstände. Die 3–4 cm großen, geruchlosen Blüten entspringen einem Hochblatt, bestehen aus 3 grünen Kelch- und 3 weißen Kronblättern. ♂ Blüten gestielt, ♀ sitzend. [V] Die Krebsschere oder Wasseraloe findet man in den Verlandungszonen stehender oder langsam fließender Gewässer. Sie bevorzugt nährstoffreiches Wasser. [B] Meist bildet die Pflanze größere Bestände. Die wuchernde Ausbreitung geschieht über zahlreiche Ausläufer.

Bär-Lauch
Allium ursinum

20–50 cm	15 mm	IV–VI

[M] Das Liliengewächs hat meist 2 grundständige, eiförmig bis lanzettliche Blätter mit langen Stielen. An der Spitze des 3kantigen Stengels sitzt der doldige, 5–20blütige Blütenstand. 6 freie, weiße Blütenblätter von ausgeprägt spitzer, lanzettlicher Gestalt bilden die Blütenhülle. Brutzwiebeln im Blütenstand sind nicht vorhanden. [V] Bär-Lauch ist meist in größeren Beständen in Auenwäldern und anderen schattig-feuchten Mischwäldern zu finden. [B] Die Pflanze riecht stark nach Knoblauch, was bei üppigem Bestand auch in der Luft wahrgenommen werden kann. Ihre Inhaltsstoffe, u.a. ätherische Öle und Vitamin C, werden heilkundlich angewendet; v.a. die normalisierende Wirkung auf Darmflora und Kreislauf wird geschätzt. Die Art zeigt in der Regel Grundwassernähe an. Die Verbreitung der Samen erfolgt durch den Wind oder wird von Ameisen übernommen.

Schattenblume
Maianthemum bifolium

5-15 cm	3-5 mm	IV-VI

M Das Stengelende dieses zierlichen Liliengewächses trägt einen 8–15blütigen, traubigen Blütenstand. Die weißen Blüten sind kurz gestielt, 4zählig und recht klein. Die beiden Stengelblätter sind kurzgestielt und herz-eiförmig. Die Pflanze entspringt einem kriechenden Erdsproß (Rhizom). Vor der Blütezeit sind langgestielte Grundblätter ausgebildet, die bis zur Blüte verwelken. V Die Schattenblume bevorzugt schattige Standorte in humusreichen Laub- und Nadelwäldern. B Die Art kommt meist vereinzelt an sauren Bodenstandorten vor und gilt deshalb als Säurezeiger. Im Herbst entwickeln sich rote Beeren, deren Samen von verschiedenen Tieren verbreitet werden. Die Pflanze gilt als leicht giftig.

Vielblütige Weißwurz
Polygonatum multiflorum

30-70 cm	10 mm	IV-VI

M In einem einseitswendigen Blütenstand hängen bei der meist bogig wachsenden Pflanze die röhrig-glockigen Blüten. Sie sind weiß, grünlich überhaucht und stehen zu 3–5 in den Blattachseln. Die eiförmigen Blätter des Liliengewächses stehen wechselständig-2zeilig am runden Stengel. V Man findet die Art an schattigen Stellen von Laubwäldern, sowie in Nadelmischwäldern und Gebüschen. B Der Beiname »Salomonssiegel« bezieht sich auf die siegelringähnlichen Narben der abgestorbenen Triebe am kriechenden Erdsproß. Dieses Rhizom der giftigen Pflanze wird in der Naturheilkunde bei verschiedenen Anzeigen verwendet. Die Blüten können nur von sehr langrüsseligen Hummeln bestäubt werden; die Fruchtverbreitung erfolgt durch Tiere. Verwandte Arten sind die Gemeine Weißwurz *(P. odoratum)* und die Quirlblättrige Weißwurz *(P. verticillatum).*

Maiglöckchen
Convallaria majalis

10-25 cm	5-8 mm	V-VI

M Die nickenden, glockenförmigen Blüten der allbekannten Pflanze stehen in einer einseitswendigen Blütentraube. Am Grunde sind die Blütenblätter verwachsen, das Vorderende ist zipfelig nach außen gebogen. Den blattlosen Blütenstengel umhüllen 2–3 breit-lanzettliche Laubblätter. Der Duft der Blüten ist recht intensiv und kann auch über größere Distanz wahrgenommen werden. V Lichte Laubwälder, aber auch Kiefernwälder mit kalkreichen Böden sind Standorte dieses Liliengewächses. B Die Pflanze ist wegen ihres Gehaltes an herzwirksamen Glykosiden giftig und kommt deshalb für die Eigentherapie nicht in Frage. Schwere Vergiftungen durch die Anwendung als »Hausmittel« sind bekanntgeworden. Als Früchte entwickeln sich blutrote Beeren, die blaue Samen enthalten. Sie werden von Tieren verbreitet; die Bestäubung übernehmen Insekten.

Schneeglöckchen

Galanthus nivalis

G	8-25 cm	20-25 mm	II-IV

M Die nickenden Blüten dieser allbekannten Pflanze stehen einzeln am Stengelende. Sie bestehen aus 6 Blütenhüllblättern, die sich v.a. in der Länge unterscheiden. Die 3 äußeren Perigonblätter sind doppelt so lang wie die inneren; letztere sind tief ausgerandet und an der Spitze grün gefleckt. Die 2 Laubblätter des allbekannten Amaryllisgewächses sind grundständig, lineal, blaugrün bereift und ca. 4 mm breit. V Auenwälder, feuchte Laubwälder und Wiesen sind bevorzugte Standorte der Pflanze. B Häufig handelt es sich bei den gefundenen Exemplaren um verwilderte Gartenpflanzen. Echte Wildpflanzen sind selten. Für bestäubende Insekten stellt die Art die erste Nahrungsquelle im Jahr dar.

Frühlings-Knotenblume

Leucojum vernum

G	10-30 cm	15-25 mm	II-IV

M Im Gegensatz zum oben beschriebenen Schneeglöckchen sind bei dieser nah verwandten Art die 6 Blütenhüllblätter nahezu gleichlang. Sie laufen in eine stumpfe, gelbgrüne Spitze aus. Auch hier hat die glockenförmige bis 25 mm große Blüte eine nickende Stellung. Hin und wieder kommen 2 Blüten an einem Stengel vor; eine häutige Blattscheide überragt den Blütenstengel um 3-4 cm. Die Blätter sind linealisch, 20-30 cm lang und 1 cm breit. V Das Amaryllisgewächs ist in Auenwäldern, Schluchtwäldern und in feuchten Wiesen zu finden. Bevorzugt werden recht kalkhaltige Böden. Meist kommt die Art in größeren Beständen vor. B Die Blüten der giftigen Pflanze (auch Märzenbecher genannt) duften intensiv. Sie werden von Insekten bestäubt. Neben dieser Art gibt es bei uns noch die Sommer-Knotenblume *(L. aestivium)* mit etwas späterer Blütezeit.

Sumpf-Schlangenwurz

Calla palustris

G	15-30 cm	3-7 cm	V-IX

M Die herzförmigen, glänzenden Blätter der Pflanze sind lang gestielt und wirken recht ledrig. Sie entspringen einem ausdauernden Wurzelstock. Kennzeichnend für die ganze Familie der Aronstabgewächse ist der vielblütige Kolben. Er ist bei dieser Art 2-4 cm lang, eiförmig-rundlich und bis zur Spitze mit Blüten besetzt. Im Basisbereich handelt es sich um zwittrige Blüten, oben kommen nur ♂ Blüten vor. Kennzeichnend ist auch die den Kolben umhüllende weißliche Scheide, die bis 7 cm Länge erreicht. V Ufer von Teichen und Tümpeln, Waldsümpfe, Erlenbrüche und Torfstiche sind bevorzugte Standorte, an denen die Art meist dichte Bestände bildet. B Die Blüten werden von Schnecken bestäubt. Die roten Früchte ähneln denen des verwandten Aronstabes (S. 204). Früher wurde die giftige Pflanze bei Schlangenbissen eingesetzt (Name!).

Weißes Waldvögelein

Cephalanthera damasonium

20–60 cm	15–20 mm	V–VI

[M] Am Oberende des aufrechten Stengels stehen in einer lockeren Traube 3–10 Blüten. Die Blütenblätter sind cremeweiß, stumpf und dicht zusammenneigend. Die Lippe ist innen orangegelb; die Tragblätter sind länger als der Fruchtknoten. Die 5–10nervigen Blätter weisen eine ei-lanzettliche Form auf. [V] Das Weiße Waldvögelein gedeiht auf kalkigen Böden in Buchenwäldern, seltener in anderen Laubwäldern oder Nadelwäldern. [B] Die Blüten dieser Orchidee öffnen sich nur sehr wenig und werden von Insekten bestäubt; Selbstbestäubung ist aber ebenfalls üblich. Als Überwinterungsorgan dient der verzweigte Wurzelstock, das Rhizom. Die Art gilt als typische Schattenpflanze in unseren Wäldern.

Sumpf-Stendelwurz

Epipactis palustris

G	20–50 cm	10–20 mm	VI–VIII

[M] Am kantigen Stengel des Knabenkrautgewächses stehen länglich-lanzettliche, 1–2 cm breite, graugrüne Laubblätter. Der 8–15blütige Blütenstand ist fast einseitswendig. Die äußeren 3 Blütenblätter der einzelnen Blüten sind bräunlich, die inneren sind weiß. Kennzeichnend ist die deutlich 2teilige Lippe. Der bewegliche, vordere Lippenteil ist rundlich und oft rosa geadert. Ein tiefer Einschnitt trennt ihn vom basalen Lippenteil; dieser ist weiß und rot geadert. [V] Die Pflanze ist in Sumpf- und Moorwiesen, meist mit Kalkböden, anzutreffen. Typisch ist das Vorkommen in Pfeifengrasbeständen. [B] Der vordere Lippenteil dient den bestäubenden Insekten, v. a. Bienen und Wespen, als Landeplatz. Neben Insektenbestäubung kommt es auch häufig zur Selbstbestäubung. Die Art ist schon sehr selten geworden und nur noch an wenigen Standorten anzutreffen.

Weiße Waldhyazinthe

Platanthera bifolia

G	20–40 cm	10–18 mm	V–VII

[M] Der Blütenstengel des Knabenkrautgewächses ist nur mit sehr kleinen, lanzettlichen Blättern besetzt. Er endet in einem zylindrischen, oft 5–10 cm langen, lockerblütigen Blütenstand. Die äußeren 3 Blütenblätter der duftenden Blüten stehen ab, die inneren bilden einen Helm; die ungeteilte Lippe ist linealisch und viel länger als breit. Kennzeichnend sind auch die parallelen Staubbeutelfächer und der fadenförmige, 15–22 mm lange Sporn. Meist sind 2 (selten 3) eiförmige Grundblätter an der Stengelbasis entwickelt. [V] Die Art gedeiht in lichten Laub- und in Nadelwäldern und auf Magerrasen. [B] Die Bestäubung erfolgt durch Nachtfalter, die duftgelenkt die Blüten anfliegen; als Frucht bildet sich eine sehr samenreiche Kapsel. Im Gegensatz zum oben beschriebenen Weißen Waldvögelein ist diese Art deutlich lichtbedürftiger.

Gelbe Teichrose

Nuphar luteum

bis 4 m	40-60 mm	VI-IX

M Die auch Mummel genannte Wasserpflanze entspringt einem verzweigten Rhizom. Die breit-eiförmigen Schwimmblätter am Ende der bis zu 4 m langen Blattstiele haben dreifach gegabelte Nerven, wobei die Seitennerven nie miteinander verbunden sind. Die 5 gelben Blütenblätter umgeben 7–24 gelbe Nektarblätter, letztere eine vielstrahlige Narbenscheibe. Zur Anlockung der Bestäuber strömen die Blüten einen sehr intensiven, alkoholähnlichen Duft aus. **V** Teichrosen findet man in stehenden und langsam fließenden Gewässern. Bevorzugt wird nährstoffreiches Wasser. **B** Im Gegensatz zur Seerose sind die Blütenblätter hier keine echten Kronblätter, sondern gefärbte Kelchblätter. Die Kronblätter sind zu Nektarblättern umgewandelt.

Sumpfdotterblume

Caltha palustris

15-35 cm	15-45 mm	III-VI

M Es gibt nur wenige Pflanzen, die ein solch sattes, leuchtendes Gelb der Blüten aufweisen können. Die Blüten erreichen bis 45 mm Durchmesser und bestehen aus glänzenden Blütenblättern. Die tief dunkelgrünen Blätter sind herz- bis nierenförmig, werden bis 15 cm breit und haben einen gekerbten Rand. Sie entspringen einem hohlen Stengel. Die typischen Balgfrüchte sind sternförmig ausgebreitet. Die Pflanze gehört zu den Hahnenfußgewächsen. **V** In ihren Ansprüchen an den Lebensraum ist diese Art sehr spezialisiert: Sie gedeiht nur an grundwasserfeuchten Standorten, d.h. man findet sie in Sumpfwiesen, am Teich- und Flußufer oder in Auenwäldern. **B** Die schwach giftige Pflanze wird von Insekten bestäubt. Ihre Samen sind schwimmfähig und werden auf diese Weise verbreitet. Die Art kann in verschiedene Formen unterteilt werden.

Scharbockskraut

Ranunculus ficaria

5-20 cm	20-30 mm	III-V

M Die Blütenkrone dieses Frühblühers wird von 3 äußeren Hüllblättern und 8–12 glänzend gelben Honigblättern gebildet. Am niederliegenden Stengel stehen rundlich-herzförmige, glänzende Laubblätter, deren Rand stumpf gezähnt ist. **V** Das Hahnenfußgewächs findet man in Auenwäldern, Mischwäldern und auch in feuchten Parks. **B** Mit ihren an den Knoten wurzelnden Stengeln bildet die Pflanze meist kleine Rasen. Der vegetativen Vermehrung dienen kleine Brutknöllchen (Bulbillen), die sich in den Achseln der Laubblätter entwickeln. Die Bestäubung der giftigen Pflanze erfolgt durch verschiedene Insekten, die Fruchtverbreitung durch Ameisen. Der Name der Art deutet auf die früher übliche Anwendung als Heilmittel gegen die Vitamin-C-Mangelerkrankung Skorbut. Auch verschiedene andere Heilanwendungen waren üblich.

Scharfer Hahnenfuß

Ranunculus acris

30-100 cm	15-25 mm	IV-X

M Die Pflanze wird bis 100 cm hoch und fällt durch die goldgelben, bis 25 mm breiten Blüten auf, die glatten Blütenstielen aufsitzen. Kelchblätter und Stiel sind anliegend behaart. Die Grundblätter sind 5-7teilig und langgestielt, die oberen Blätter 3-5teilig und kürzer gestielt oder dem runden, ungefurchten Stiel direkt ansitzend. V Das Hahnenfußgewächs gedeiht auf Wiesen, Weiden und an Wegrändern. B Das Gift der frischen Pflanze verursacht einen scharfen Geschmack, so daß die Art vom Weidevieh weitgehend gemieden wird. Zu Heu getrocknet verliert sich allerdings ihre Giftigkeit. Aufgrund seiner Häufigkeit gibt der Scharfe Hahnenfuß von April bis Mai unseren Wiesen und Weiden eine charakteristische Prägung.

Kriechender Hahnenfuß

Ranunculus repens

10-50 cm	20-30 mm	V-IX

M In der großen Palette der heimischen Hahnenfußgewächse gehört diese Pflanze zu den häufigeren Arten. Die glänzend goldgelben, 20-30 mm breiten Blüten erscheinen von Mai bis September. Sie stehen am Ende von 10-50 cm langen, aufsteigenden Stengeln und sind von aufrechten, den Blütenblättern anliegenden Kelchblättern eingefaßt. An den Knoten des Stengels bilden sich oberirdische, wurzelnde Ausläufer. Die 3zähligen Grundblätter bestehen aus gestielten, 3spaltig gezähnten Fiedern. Die oberen Blätter ähneln den Grundblättern, sind jedoch sitzend. Der Schnabel der Früchte ist kurz und gerade. V Die Art gedeiht in feuchten Wiesen, an Wegen und Ufern. Sie kommt auch in alpinen Regionen vor. B Die Pflanze gilt als Stickstoffzeiger und ist schwach giftig. Die Gattung *Ranunculus* umfaßt in unserer heimischen Flora ca. 30 Arten.

Frühlings-Adonisröschen G

Adonis vernalis

10-30 cm	30-70 mm	IV-V

M Die einzeln am Stengelende stehenden, goldgelben Blüten erreichen 3-7 cm Ø. 10-20 Kronblätter bilden die Blütenkrone. Sie werden von weichhaarigen, eiförmigen Kelchblättern umgeben. Am Stengel des Hahnenfußgewächses stehen dicht unterhalb der Blüte 3 quirlständige Blätter, die anderen Blätter sind grundständig. Alle Blätter sind mehrfach fiederteilig und fast ungestielt. V Die Art ist v. a. auf sonnigen Trockenrasen, auf Heidewiesen, Wiesensteppen und in lichten Kiefernwäldern zu finden. Der Boden sollte sandig und kalkreich sein. B Zur Verhinderung der Selbstbestäubung findet man bei den Blüten eine sog. Vorweiblichkeit, d. h. die Samenanlagen reifen vor den Staubgefäßen. Wie das rotblühende Sommer-Adonisröschen enthält die Pflanze ebenfalls giftige Glykoside, die man medizinisch als herzwirksames Medikament einsetzen kann.

Großes Schöllkraut

Chelidonium majus

30-70 cm	10-20 mm	V-IX

M Die 10-20 mm breiten, goldgelben Blüten bilden 2-8blütige Dolden. Die 4 Kronblätter fallen sehr schnell ab. Am verzweigten, bis 70 cm hohen Stengel sitzen gefiederte Blätter. Die Fiedern sind lappig gekerbt, an der Unterseite graugrün. Aus den Blüten entwickeln sich 2-5 cm lange Schoten, die meist senkrecht nach oben stehen. **V** Man findet das Schöllkraut außer an Wegrändern auch auf Schuttplätzen, auf Mauern und zwischen Hecken. **B** Wurzelextrakte dieses Mohngewächses waren früher ein häufig verwendetes Heilmittel bei Leber- und Gallenleiden. Der giftige, gelborange Milchsaft bringt angeblich Warzen zum Verschwinden. Die Pflanze ist Kulturbegleiter und gilt als Stickstoffanzeiger.

Scharfer Mauerpfeffer

Sedum acre

5-15 cm	12-15 mm	VI-VII

M In einer Trugdolde stehen bei diesem Dickblattgewächs 5zählige sternförmige Blüten. Die hellgelben Kronblätter werden 6-8 mm lang. Am kriechenden oder aufsteigenden Stengel sitzen dickfleischige, eiförmige Blätter, die maximal 5 mm lang werden. **V** Der Scharfe Mauerpfeffer ist in Mauerspalten, auf Schotterhalden, in Felsfluren, an Bahndämmen und anderen Standorten mit flachgründigen, steinigen Böden anzutreffen. Meist kommt er nur zerstreut vor. **B** Der Artname bezieht sich auf Standort und Geschmack der Pflanze. Die dickfleischigen Blätter enthalten ein giftiges Alkaloid, welches früher zu Heilzwecken eingesetzt wurde. Daneben sind die Blätter für die Pflanze selbst wichtige Wasserspeicher, die das Überleben an den extrem trockenen Standorten ermöglichen. Die Bestäubung der Art wird durch verschiedene Insekten gewährleistet.

Gewöhnl. Frauenmantel

Alchemilla vulgaris

10-50 cm	2-4 mm	V-IX

M Die gelbgrünen Blüten sind sehr unscheinbar und stehen in lockeren, knäueligen Rispen. Die 2-4 mm breiten Einzelblüten bestehen nur aus Kelchblättern; 4 Staubblätter sind die Regel. Die Blätter sind rundlich-nierenförmig und in 7-11 trapezförmige Lappen geteilt. Dabei erreicht die Teilung ca. ein Drittel der Blattbreite. Der Blattrand ist gezähnt. Die Behaarung der Pflanze ist sehr variabel, sie kann sowohl am Stengel als auch am Blütenstand ausgeprägt sein. **V** Dieses sehr formenreiche Rosengewächs ist in unseren Wiesen, an Waldrändern und anderen, meist etwas feucht-lehmigen Standorten zu finden. **B** In den frühen Morgenstunden werden an den Blatträndern von sog. Wasserspalten aktiv Wassertropfen ausgepreßt. Wissenschaftlich wird dieser Vorgang als Guttation bezeichnet. Die Pflanze wurde früher in der Geburtshilfe verwendet.

Gänse-Fingerkraut

Potentilla anserina

10–50 cm	18–25 mm	V–VIII

M Rötliche, oberirdische Ausläufer ziehen vom Blätterbüschel der Mutterpflanze in alle Richtungen. Sie wurzeln an den Knoten und dienen somit der Verbreitung dieses Rosengewächses. Die bis 25 cm langen Blätter sind unterbrochen vielpaarig gefiedert. Unterseits sind die Einzelfiedern weiß-seidenhaarig, der Blattrand ist tief gesägt. Von Mai bis August entwickeln sich an langen Stielen bis 25 mm breite, gelbe Blüten. Die 5 rundlichen Kronblätter sind doppelt so lang wie der Kelch. **V** Bevorzugte Standorte des Gänse-Fingerkrauts sind nährstoffreiche, feuchte Böden. **B** Der Name der Pflanze bezieht sich auf die handförmig geteilten Blätter. In der Naturheilkunde wurde die Art früher bei verschiedenen Krankheiten eingesetzt.

Kriechendes Fingerkraut

Potentilla reptans

30–100 cm	15–25 mm	V–VIII

M Das Kriechende Fingerkraut ist mit dem oben beschriebenen Gänse-Fingerkraut nah verwandt und demnach auch in die Familie der Rosengewächse einzuordnen. Der Name leitet sich von dem bei dieser Art bis 1 m langen, kriechenden Stengel ab, der jeweils an den Knoten wurzelt. Die Blätter sind lang gestielt und 5–7fiedrig. Die Fiedern sind fingerförmig angeordnet und am Rand grob gesägt. In den Blattachseln stehen einzelne, 5zählige Blüten, die von Mai bis August erscheinen und goldgelb gefärbt sind. Ihr Durchmesser erreicht 25 mm. **V** Das Kriechende Fingerkraut kann man an Wegrändern, auf Äckern, Wiesen, an Ufern und auf Schuttplätzen antreffen. **B** Die Pflanze kommt oft mit dem Gänse-Fingerkraut vergesellschaftet vor. Sie gilt als Pionierpflanze an freien Standorten. Die bei uns recht zahlreichen *Potentilla*-Arten neigen zur Bastardbildung.

Echte Nelkenwurz

Geum urbanum

20–60 cm	6–15 mm	V–IX

M In lockerer Rispe stehen bei diesem Rosengewächs goldgelbe Blüten. Ihr Griffel ist durch eine hakige Krümmung gegliedert, wobei am oberen Glied die Behaarung auffällt. Der grüne Kelch ist zur Fruchtzeit immer zurückgeschlagen. Am stark verästelten Stengel stehen 3zählige Blätter mit laubblattartigen Nebenblättern. **V** Die Pflanze liebt stickstoffhaltige, feuchte Böden. Man findet sie in Laub- und Mischwäldern, Auenwäldern, auf Schuttplätzen, an Wegen und in Gebüschen. Meist ist sie gehäuft anzutreffen. **B** Der Wurzelstock enthält ein schwach giftiges ätherisches Öl. Die Pflanze wurde deswegen früher als Gewürznelkenersatz verwendet. Daneben kommen in der Wurzel Gerbstoffe vor. In der Naturheilkunde verwendet man Tee der Pflanze bei Entzündungen, Durchfällen und bei Leber- und Gallekrankheiten sowie bei Erschöpfungszuständen.

Besenginster

Sarothamnus scoparius

50–200 cm	20–25 mm	V–VII

M An den kantig gefurchten Zweigen stehen kleine, 3zählig gefingerte Blätter. Die oberen Blätter sind ungeteilt. Die leuchtend gelben Blüten des Schmetterlingsblütengewächses stehen einzeln oder zu zweit. Ihr langer Griffel ist eingerollt. **V** Besenginster ist an Wegrainen, Waldsäumen, auf Lichtungen, Böschungen und anderen sandigen, kalkarmen Standorten anzutreffen. Er gilt als typische Pflanze trockener Standorte. **B** Die Äste der Pflanze werden zur Besenherstellung (Name) und zur Fasergewinnung verwendet. Der Gehalt an verschiedenen Alkaloiden hat zur Nutzung als Heilpflanze geführt; die Inhaltsstoffe sollen Wirkungen an Herz und Kreislaufsystem haben. Die Blütenbestäubung erfolgt durch Hummeln und Bienen.

Echter Steinklee

Melilotus officinalis

30–100 cm	5–7 mm	V–IX

M Die 30–90 cm hohe, 2jährige Pflanze hat am kantigen, verzweigten Stengel 3teilige Blätter mit länglichen, gesägten Fiederblättchen. Kleine gelbe, nach Honig duftende Blüten (deshalb auch Honigklee genannt) bilden lange Trauben. Die ganze Pflanze riecht beim Trocknen stark nach Cumarin. **V** Man findet die Art an Wegrändern, Ackerrändern, auf Mauern und Schuttplätzen. **B** Echter Steinklee enthält das Glykosid Melilotosid, das beim Trocknen in das aromatisch duftende Cumarin übergeht. Dieses wirkt entzündungshemmend. Die Pflanze wird deshalb v.a. zur Behandlung von Geschwüren und Beulen verwendet. Innerlich wird sie jedoch kaum noch angewandt, weil verschiedene Inhaltstoffe zu Erbrechen führen können. Die Art gilt als Rohbodenpionier und ist als Kulturbegleiter auch wichtige Bienenweide und Futterpflanze.

Hopfenklee

Medicago lupulina

10–60 cm	2–5 mm	IV–IX

M Namensgebend bei dieser anspruchslosen und häufigen Pflanze ist die Ähnlichkeit der Blüte mit der des Hopfens. Die Einzelblüten sind nur 2–5 mm lang, stehen aber zur Verbesserung ihrer optischen Wirkung in 10–50blütigen, kugeligen Blütenköpfen. Die Blätter sind 3zählig gefingert, jede Blattfieder ist verkehrt eiförmig, an der Spitze oft ausgerandet und mit einem kleinen Zahn versehen. Auf der Unterseite sind die Blätter anliegend behaart. Der Blattrand ist fein gesägt. Aus den Blüten entwickeln sich gekrümmte bis eingerollte Hülsen, die auch nur 2–3 mm lang werden. Der Hopfenklee gehört zu den Schmetterlingsblütlern. **V** Die Art ist auf Magerrasen, an Wegrändern, auf Äckern, Bahndämmen und anderen nährstoffarmen Standorten anzutreffen. **B** Die Pflanze ist ein Rohbodenpionier mit großer Ausbreitungstendenz.

Wundklee
Anthyllis vulneraria

10-30 cm	10-20 mm	V-VIII

[M] Der Wundklee wird 10-30 cm hoch, der Stengel ist aufsteigend bis niederliegend. Die Blätter sind gefiedert, wobei jeweils die Endfieder in der Größe dominiert. Bei den unteren Blättern ist oftmals nur eine Endfieder vorhanden. Alle Fiedern sind länglich-oval. Die gelben Blüten stehen in einem Köpfchen, dessen Durchmesser 2 cm erreicht. [V] Da die Pflanze lockeren, sandigen oder steinigen Boden bevorzugt, verankert sie sich auf Magerrasen, an Wegrändern und in Steinbrüchen mit einer tiefreichenden Pfahlwurzel. [B] Wie der Name der Art besagt, wurden Extrakte der Pflanze früher zur Wund- und Geschwürheilung eingesetzt. Der Schmetterlingsblütler wird überwiegend von Hummeln bestäubt.

Gewöhnlicher Hornklee
Lotus corniculatus

10-45 cm	15 mm	V-IX

[M] Der Name dieses recht häufigen Schmetterlingsblütlers leitet sich von den hornähnlich gekrümmten Früchten (Hülsen) ab. Diese gehen aus gelben, 8-15 mm langen Blüten hervor, die zu 5-10 zu einem doldigen Köpfchen vereinigt sind. Das für diese Familie charakteristische Blütenschiffchen ist rechtwinkelig nach oben gebogen und an der Spitze oft rötlich überlaufen. Der kantige Stengel ist niederliegend bis aufsteigend und mit 5teiligen Fiederblättern versehen. 2 der ovalen Fiederblättchen stehen direkt am Stengel, die anderen sind deutlich abgesetzt. [V] Hornklee gedeiht auf verschiedenen Wiesentypen, in Gebüschen, Steinbrüchen, auf Geröllhalden und an Wegrainen. [B] Aufgrund ihrer tiefreichenden Wurzeln kann die Pflanze auch an sehr trockenen Standorten gedeihen. 2 Unterarten mit unterschiedlichem Verbreitungsgebiet sind bei uns heimisch.

Wiesen-Platterbse
Lathyrus pratensis

20-100 cm	10-20 mm	VI-VIII

[M] Die Pflanze wird 20-100 cm hoch und am Ende des kantigen Stengels sitzen die gelben Blüten in 3-10blütigen Trauben. Jede Einzelblüte ist 10-20 mm lang. Die Blätter bestehen aus 2 lanzettlichen Fiederblättern und einer Endranke. Am Grunde des Blattstieles sitzen 2 spitz zulaufende Nebenblätter, die etwa die Größe der Fiederblätter erreichen. [V] Überwiegend auf Fettwiesen, Moorwiesen und anderen feuchten, nährstoffreichen Standorten ist dieser Schmetterlingsblütler verstreut anzutreffen. [B] Die Pflanze enthält Bitterstoffe und wird deshalb vom Weidevieh auf Wiesen in der Regel gemieden. Wie alle Schmetterlingsblütler kann die Art mit Hilfe spezieller Wurzelpilze Stickstoff anreichern und erzielt damit einen hohen Eiweißgehalt. Bemerkenswert dabei ist, daß als Stickstoffquelle der Luftstickstoff dient und keine im Boden gelösten Mineralien.

Gewöhnliche Nachtkerze

Oenothera biennis

50–100 cm	25–30 mm	VI–IX

M Die aus Nordamerika eingeschleppte Pflanze gehört in die nach ihr benannte Familie der Nachtkerzengewächse. Am aufrechten und normalerweise unverzweigten Stengel bilden gelbe, bis 3 cm breite Blüten einen endständigen, traubigen Blütenstand. Verkehrt-eiförmige, oft 15 cm lange Blätter stehen in einer Grundrosette, die dem Boden dicht anliegt. Die Stengelblätter sind deutlich kleiner und fein gesägt. Als Frucht entwickelt sich eine ca. 3 cm lange, linealische Kapsel mit kahlen Samen und auffallend filziger Behaarung. V Die Pflanze wächst bevorzugt auf sandigen Böden, auch an Gewässerufern und in Steinbrüchen. B Die Bestäubung dieser Art wird von Nachtfaltern übernommen.

Echtes Springkraut

Impatiens noli-tangere

30–80 cm	20–30 mm	VII–IX

M Die gelben Blüten des Balsaminengewächses stehen in 2–4blütigen Trauben. Die Kronblätter sind paarweise verbunden, innen rötlich punktiert; auffallend der lange, nach unten gekrümmte Sporn. Am ästigen, glasig-durchscheinenden Stengel stehen wechselständig eiförmige, stumpf gezähnte Blätter. V Die Pflanze bevorzugt feuchte Auen-, Laub- und Nadelwälder. Häufig ist sie auch unmittelbar an Gewässerufern anzutreffen. B Der Name der Art (Beiname »Rühr-mich-nicht-an«) leitet sich von der eigenartigen Verbreitung der Samen ab. Diese werden aus der unter hoher Spannung stehenden Kapsel bei Berührung bis zu 2 m weit herausgeschleudert. Neben dem Echten Springkraut gibt es in unseren Wäldern auch das Kleinblütige Springkraut *(Impatiens parviflora)*. Es gedeiht als typische Schattenpflanze v. a. im Unterholz.

Zypressen-Wolfsmilch

Euphorbia cyparissias

15–50 cm	5–8 cm	IV–VII

M In der Familie der Wolfsmilchgewächse ist die Zypressen-Wolfsmilch eine der verbreitetsten Arten. Vertreter der Gattung *Euphorbia* sind allesamt durch giftigen Milchsaft charakterisiert. Die bei der Zypressen-Wolfsmilch bis 50 cm hohen Stengel tragen schmal-linealische, meist hellgrüne Blätter, die v. a. an nicht blühenden Stengeln sehr dicht stehen. An den Spitzen der 9–15strahligen Scheindolde sitzen Blüten mit auffälligen, 2hörnigen Drüsen, die gelb gefärbt sind. Jeder Einzelblütenstand hat eine hellgelbe Hochblatthülle, die nicht verwachsen ist. Als Frucht entwickelt sich eine feinwarzige Kapsel. V Die Art gedeiht auf Magerrasen, an Wegen, Böschungen und an Felshängen. B Die Pflanze ist sehr oft von Rostpilzen *(Uromyces pisi)* befallen, die zu einer Veränderung des gesamten Erscheinungsbildes der Pflanze führen.

Echtes Johanniskraut
Hypericum perforatum

30–100 cm	20–30 mm	VI–VIII

M Am aufrechten, ästigen Stengel dieses Hartheugewächses stehen gegenständig ei-längliche Blätter. Sie sind durchscheinend punktiert, am Blattrand fallen schwarze Drüsen auf. Die gelben Blüten stehen in reichen Trugdolden. Die Kronblätter sind asymmetrisch und schwarz punktiert. Als Frucht wird eine Kapselfrucht ausgebildet. **V** Johanniskraut ist in lichten Wäldern, auf Magerrasen, in Gebüschen und an Wegrändern anzutreffen. **B** Die Pflanze enthält in den Blättern in speziellen Sekretbehältern Gerbstoffe und ätherische Öle. In der Naturheilkunde wird sie seit altersher bei Verdauungsstörungen, als Wund- und Beruhigungsmittel verwendet. Der Name der Pflanze geht auf verschiedene Mythen und Sagen zurück.

Acker-Stiefmütterchen
Viola arvensis

5–20 cm	10–15 mm	IV–X

M Das unscheinbare Pflänzchen erstaunt durch große Variabilität. Nur 5–20 cm hoch, fällt das Veilchengewächs mit seinen 10–15 mm großen Blüten zwischen den anderen Kräutern des Wegrandes oft gar nicht auf. Die gelblichen, meist violett gestreiften Kronblätter sind im Gegensatz zu denen des ebenso häufigen Gewöhnlichen Stiefmütterchens *(Viola tricolor)* kürzer oder ebensolang wie die Kelchblätter, niemals länger. Der stark verzweigte, kahle oder schwach behaarte Stengel trägt länglich-spatelförmige Blätter. Die Nebenblätter haben ei-lanzettliche bis linealische Endfiedern. **V** Man findet das Veilchengewächs auf Äckern, an Wegrändern und auf Schutthalden. **B** Ein Absud blühender Pflanzen wird in der Naturheilkunde bei Magen- und Darmerkrankungen und bei Erkältungskrankheiten angewendet. Die vielen *Viola*-Arten sind z.T. recht schwer zu unterscheiden.

Sonnenröschen
Helianthemum nummularium

10–30 cm	8–20 mm	V–IX

M Die verholzte, als Halbstrauch wachsende Pflanze ist durch ledrige, am Rand nach unten umgerollte Blätter gekennzeichnet. An der Unterseite sind sie graufilzig. Die lanzettlichen Nebenblätter sind länger als der Blattstiel. Die goldgelben Blüten stehen in einseitswendigen Blütenständen. Ihre Kelchblätter sind oft rötlich gestreift. **V** Die wärmeliebende Pflanze gedeiht auf Kalkmagerrasen, auf Heiden, an Waldrändern und in Kiefernwäldern. Die Böden müssen flachgründig und evtl. steinig sein. **B** Die Staubblätter dieses Cistrosengewächses sind reizempfindlich; bei Sonnenschein spreizen sie in der Regel nach außen, bei schlechtem Wetter stehen sie aufrecht. Das Sonnenröschen kommt in 3 Unterarten vor; daneben gibt es bei uns noch das Alpen-Sonnenröschen *(Helianthemum alpestre)* und das Graue Sonnenröschen *(Helianthemum canum)*.

Weg-Rauke

Sisymbrium officinale

20-80 cm	3-5 mm	V-IX

M Die gelben Blüten der Weg-Rauke werden nur 3-5 mm breit und fallen deshalb - obwohl sie in einem traubigen Blütenstand stehen - kaum auf. Die Blütentraube ist zum Zeitpunkt der Blüte sehr kurz; sie wächst aber nach dem Verblühen in die Länge. Früchte sind 1-2 cm lange Schoten. Im unteren Bereich des 20-80 cm hohen Stengels sitzen tief fiederteilige Blätter, oben bestehen die Blätter aus einem pfriemlich-linealischen Endzipfel und meist 2 länglichen Seitenlappen. Die Weg-Rauke gehört zu den Kreuzblütlern. **V** Die Pflanze ist auf Äckern, an Wegrändern und anderen stickstoffreichen Standorten anzutreffen. **B** Die Art gilt als Kulturbegleiter und Pionierpflanze mit hohem Anpassungsvermögen.

Acker-Senf

Sinapis arvensis

30-80 cm	8-12 mm	V-IX

M Die Pflanze wird 30-80 cm hoch, Stengel und Blätter sind rauh behaart. Die Blüten werden 8-12 mm breit, die Kelchblätter stehen waagrecht ab. Im unteren Stengelbereich sind die Blätter gestielt, tief fiederteilig und buchtig gezähnt; sie werden 20 cm lang. Die oberen Blätter sind ganzrandig, von lanzettlicher Gestalt und sitzen dem Stengel direkt an. Kennzeichnend ist die Frucht, eine 2-4 cm lange, kahle Schote mit einem 10-15 mm langen Schnabel, die die schwarzen Samen enthält. **V** Das Kreuzblütengewächs ist auf Äckern, an Wegrändern, auf Schuttplätzen, gelegentlich auch in Gärten zu finden. Bevorzugt werden kalkhaltige, nährstoffreiche Lehmböden. **B** Die Pflanze gilt als alte Arzneipflanze; für die Senfherstellung, wozu man die Samen benötigt, hat sie nicht die Bedeutung wie der Weiße Senf *(Sinapis alba)*.

Wilde Resede

Reseda lutea

20-50 cm	8-12 mm	V-IX

M Am aufrechten Stengel stehen bei diesem Resedengewächs 1-2fach fiederteilige Blätter. Ihr Rand ist wellig, einzelne Abschnitte sind knorpelig gezähnt. Der Blattstiel ist schmal geflügelt. Die hellgelben, dorsiventralen Blüten stehen in ährenförmigen Trauben. Die oberen 2 der 6 Kronblätter sind länger als die unteren. **V** Die Wilde Resede findet man an Bahngleisen, an Wegrändern, auf Schutthalden, in Steinbrüchen oder auf anderen steinigen, aber nährstoffreichen Böden. Sie kommt zerstreut vor. **B** Die Pflanze hat aufgrund ihres Gehalts an Senfölen Heilwirkung. Sie wird auch Gelber Wau genannt. Neben dieser Art gibt es bei uns auch die Färber-Resede *(Reseda luteola)*, die ihrem Namen entsprechend als Färbepflanze verwendet wurde und die Wohlriechende Resede *(Reseda odorata)*, die manche Gärten mit ihren gelblich-weißen Blüten ziert.

Wiesen-Schlüsselblume

Primula veris

10–20 cm	8–12 mm	IV–V

M Trotz ihres hohen Bekanntheitsgrades wissen nur wenige, daß es in unserer Flora zwei Schlüsselblumen-Arten, die Wiesen- und die unten beschriebene Wald-Schlüsselblume gibt. Im direkten Vergleich fallen die bei dieser Art intensiver gelben und duftenden Blüten auf. Sie stehen in einer einseitswendigen Dolde und haben einen bauchigen Kelch. Der Blütenschlund ist rot gefleckt und geht in einen glockigen Saum über. Der Blütenstiel erreicht 10–20 cm Höhe. Die in einer grundständigen Rosette stehenden Blätter sind länglich-eiförmig und haben einen gekerbten Rand. **V** Die Pflanze gedeiht auf Wiesen, in lichten Wäldern und auf Kalkmagerrasen. **B** Die Bestäubung erfolgt durch Bienen und Hummeln, die Samenverbreitung durch den Wind.

Wald-Schlüsselblume

Primula elatior

10–30 cm	15–20 mm	III–V

M Der Kronsaum der schwefelgelben Blüten ist bei dieser Schlüsselblumen-Art flach ausgebreitet. Auffallend ist die dunklere Gelbfärbung des Blütenschlundes. Der Kelch liegt den Kronblättern eng an und läuft in lanzettliche Kelchzähne aus. Die Blüten duften nur sehr schwach. Die Blätter dieses Primelgewächses stehen grundständig, sind 10–20 cm lang und unregelmäßig gezähnt. Sie verschmälern sich allmählich in den geflügelten Stiel. **V** Die Art kommt in Laubwäldern, besonders in Auen- und in Schluchtwäldern vor. **B** Die durch Bienen und Hummeln bestäubte Pflanze entwickelt als Frucht eine Kapsel, deren Samen durch den Wind verbreitet werden. Zur Verhinderung der Selbstbestäubung gibt es bei beiden hier beschriebenen Schlüsselblumen-Arten langgriffelige Individuen mit kurzgestielten Staubgefäßen und umgekehrt.

Pfennigkraut

Lysimachia nummularia

10–50 cm	12–15 mm	V–VII

M Am kriechenden Stengel befinden sich bei diesem Primelgewächs in gegenständiger Anordnung rundliche bis elliptische Blätter. In den Blattachseln stehen einzeln oder zu zweit zitronengelbe, langgestielte Blüten. Die Innenseite der Kronblätter ist dunkelrot-drüsig punktiert. **V** Man findet die stickstoffliebende Art auf nassen, gut gedüngten Wiesen, an Ufern, in Gräben, an Wegrändern und auch in Wäldern mit feuchten Böden. An geeigneten Standorten gedeiht die Pflanze oft recht üppig. **B** Der Name der Pflanze bezieht sich auf die Form der Blätter. Das Pfennigkraut enthält in den Blättern Saponine, denen eine gewisse Heilwirkung zugeschrieben wird. Die Blütenbestäubung erfolgt durch Fliegen, die Verbreitung in erster Linie durch Ausläufer. Nah verwandt ist der zerstreut vorkommende Gemeine Gilbweiderich *(Lysimachia vulgaris)*, S. 130.

Gewöhnl. Gilbweiderich

Lysimachia vulgaris

50–150 cm	10–15 mm	VI–VIII

M Trotz erheblicher Unterschiede im Erscheinungsbild ist diese Art mit dem auf der Vorseite beschriebenen Pfennigkraut nah verwandt. Die gelben Blüten stehen in einer endständigen, unten beblätterten Rispe. Die am Rande kahlen Kronblätter werden von rotzipfeligen Kelchblättern umfaßt. Der kurz behaarte Stengel trägt gegenständig, oder zu 3–4 quirlständig, eiförmig-längliche Blätter. Sie erreichen 14 cm Länge und sind drüsig punktiert. **V** Man findet die Art an Ufern, in Flachmooren, in Gräben und Bruchwäldern. Sie meidet Kalk, bevorzugt hingegen nasse, torfige Böden. **B** Die Bestäubung der Pflanze erfolgt durch Fliegen und andere Insekten. Wie bei allen Primelgewächsen entwickelt sich als Frucht eine Kapsel.

Echtes Labkraut

Galium verum

10–100 cm	2–4 mm	V–IX

M Die Blüten dieses Rötegewächses stehen in vielblütigen, rispenartigen Blütenständen. Sie sind gold- bis zitronengelb, haben kurz bespitzte Kronzipfel und duften intensiv nach Honig. Die nadelförmigen Blätter sind nur 1 mm breit, am Rand umgerollt und unterseits weichhaarig. Sie stehen in 6–12blättrigen Quirlen. Der Stengel ist aufrecht oder aufsteigend und weist 4 erhabene Linien auf. **V** Das Echte Labkraut gedeiht auf Magerrasen, an Wegrändern, in Lärchenwäldern, Moorwiesen und in Gebüschen. **B** Seinem Namen entsprechend enthält dieses Rötegewächs in den Blättern ein Labferment, das die Milch zum Gerinnen bringt. Früher wurde die Pflanze deshalb bei der Käseherstellung verwendet. Daneben hatte sie immer eine gewisse Bedeutung als Heilpflanze. Die in ihr enthaltenen Wirkstoffe wirken harntreibend und schleimfördernd.

Kleinblütige Königskerze

Verbascum thapsus

10–170 cm	20–25 mm	VII–IX

M Ihrer Größe wegen gehört diese Pflanze zu den bekannteren Arten unserer Flora. Die hellgelben, bis 25 mm breiten Blüten stehen in einem langen, traubigen Blütenstand. Auffallend ist die unterschiedliche Gestalt der Staubgefäße: Die 2 unten stehenden sind kahl, die 3 oberen sind wollig behaart. Bis 40 cm lange, ei-längliche Blätter bilden eine Grundrosette; am Stengel laufen die eiförmig-lanzettlichen Blätter bis zum nächstunteren Blatt herab. Blätter und Stengel sind dicht filzig behaart. Die Frucht ist eine Kapsel. **V** Schutthalden, Dämme, Ufer, Wegränder und andere Ruderalstandorte werden von der Pflanze bevorzugt. Das Braunwurzgewächs kommt noch recht häufig vor. **B** Die Art gilt als Stickstoffanzeiger. Früher wurde sie zur Wund- und Geschwürheilung verwendet, innerlich wird sie bei Leber- und Gallenleiden angewandt.

Gemeines Leinkraut

Linaria vulgaris

20–60 cm	15–30 mm	VI–IX

M Das Leinkraut ist ein Rachenblütler, der blühend von Juni bis September anzutreffen ist. Die schwefelgelben Blüten bilden einen traubigen Blütenstand. Auffallend an den 15–30 mm großen Einzelblüten ist der lange, gerade Sporn und der orangefarbene Schlund. Am 20–60 cm hohen, gewöhnlich unverzweigten Stengel sitzen lineal-lanzettliche, blaugrüne Blätter (3–8 cm). **V** Die Pflanze ist in Gräben, an Wegen, auf Schuttplätzen und in Steinbrüchen zu finden. **B** Der Name der Pflanze leitet sich von dem im Mittelalter üblichen Brauch ab, der Wäschestärke (»Leinenstärke«) einen Absud des Leinkrauts zuzusetzen, um einen damals üblichen Gelbton zu erreichen. Die Blüten dieser Art werden von Hummeln bestäubt.

Zottiger Klappertopf

Rhinanthus alectorolophus

20–60 cm	15–20 mm	V–IX

M Der Name dieser Art leitet sich einerseits von der zottigen Behaarung im oberen Stengelbereich und andererseits von den in den reifen Kapseln klappernden Samen ab. Die Einzelblüten stehen am Ende des 20–60 cm hohen Stengels in den Blattachseln von Tragblättern. Die Oberlippe dieses Lippenblütlers ist durch einen violetten Zahn charakterisiert. Die behaarten Blätter sind länglich-lanzettlich, gesägt und gegenständig angeordnet. **V** Die Art blüht von Mai bis September auf Fettwiesen, Halbtrockenrasen und Äckern. **B** Alle Klappertopf-Arten sind Halbschmarotzer und entziehen ihren Wirtspflanzen (überwiegend Gräser) Wasser und Nährsalze an der Wurzel. Dies wird durch spezielle Saugorgane, die an den Wurzeln der Wirtspflanzen ansetzen, ermöglicht. Die Blütenbestäubung erfolgt überwiegend durch Hummeln.

Wiesen-Wachtelweizen

Melampyrum pratense

10–50 cm	12–20 mm	V–IX

M In einer einseitswendigen, lockeren Ähre stehen bei diesem Braunwurzgewächs gelblichweiße Blüten. Ihre Kronröhre ist gerade und steht rechtwinkelig von der Blütenachse ab. Die Kelchzähne sind lanzettlich-pfriemlich und kürzer als die halbe Kronröhre. Die rauhen Blätter sind lineal-lanzettlich. **V** Die Pflanze ist in Laubwäldern, Nadelwäldern, Gebüschen, auf Heiden und an anderen Standorten mit sauren, humushaltigen Böden anzutreffen. Sie kommt dort meist recht häufig vor. **B** Wie der oben beschriebene Zottige Klappertopf ist auch diese Art ein Halbschmarotzer, der mit sogenannten Haustorien die Wurzeln seiner Wirtspflanzen anzapft und dabei Wasser und Nährsalze entzieht. Der Name leitet sich von der irrtümlichen Annahme ab, daß v.a. Wachteln die Samen der Pflanze fressen. Da die Samen recht giftig sind, kann dies nicht bestätigt werden.

Goldnessel

Lamiastrum galeobdolon

20–60 cm	15–25 mm	IV–VII

M Die Blüten dieses Lippenblütengewächses stehen zu mehreren in den Achseln der oberen Blätter. Sie sind goldgelb, die 3zipfelige Unterlippe rotbraun gefleckt. Außen ist die Blütenkrone behaart. Die gestielten Blätter sind eiförmig, spitz, am Rand unregelmäßig kerbig gesägt und nur schwach behaart. Sie sitzen einem 4kantigen Stengel an. V Die Art liebt schattige Standorte in verschiedenen Waldtypen und Gebüschen. Sie ist recht verbreitet. B Goldnesseln bilden lange, oberirdisch kriechende Ausläufer. Die Pflanze hat – obwohl sie der Brennessel ähnelt – keine Brennhaare. Sie gehört zur Gruppe der Taubnesseln und wurde früher wie diese in der Gattung *Lamium* geführt. Ihre Blüten werden v.a. von Bienen bestäubt.

Rainfarn

Tanacetum vulgare

60–100 cm	0,7–1,2 cm	VII–IX

M Die Ähnlichkeit der austreibenden Blätter mit denen der Farne hat zum Namen dieses Korbblütlers geführt. Am 60–100 cm hohen, zähen Stengel stehen in dichter Folge tief gefiederte, bis 25 cm lange Blätter. Die Blattspreite wird dabei von 16–24 lanzettlichen, am Rand gesägten Fiedern gebildet. In reichblütigen Schirmrispen stehen 7–12 mm große, goldgelbe Blütenkörbchen. Strahlenblüten am Rand des Blütenkörbchens fehlen. Blätter und Blüten duften stark aromatisch. Nach der Blütezeit von Juli bis September bilden sich 1–2 mm lange, 5rippige Früchte. V Der Rainfarn gedeiht auf typischen Unkrautfluren, auf Schuttplätzen, an Waldrändern und auf Kahlschlägen. B Die Pflanze enthält ätherische Öle, Bitterstoffe und Gerbstoffe. In der Naturheilkunde wird sie als Wurmmittel und gegen Verdauungsstörungen verwendet.

Huflattich

Tussilago farfara

5–20 cm	2–3 cm	III–IV

M Die kleinen Gruppen dieses Korbblütlers erscheinen bereits bei erster Frühlingssonne. Das 20–30 mm breite Blütenkörbchen ist durch mehrreihig stehende Strahlenblüten gekennzeichnet und von einer Reihe grüner Hüllblätter eingefaßt. Bei bedecktem Himmel schließen sich die Blütenköpfe und geben den Blick frei auf den mit rötlichen Schuppenblättern besetzten Stengel. Nach dem Verblühen neigen sie sich abwärts und erst dann beginnt die Entwicklung der grundständigen, 10–30 cm breiten Blätter. Diese sind rundlich-herzförmig, am Rande schwärzlich gezähnt, unterseits weißfilzig. V Huflattich wächst auf Schutthalden, an Weg- und Straßenrändern, Bahndämmen und anderen Ruderalstandorten. B Die Art gilt seit altersher als wichtige Heilpflanze. Äußerlich wird sie bei Entzündungen, innerlich bei Husten und Bronchialleiden verwendet.

Gemeines Greiskraut

Senecio vulgaris

10-30 cm	0,8-1 cm	II-XI

[M] Das Gemeine Greiskraut zählt zu unseren häufigsten Ackerunkräutern und ist weltweit verbreitet. Die gelben Blütenköpfe erreichen eine Länge von 10 mm. Auffallendstes Merkmal sind die fehlenden Zungenblüten. 8–12 schwärzliche Außenhüllblätter und 21 grüne, spitz zulaufende Hüllblätter umschließen das Köpfchen. Die Blüten bilden einen rispigen Blütenstand am Ende des bis 50 cm hohen Stengels. Buchtig gelappte bis fiederteilige Blätter sitzen diesem an. Sie sind gezähnt, im oberen Stengelbereich deutlich geöhrt. Die Früchte (2 mm) sind flaumig behaart. [V] Die Pflanze gedeiht auf allen typischen Unkrautfluren. [B] Der Name dieser Art bezieht sich auf die weißhaarigen Früchte. Die Pflanze enthält giftige Alkaloide.

Fuchs-Greiskraut

Senecio fuchsii

60-180 cm	2-3 cm	VII-IX

[M] Die gelben Blüten des Korbblütengewächses stehen in einer doldenartigen Rispe. Sie setzen sich aus 6–15 Röhrenblüten und 5 Zungenblüten zusammen. Die walzenförmige Hülle besteht aus meist 8 kahlen Hüllblättern. Am aufrechten und kahlen Stengel stehen lanzettliche Blätter, die fein gesägt und in den leicht geflügelten Stiel verschmälert sind. [V] Die Pflanze ist auf Kahlschlägen, an Bachufern und in krautreichen Mischwäldern heimisch. [B] In den Alpen ist die Art bis in Höhen über 2000 m anzutreffen. Ähnlich ist das Hain-Greiskraut *(Senecio nemorensis)*, dessen Blätter allerdings am Grund deutlich verbreitert sind. Die Gattung *Senecio* ist eine sehr artenreiche Verwandtschaftsgruppe, der eine ganze Reihe sog. Unkräuter verschiedener Standorte angehören. Bastardbildung ist sehr häufig, üblich ist jedoch Selbstbestäubung.

Kohl-Kratzdistel

Cirsium oleraceum

50-150 cm	1-2,5 cm	VI-IX

[M] Die unverwechselbare Pflanze ist weichdornig, am Stengel locker beblättert. Die Blätter sind weich, im unteren Stengelbereich lanzettlich und fiederteilig, im oberen Stengelbereich ungeteilt, eiförmig und stengelumfassend. Gelblichweiße Blüten stehen gehäuft an der Stengelspitze; sie sind von bleichgrünen, ebenfalls weichstacheligen Hochblättern umgeben. Die Früchte haben federige Pappushaare. [V] Kohl-Kratzdisteln gedeihen auf nassen Wiesen, in Auenwäldern, Flachmooren, an Gewässerufern, Gräben und anderen Standorten mit grundwasserfeuchten Lehmböden. Die Pflanze ist ein Nässe- und Nährstoffanzeiger. [B] Die Blütenbestäubung wird von Faltern und Bienen übernommen. Die Fruchtverbreitung geschieht durch den Wind, wobei die Pappushaare wichtige Dienste leisten. In manchen Gegenden wird die Art als Gemüsepflanze genutzt.

Wiesen-Bocksbart
Tragopogon pratensis

30–70 cm	4–6 cm	V–VII

M Der Wiesen-Bocksbart erreicht eine Höhe von 30–70 cm und fällt durch seine 4–6 cm breiten, kräftig gelben Blütenköpfchen auf. Das Köpfchen besteht hier nur aus Zungenblüten und ist von 5–8 Hüllblättern umgeben. Die ungestielten Blätter umfassen den Stengel, sind schmal-lanzettlich und laufen in langen Spitzen aus. Der Name der Pflanze leitet sich von den sog. Pappushaaren ab, die nach Verblühen des Körbchens als Anhängsel der Hüllblätter erscheinen. **V** Dieser Korbblütler bevorzugt als Standort nährstoffreiche Wiesen und auch Halbtrockenrasen. **B** Die Blüten sind bei dieser Pflanze nur von ca. 8 Uhr bis max. 14 Uhr geöffnet. Früher wurde die Pflanze als Gemüsepflanze verwendet.

Gemeiner Löwenzahn
Taraxacum officinale

10–50 cm	3–5 cm	IV–X

M Die Blüten sitzen auf einem blattlosen, röhrigen Stengel, der beim Abbrechen einen weißen Milchsaft freisetzt. Das Blütenköpfchen besteht ausschließlich aus Zungenblüten, erreicht 6 cm Durchmesser und ist von umgeschlagenen Hüllblättern umgeben. Die Blätter bilden eine grundständige Rosette. Sie sind länglich und tief fiederspaltig gelappt. Je nach Standort erreichen sie 10–30 cm Länge. Den Fruchtstand bildet die allbekannte »Pusteblume«. **V** Es gibt fast keinen Lebensraum, wo dieser Korbblütler nicht zu finden wäre. **B** Der Löwenzahn wurzelt z.T. sehr tief (bis 2 m) und gilt als Pionierpflanze. Im Mai bildet das flächendeckende Gelb seiner Blüten einen typischen Wiesenaspekt. In der Naturheilkunde wird die Pflanze ihrer vielen Inhaltsstoffe wegen bei Leber- und Nierenleiden und gegen Rheuma verwendet.

Kohl-Gänsedistel
Sonchus oleraceus

30–100 cm	2–2,5 cm	VI–X

M Der Stengel dieses Korbblütlers ist ästig und mit weichen, glanzlosen, blaugrünen Blättern besetzt. Diese sind buchtig-fiederschnittig und gezähnt. Am Blattgrund fallen die zugespitzten, abstehenden Öhrchen auf. Die Blütenköpfe werden 25 mm lang und bestehen nur aus Zungenblüten. Die Blütenhülle ist kahl und macht zwei Drittel der Blütenlänge aus. **V** Unkrautfluren, Schuttplätze, Gärten, Äcker und Mauern sind die häufigsten Standorte dieser weitverbreiteten Pflanze. **B** Wie der oben beschriebene Löwenzahn hat auch diese Art sehr tiefgehende Wurzeln und gilt deshalb als besonders widerstandsfähig. Verwechslungsmöglichkeit besteht mit der Rauhen Gänsedistel *(Sonchus asper)*, deren Blätter jedoch stacheliger gezähnt sind und abgerundete, anliegende Öhrchen haben. Daneben gibt es bei uns noch 2 weitere *Sonchus*-Arten.

Wald-Gelbstern
Gagea lutea

10–30 cm	20–25 mm	III–V

[M] Der Blütenstand dieser zierlichen Pflanze besteht aus 2–7 gelben Blüten, die eine Scheindolde bilden. Die an der Spitze stumpfen Blütenblätter stehen sternförmig ab. Die Spitze des einzigen, breit-linealischen Grundblattes ist bei diesem Liliengewächs kapuzenartig zusammengezogen. Die 6–10 mm breite Blattspreite ist schwach kielig bis flach. [V] Der Wald-Gelbstern gedeiht in lichten Auen- und Laubwäldern, in Gebüschen, an Bachufern und in Obstgärten. [B] Die Pflanze entspringt einer einzigen Zwiebel, die keine Nebenzwiebeln ausbildet. Die Bestäubung der Schatten und Feuchtigkeit liebenden Pflanze erfolgt durch Insekten. Die Art kommt sehr häufig mit dem Bärlauch *(Allium ursinum)* vergesellschaftet vor.

Gelbe Schwertlilie
Iris pseudacorus

50–120 cm	100 mm	V–VII

[M] Die gelben Blüten dieses Schwertliliengewächses bestehen aus breiten, ovalen bis rundlichen Blütenhüllblättern und schmal-linealischen, inneren Blütenhüllblättern. Die äußeren Blütenblätter sind an der Basis braun geadert und haben keinen Haarkamm. Die Blüten sind von grünen Hochblättern umgeben. Der Name der Pflanze leitet sich von den schwertförmigen, 10–30 mm breiten Blättern ab. Sie erreichen eine Länge von 1 m. [V] Man findet diese Schwertlilien-Art im Röhricht stehender und fließender Gewässer, in Auenwäldern, Gräben und an anderen teilweise überschwemmten Standorten. Sie kommt nur zerstreut vor. [B] Das horstartige Wachstum der Pflanze ist in einem stark verzweigten Wurzelstock begründet. Entsprechend dem Standort werden die Früchte schwimmend verbreitet. Die Pflanze enthält Giftstoffe und wird vom Weidevieh gemieden.

Frauenschuh
Cypripedium calceolus

G	20–50 cm	60–90 mm	V–VI

[M] Kennzeichnendes Merkmal der wohl bekanntesten heimischen Orchidee ist die schuhförmig aufgeblasene, 3–4 cm lange, gelbe Lippe. 4 rotbraune, lanzettliche Perigonblätter umgeben den »Schuh«. Meist sind 1–2 Blüten an einem Stengel zu finden. Die Laubblätter sind breit-elliptisch, hellgrün und stengelumfassend. Die deutliche Nervatur ist fein behaart. [V] Lichte Laub- und Nadelwälder mit kalkhaltigem Boden sind bevorzugte Standorte der Pflanze. [B] Die Lippe dieser Art stellt für Insekten eine sog. »Gleitfalle« dar. Ein Entkommen aus der Falle ist nur über einen bestimmten Weg möglich, der die Bestäubung der Blüte gewährleistet. Andere Wege sind ausgeschlossen, da die öligen, glatten Innenwände selbst für Insekten nicht begehbar sind. Interessanterweise bietet die Blume für die bestäubenden Insekten kein Futter als Lockmittel an.

Klatschmohn

Papaver rhoeas

20-80 cm	40-80 mm	V-VIII

[M] Die scharlachroten Blüten dieses Mohngewächses bieten, wenn sie in größerer Anzahl am Wegrand blühen, einen reizenden Anblick. Sie stehen am Ende eines aufrechten, spärlich verzweigten und behaarten Stengels, der eine Höhe von 80 cm erreichen kann. Die Kronblätter werden 20–40 mm lang; am Grunde ist oft ein schwarzer Fleck zu finden. Sie umgeben eine Vielzahl dunkelvioletter Staubfäden und den im Zentrum der Blüte stehenden Fruchtknoten mit 8–12strahliger, scheibenförmiger Narbe. Aus ihm entwickelt sich die charakteristische Mohnkapsel. Die behaarten Blätter sind fiederteilig mit tieflappig gezähnten Abschnitten. [V] Äcker, Wegränder, Ruderalstellen. [B] Die Pflanze wurde früher in der Naturheilkunde verwendet.

Hohler Lerchensporn

Corydalis cava

10-30 cm	18-28 mm	III-V

[M] Am aufrechten Stengel stehen 6–20 purpurrote oder weiße Blüten in einem traubigen Blütenstand. Die beiden inneren Kronblätter sind an der Spitze verwachsen; das obere äußere Kronblatt ist nach hinten gespornt, nach vorn verbreitert; das untere äußere Kronblatt bildet die verbreiterte Unterlippe. Die blaugrünen Blätter sind doppelt 3zählig. [V] Das Erdrauchgewächs kann man in verschiedenen Laubwäldern, in Auenwäldern, Gebüschen und Gärten finden. [B] Die Pflanze entspringt einer hohlen, unterirdischen Knolle, die verschiedene giftige Alkaloide enthält. Sie wurden früher bei verschiedenen Anzeigen zu Heilzwecken genützt. Aus den von Bienen und Hummeln bestäubten Blüten entwickeln sich schnabelförmige Kapseln. Da die Art nur auf sehr nährstoffreichen Böden vorkommt, gilt sie als sog. Nährstoffzeiger.

Erdrauch

Fumaria officinalis

10-30 cm	6-9 mm	V-X

[M] Wie der oben beschriebene Klatschmohn gehört auch der Erdrauch in die Familie der Mohngewächse, wird aber oftmals auch einer eigenen Familie, den Erdrauchgewächsen, zugeordnet. Es handelt sich um eine zierliche, aufrecht stehende Pflanze mit bis 40 cm hohem Stengel, der reich mit doppelt gefiederten, blaugrünen Blättern besetzt ist. In einer reichblütigen Traube stehen 6–9 mm lange, rosarote Blüten mit rot-schwarzen Spitzen. Die Kelchblätter erreichen nur ca. ein Drittel der Länge der Blütenkronröhre. Nach der Blüte entwickeln sich nierenförmige, am Scheitel eingedrückte Früchte, die an aufsteigenden Stielen stehen. [V] Die Art gedeiht auf Äckern, in Gärten und an anderen Standorten mit sehr lehmigem Boden. [B] In der Naturheilkunde wurde die Pflanze bei Hautkrankheiten und Störungen des Verdauungssystems eingesetzt.

Großer Wiesenknopf

Sanguisorba officinalis

30–100 cm	10–30 mm	VII–IX

M Die bis 100 cm hohen Stengel dieses Rosengewächses tragen an der Spitze die eiförmigen, dunkelroten Blütenköpfchen. Es handelt sich dabei um zwittrige Blüten mit 4 Staubbeuteln und 1 Griffel. Die Blätter bilden eine grundständige Rosette. Das Einzelblatt ist unpaarig gefiedert, jede Fieder ist 2–4 cm lang und gestielt, der länglich-herzförmige Umriß deutlich gezähnt (beiderseits ca. 12 Zähne) und die Unterseite blaugrün. **V** Die Pflanze bevorzugt feuchtere Standorte, wie Moorwiesen und Feuchtstellen in Fettwiesen, ist aber auch an Wegrändern anzutreffen. **B** Die Art ist verwandt mit dem Kleinen Wiesenknopf *(Sanguisorba minor)*, der bei uns auch als Gewürzpflanze verwendet wird (nicht zu verwechseln mit der Bibernelle).

Bach-Nelkenwurz

Geum rivale

20–60 cm	12–15 mm	V–VI

M Namensgebend bei diesem Rosengewächs sind hier einerseits der nach Nelkenöl riechende Wurzelstock, andererseits ein häufiger Standort der Pflanze. Die nickenden Blüten sitzen in Mehrzahl am verzweigten, drüsig behaarten Stengel. Die Kronblätter sind an der Außenseite rötlich, innen gelb und werden von rotbraunen, lanzettlichen Kelchblättern umgeben. Die unteren Blätter sind langstielig, 3teilig mit grob gezähntem Rand. Im oberen Stengelbereich der 20–60 cm hohen Pflanze sind sie nur leicht gelappt. **V** Man findet die Art ausschließlich in Naßwiesen, am Ufer von Bächen und in Auwäldern mit grundwasserfeuchtem Boden. **B** Die Pflanze wird vorwiegend von Hummeln bestäubt. Um an den Nektar zu gelangen, beißen sie oftmals die Blüten von oben an. Im Wurzelstock der ehemaligen Heilpflanze findet sich ein ätherisches Öl.

Dornige Hauhechel

Ononis spinosa

20–60 cm	8–25 mm	VI–VIII

M Die verzweigte, unten oft verholzte Staude entspringt einer langen Pfahlwurzel und hat bedornte Seitentriebe sowie drüsig-zottig behaarte Sproßachsen. Die unten stehenden Blätter sind bei diesem Schmetterlingsblütengewächs 3zählig, die oberen ungeteilt. Die Fiedern sind eiförmig, am Rand fein gezähnt. In den Blattachseln und besonders an den Zweigspitzen stehen einzelne (oder bis zu 3) Blüten. Sie sind rosa bis purpurn, kurz gestielt mit wenig behaarten Blütenkelchen. Sie duften süßlich. **V** Die Dornige Hauhechel findet man auf Magerrasen, Weiden, an Wegrainen, auf Brachland und an verschiedenen Ruderalstellen. Bevorzugt werden Standorte mit Kalkböden. **B** Die naturheilkundlich genutzte Pflanze enthält ätherische Öle, Säuren, Glykoside und andere Wirkstoffe. Sie wird bei Nieren- und Blasenleiden, Rheuma und Gicht verwendet.

Wiesen-Klee
Trifolium pratense

10–30 cm	10–20 mm	V–IX

M Die rosa bis roten, duftenden, kugeligen Blütenköpfe stehen meist zu zweit mit 2 Tragblättern. Der Kelch der Einzelblüten ist 10nervig und behaart. Typisch sind die 3zählig gefiederten Blätter, wobei die eiförmigen Fiederblättchen gefleckt und ganzrandig, die Nebenblätter spitz sind. Die Pflanze wird 10–30 cm hoch. **V** Man findet die Art auf Fettwiesen, an Wegrändern und in lichten Wäldern. **B** Der hohe Eiweißgehalt macht diesen Schmetterlingsblütler zu einer der wichtigsten Futterpflanzen unserer Landwirtschaft, und er gilt aufgrund seiner Fähigkeit, mit symbiontischen Bakterien Luftstickstoff zu binden, als wichtiger Gründünger. Die Bestäubung erfolgt in erster Linie durch Hummeln; Ameisen verbreiten die Samen.

Bunte Kronwicke
Coronilla varia

30–100 cm	8–15 mm	V–IX

M Der niederliegende bis aufsteigende Stengel trägt gefiederte Blätter. Sie sind kurz gestielt und setzen sich in der Regel aus 4–12 Paaren von ovalen Fiederblättchen zusammen. In der 10–20blütigen Dolde stehen die typischen Schmetterlingsblüten, die Fahne und Schiffchen aufweisen; letzteres ist von den beiden Flügeln eingehüllt. Die Fahne ist bei dieser Art rosa, das Schiffchen weiß mit violetter Spitze, die Flügel sind weiß. Als Frucht entwickelt sich eine aufrecht abstehende, gerade Hülse. Sie ist 2–8 cm lang, 4kantig, mit hakig gebogenem Schnabel. Typisch sind 3–6 deutliche Einschnürungen. **V** Der Schmetterlingsblütler gedeiht auf Halbtrockenrasen, an Waldrändern, Böschungen und in Steinbrüchen. Kalkböden werden bevorzugt. **B** Die Pflanze ist aufgrund ihres Gehalts an Glykosiden schwach giftig. Sie wird dennoch z.T. als Futterpflanze kultiviert.

Blutweiderich
Lythrum salicaria

50–150 cm	8–12 mm	VI–IX

M Der aufrechte, leicht flaumige Stengel ist je nach Stellung der sitzenden Laubblätter 4- bis mehrkantig. Die lanzettlich-spitzen, am Grunde herzförmig abgerundeten Blätter werden bis 12 cm lang. Die Blüten stehen quirlig, in langer Ähre und bilden 3 verschiedene Typen aus, die Selbstbestäubung verhindern. Sie unterscheiden sich in der Griffellänge und der Staubblattlänge. Die 6 Kronblätter sind purpurrot; die Blütenähre weist häufig blütenlose Lücken auf. Die Pflanze gehört in die Familie der Weiderichgewächse. **V** Auf schweren, nassen, etwas stickstoffhaltigen Böden der Gräben, Ufer, Röhrichte, Naßwiesen und Flachmoore bildet die Pflanze dichte, große Büsche bis zu 1,50 m Höhe. **B** Ihren Namen verdankt die Art nicht nur ihren purpurroten Blüten, sondern auch der früheren Verwendung als blutstillendes Mittel aufgrund ihres Gerbstoffgehalts.

Schmalbl. Weidenröschen

Epilobium angustifolium

20–150 cm	20–30 mm	VI–VIII

M Am Ende des stumpfkantigen Stengels stehen bei dieser weitverbreiteten Art rosa oder purpurrote Blüten in aufrechten Trauben. Ihre Kornblätter sind kurz genagelt; dabei sind die oberen Kronblätter breiter als die anderen. Die lineal-lanzettlichen, schmalen Blätter (Name) des Nachtkerzengewächses sind am Rand häufig leicht gewellt. V Diese Weidenröschen-Art ist eine typische Pflanze auf Kahlschlägen, an Waldrändern und Waldwegen. B Die Bestäubung der Pflanzen geschieht v.a. durch Bienen. Die Samen haben einen langen, federigen Haarschopf, der zur Fruchtzeit den ganzen ehemaligen Blütenstand als wolligen Bausch erscheinen läßt. Die Pflanze wurde früher naturheilkundlich verwendet, z.T. auch als Gemüse gegessen.

Weg-Malve

Malva neglecta

10–50 cm	15–25 mm	VI–X

M In den Blattachseln des niederliegenden bis aufrechten und ca. 40 cm langen Stengels stehen die zartrosafarbenen, manchmal fast weißlichen Blüten. Die Kronblätter sind 8–10 mm lang und überragen den Kelch um das 2–3fache. Nach dem Verblühen neigen sich die Blütenstiele nach unten und es entwickeln sich die glatten oder schwachrunzeligen Teilfrüchte. Die Blätter dieses Malvengewächses sind langgestielt, rundlich und handförmig gelappt. Der Blattrand ist deutlich gekerbt, die Blattunterseite behaart. V Man findet die Weg-Malve in unseren Breiten sehr häufig auf Schuttplätzen, an Ackerrändern, in Gärten, Weinbergen, an Bahndämmen und an Mauern. Als Stickstoffzeiger kommt sie aber auch an anderen Ruderalstellen vor. B Die Art enthält verschiedene Schleimstoffe und gilt als alte Heilpflanze. Im Volksmund wird sie auch Käsepappel genannt.

Heidelbeere

Vaccinium myrtillus

15–60 cm	4–5 mm	V–VI

M Im Mai/Juni finden wir die krugförmigen, blattachselständigen Blüten am Grund junger Sprosse an kurzem, meist nach unten gekrümmten Stiel hängend oder nickend. Die grünen Kelchblätter sind mit dem Fruchtknoten verwachsen, bilden einen kurzen, breiten Saum oder sind undeutlich 5lappig. Die meist kugelig-krugförmigen Kronblätter sind grünlich bis rötlich, die 0,5–1,5 mm langen Zipfel nach außen umgerollt. Die 8 in der Krone eingeschlossenen Staubblätter sind kürzer als der Griffel. Ihre Basis ist verbreitert, die gelbbraunen Staubbeutel tragen ein aufwärts gerichtetes, gesporntes Anhängsel. V Heidelbeeren gedeihen in allen Waldtypen mit sauren Böden, in Mooren und Heiden. B Die bis zu 30 Jahre alt werdenden Pflanzen enthalten verschiedene Wirkstoffe; v.a. gegen Durchfälle werden die getrockneten Beeren verabreicht.

Karthäuser-Nelke

Dianthus carthusianorum

15–40 cm	20–25 mm	VI–IX

M Die Pflanze wird 15–40 cm hoch, gehört zu den Nelkengewächsen und gilt als sehr wärmeliebend. Die dunkelpurpurnen Blüten stehen zu 4–10 gedrängt und sind von trockenen, braunen Kelchschuppen umgeben. Aus ihnen ragt der rotbraune Kelch hervor. Die Kronblätter sind an der Spitze gezähnt. Die linealischen, nur 2–4 mm breiten Blätter stehen gegenständig und sind am Grunde scheidig verwachsen, der Blattrand ist rauh. Blühende Stengel sind deutlich länger als nicht blühende. **V** Die Art findet man auf Kalkmagerrasen, auf Heiden und in lichten Wäldern. **B** Der Name der Pflanze läßt sich wahrscheinlich darauf zurückführen, daß sie früher oft in Karthäuserklöstern angebaut wurde.

Rote Lichtnelke

Silene dioica

30–80 cm	20–30 mm	IV–IX

M Die roten, eingeschlechtlichen Blüten stehen bei diesem Nelkengewächs in einer lockeren Trugdolde. Die 5 Kronblätter sind tief 2lappig; kennzeichnend sind 5 Griffel. Ein bauchiger, stark behaarter Kelch umgibt die Blütenkrone; er ist von 10 Nerven durchzogen. Die eiförmig-spitzen Blätter sitzen an einem schlaffen, im oberen Bereich ästigen Stengel. Die kugelige Fruchtkapsel kennzeichnen 10 nach außen gekrümmte Zähne. Die ganze Pflanze ist drüsig behaart. **V** Man findet die Art in Auwäldern, auf feuchten Wiesen, in feuchten Misch- und Nadelwäldern und in Hecken. Die Pflanze gilt als Nässezeiger. **B** Im Gegensatz zu den verwandten Arten (Taubenkropf-Leimkraut, *Silene vulgaris* und Weiße Lichtnelke, *Silene alba*) sind die Blüten bei der Roten Lichtnelke nur tagsüber geöffnet. Sie werden von Tagfaltern oder Hummeln bestäubt.

Kuckucks-Lichtnelke

Lychnis flos-cuculi

30–80 cm	30–40 mm	V–VIII

M Charakteristisch sind die tief in 4 Zipfel gespaltenen, rosafarbenen Kronblätter der in einem locker verzweigten Blütenstand stehenden Blüten. Der Blütenkelch ist 10nervig und meist rötlich. Die Pflanze wird 30–80 cm hoch und hat in der Form unterschiedliche Grund- bzw. Stengelblätter. Erstere sind spatelig, gewimpert und gestielt, letztere lanzettlich. **V** Als typischer Feuchtigkeitszeiger ist die Kuckucks-Lichtnelke nur an feuchten Stellen von humusreichen Wiesen oder in Sumpf- und Moorwiesen zu finden. Bei Erfüllung der Standortansprüche kommt das Nelkengewächs meist in großer Zahl vor. **B** Die Blütenform entspricht bei fast allen Nelkengewächsen dem »Stielteller-Typ«. Der Nektar ist in der Blütenröhre so tief deponiert, daß er nur von langrüsseligen Tagfaltern erreicht werden kann, die demnach die Bestäubung übernehmen.

Schlangen-Knöterich
Polygonum bistorta

30–80 cm	3–5 cm	V–VII

M Der Name dieses Knöterichgewächses leitet sich vom schlangenähnlich gewundenen Wurzelstock ab. Diesem entspringt der 30–80 cm hohe Stengel, an dessen Oberende die 3–5 cm lange Scheinähre aus 4–5 mm großen, hellrosa Blüten sitzt. Die Blätter sind länglich-eiförmig und 10–20 cm lang. Am unteren Bereich des Stengels sind sie flügelig gestielt, oben sitzen sie direkt am Stiel. **V** Der Schlangenknöterich ist ein Feuchtigkeitszeiger, der überwiegend auf feuchten Wiesen, in Auwäldern und von Quellwasser durchzogenen Bergwiesen zu finden ist. Er tritt dort oft in großen Massen auf. **B** Im Wurzelstock der Pflanze sind verschiedene Gerbstoffe enthalten, die bei unterschiedlichen Heilanzeigen Verwendung finden.

Wasserknöterich
Polygonum amphibium

30–100 cm	3–5 cm	VI–IX

M Von Juni bis September ragen die rosa Blütenstände des Wasserknöterich über die Wasseroberfläche. Die 4 mm großen Blüten bilden eine endständige, 3–5 cm lange Scheintraube auf einem bis zu 1 m langen, von Luftkanälen durchzogenen Stengel. Die langgestielten Schwimmblätter sind länglich-elliptisch, dunkelgrün und lederartig. Neben der beschriebenen Wasserform gibt es noch eine Landform dieser Art. Sie ist kleiner, und ihre Blätter sind kürzer gestielt und behaart. **V** Das Knöterichgewächs findet man in stehenden und langsam fließenden Gewässern, die Landform in Naßwiesen und an kiesigen Ufern. **B** Die Landform dieser Art weist immer auf einen Unterboden mit Nässestau hin. Beide Formen bilden oft größere Bestände. Sie überwintern mit ihrer runden, kriechenden Grundachse. Die Verbreitung der Früchte erfolgt in der Regel durch das Wasser.

Echter Baldrian
Valeriana officinalis

50–150 cm	3–6 mm	VI–VIII

M Der aufrechte, hohle, gefurchte Stengel, der bis zu 1,50 m hoch werden kann, trägt mehrere Paare unpaarig gefiederter Laubblätter mit 9–21 lanzettlichen, ganzrandigen bis grobgezähnten Fiedern. Die unteren Blätter sind gestielt, die oberen sitzend. Der trugdoldige Blütenstand hat sehr viele, 3–6 mm große hellrot-lila bis weiße, stark duftende Blüten. Ihr Geruch zieht Katzen an. **V** Baldrian findet man an Waldrändern, in Moorwiesen, an Ufern, in Gräben und auf Hochstaudenfluren. **B** Von alters her ist Baldrian als Heilpflanze bekannt. Auch heute sammelt man v.a. vor der Blüte insbesondere den Wurzelstock, der neben ätherischen Ölen (Geruch!) Alkaloide, Gerbsäure und Polysaccharide enthält. Baldrian wirkt beruhigend, entkrampfend und schlaffördernd. Es gibt in unserer Flora noch mehrere andere Arten dieser Gattung.

Acker-Winde

Convolvulus arvensis

30–60 cm	25–30 mm	V–X

M Die bis ca. 1 m langen, kriechenden und windenden Triebe der Pflanze sind mit pfeil- bis spießförmigen, 3–4 cm langen Blättern besetzt. In den Blattachseln stehen die auffälligen, gestielten rosaroten Blüten. Sie erreichen einen Durchmesser von 30 mm, sind trichterförmig und am Rand nur schwach gelappt. Mehr oder weniger deutlich erkennt man 5 purpurfarbene Streifen. Die Narbe ist 2teilig, der Fruchtknoten und die daraus hervorgehende, kahle Kapsel ist 2fächrig. Am Blütenstiel sitzen 2 fadenförmige Vorblätter. Die Acker-Winde gehört der Familie der Windengewächse an. **V** Die Art gedeiht in Weinbergen, Gärten, an Wegrändern und als Ackerunkraut. **B** Ein Absud der Pflanze wurde früher als Abführmittel verwendet.

Tollkirsche

Atropa belladonna

50–150 cm	25–30 mm	VI–VIII

M Die einzeln stehenden Blüten haben eine glockenförmige Krone mit kurzem, 5lappigem Saum; außen sind sie braunviolett, innen gelbgrün und violett geadert. Zur Fruchtzeit ist der Kelch vergrößert. Die eiförmigen, ganzrandigen Blätter des Nachtschattengewächses laufen in den Blattstiel herab. Die Pflanze ist drüsig behaart. **V** Tollkirschen gedeihen auf Waldlichtungen, Kahlschlägen und an Wegrändern von Laub- und Mischwäldern. **B** Die glänzend schwarzen Beeren sind sehr giftig. Sie enthalten mehrere Alkaloide, u.a. Hyoscyamin und Atropin, die medizinisch bei verschiedenen Anzeigen verwendet werden, u.a. bei Narkosen. Der Artname *»belladonna«* läßt sich angeblich darauf zurückführen, daß früher ein Extrakt der Pflanze zur Pupillenerweiterung ins Auge eingeträufelt wurde und damit der Verschönerung der Frauen diente.

Roter Fingerhut

Digitalis purpurea

40–150 cm	30–50 mm	VI–VIII

M Am Ende des graufilzigen Stengels stehen in einem einseitswendigen, traubigen Blütenstand purpurrote Blüten. Die glockige Blütenkrone hat einen 4spaltigen Saum; innen ist sie mit dunkelroten, weiß umrandeten Flecken gezeichnet. Die Laubblätter sind ei-lanzettlich, gekerbt und unterseits graufilzig; die unteren sind gestielt, oben sitzen sie dem Stengel an. **V** Man findet das Braunwurzgewächs auf Kahlschlägen, an Wegrändern und in Bergwäldern. **B** Wie der gelbblühende Großblütige Fingerhut *(D. grandiflora)* ist auch diese Art durch den Gehalt an *Digitalis*-Glykosiden sehr giftig. Die Pflanze wird v.a. von Hummeln bestäubt, die Samenverbreitung erfolgt durch den Wind. Auf Lichtungen bildet die Pflanze oft große Bestände, die ein hübscher Anblick sind. Recht häufig kommen auch Exemplare mit weißen Blüten vor.

Schuppenwurz
Lathraea squamaria

10–25 cm	10–15 mm	III–IV

M In einer einseitswendigen, nickenden Traube stehen rötliche Blüten. Die Blütenkrone überragt nur knapp den glockenförmigen, 4spaltigen Kelch. Am blaßrosa Stengel des Braunwurzgewächses sitzen schuppenförmige Blätter. **V** Die Schuppenwurz bevorzugt krautreiche Auen- und Schluchtwälder und ist in ihrem Vorkommen an bestimmte Baumarten gebunden. **B** Die parasitische Lebensweise ermöglicht es der Pflanze, ohne Blattgrün und ohne ausgeprägte Laubblätter zu leben. Ihre Nährstoffe entzieht sie den Wurzeln verschiedener Wirtsbäume, wie Erle, Ulme, Buche und Hasel. Die Pflanze entspringt einem schuppigen, kriechenden Wurzelstock, der ein Gewicht von 5 kg erreichen kann.

Weicher Hohlzahn
Galeopsis pubescens

20–60 cm	18–25 mm	VI–X

M Ein wichtiges Kennzeichen bei diesem Lippenblütengewächs sind die nur wenig verdickten Stengelknoten, die weiche Behaarung und langgestielte Drüsen zeigen. Die Blätter sind auf der Oberseite anliegend, unterseits abstehend behaart. Die dunkelrote Blütenkrone besteht aus einer Kronröhre, die mehr als doppelt so lang ist wie der Kelch. Der Schlund ist gelb. An der Basis der Unterlippe erkennt man 2 kegelförmige Ausstülpungen, die der Art den Namen geben. **V** Äcker, Kahlschläge, Gebüsche, Wegränder sind bevorzugte Standorte der Pflanze. Der Boden muß nährstoffreich und lehmig sein. **B** Neben dieser gibt es in unserer Flora noch eine Reihe anderer Hohlzahn-Arten. Bastardbildung zwischen den verschiedenen Arten ist häufig. Alle sind durch den hohlen, zahnförmigen Höcker an der Basis der Unterlippe gekennzeichnet.

Wald-Ziest
Stachys sylvatica

30–100 cm	4–7 mm	VI–IX

M Die beim Zerreiben unangenehm riechende Pflanze gehört zu den Lippenblütengewächsen. Ihre dunkelpurpurnen Blüten stehen jeweils zu 4–10 in Scheinquirlen, die zusammen eine blattlose Scheinähre bilden. Der dicht behaarte Kelch ist halb so lang wie die Blüten. Die gestielten Blätter sind herzförmig, grob und spitz gezähnt und – wie auch der Stengel – abstehend behaart. **V** Die Art wächst in feuchten Laub- und Auenwäldern, an Gewässerufern, an Waldrändern und Waldwegen. **B** Die Pflanze bildet einen kriechenden Wurzelstock (Rhizom). Ihr Lichtanspruch ist äußerst gering, so daß sie selbst in dichtem Unterholz gedeihen kann. Es gibt bei uns in den verschiedenen Lebensräumen eine ganze Reihe von Ziest-Arten. Eine davon, der Heil-Ziest *(Stachys officinalis)* ist seit dem Altertum als Heilpflanze bekannt.

Gefleckte Taubnessel

Lamium maculatum

20-80 cm	20-30 mm	IV-XI

M Im Vergleich zur unten beschriebenen Roten Taubnessel ist das gesamte Erscheinungsbild dieser Art größer und kräftiger. Die Gefleckte Taubnessel erreicht eine Höhe von 80 cm, die ebenfalls purpurfarbenen Blüten werden 30 mm lang. Auffallend ist hier die Fleckung der Blütenunterlippe (Name!) und die Aufwärtskrümmung der Kronröhre, in deren Innern ebenfalls ein Haarring zu erkennen ist. Lang gestielte, bis 8 cm lange Blätter sitzen am spärlich behaarten Stengel. Sie sind eiförmig-3eckig, am Rande gezähnt und spitz zulaufend. **V** Halbschattige Standorte wie Gebüsche und Hecken werden bevorzugt. **B** Die Pflanze wird von verschiedenen Insekten bestäubt; die Samenverbreitung erfolgt durch Ameisen.

Rote Taubnessel

Lamium purpureum

10-30 cm	10-15 mm	III-XI

M Die Blüten dieser unangenehm riechenden Pflanze bilden einen pyramidenförmigen Blütenstand und erreichen eine Länge von 15 mm. Sie sind purpurfarben, die Kronblätter überragen den Kelch um das 2fache. In der Kronröhre ist ein deutlicher, querverlaufender Haarring zu erkennen. Die Tragblätter sind dreieckig-eiförmig und am Rande gekerbt. Die Laubblätter hingegen sind rundlich, aber ebenfalls gekerbt. Beide Blattypen sind weich behaart und oft rötlich überlaufen. Der Blütenbau weist eindeutig auf die Zugehörigkeit zur Familie der Lippenblütler hin. **V** Die Rote Taubnessel findet man in allen Unkrautfluren, an Waldrändern, auf Schuttplätzen, an Wegen, in Gärten und Weinbergen. Die Art liebt nährstoffreiche Lehmböden. **B** Die sehr häufige Pflanze gilt als Stickstoffanzeiger und ist ein typischer Kulturbegleiter.

Gemeiner Dost

Origanum vulgare

30-60 cm	3-5 mm	VII-IX

M Die in lockeren Rispen und Doldenrispen stehenden Blüten duften sehr aromatisch. Die hellpurpurne Blütenkrone besteht aus einer aufrechten, ausgerandeten Oberlippe und einer 3teiligen Unterlippe. Die rundlichen Tragblätter sowie die Kelchzähne sind oft purpurn überlaufen. Die kurz gestielten Blätter sind länglich-eiförmig, ganzrandig oder leicht gezähnt. Die Blattunterseite ist drüsig punktiert. **V** Die Pflanze ist auf Trockenrasen, in Eichen- und Kiefernwäldern, in Hecken und an Böschungen anzutreffen. **B** Der auch als Wilder Majoran bezeichnete Dost wird als Gewürz- und Heilpflanze verwendet. Die ätherischen Öle und Gerbstoffe wirken krampflösend, magenstärkend, hustenstillend und auswurffördernd. Demnach wird die Art bei Luftwegserkrankungen, Verdauungsstörungen und auch bei Harnwegsinfekten eingesetzt.

Feld-Thymian
Thymus pulegioides

5-20 cm	3-6 mm	VI-X

M Die Stengel der 5-20 cm hohen Pflanze sind scharf 4kantig, die Kanten behaart. Die ovalen Blätter sind kahl, allenfalls an der Oberseite leicht behaart. Die purpurnen Blüten stehen in einem kugeligen Quirl beieinander. Der Durchmesser der einzelnen Blütenkrone beträgt max. 6 mm, die oberen Kronzähne sind bewimpert. **V** Man findet diese formenreiche Lippenblütler-Art überwiegend auf Magerwiesen, an Waldrändern und auf Heiden. **B** Die Pflanze wird von Bienen und anderen Insekten bestäubt; die Fruchtverbreitung übernehmen Ameisen. Der aromatische Duft, der beim Zerreiben des Feld-Thymians entsteht, verrät die Art als Würz- und Heilpflanze. Als Küchengewürz wird jedoch vorwiegend eine südeuropäische Art verwendet.

Gemeiner Wasserdost
Eupatorium cannabinum

50-150 cm	0,8-1 cm	VII-IX

M Am rötlichen Stengel stehen bei diesem Korbblütengewächs eine große Zahl gegenständiger Blätter. Sie sind handförmig 3-5teilig mit lanzettlichen, grob gezähnten Lappen. In dichten Schirmrispen stehen die Bütenköpfchen; sie sind 4-6blütig, rosa und haben nur Röhrenblüten. Kennzeichnend ist die weit aus der Blütenkrone herausragende Narbe. **V** Der Gemeine Wasserdost ist an Ufern, in Gräben, auf Kahlschlägen, an Waldrändern und in Auenwäldern anzutreffen. Er gilt als Feuchtigkeitsanzeiger und liebt nährstoffreichen, kalkhaltigen Boden. **B** Die Pflanze wird wegen der Ähnlichkeit der Blätter mit Hanfblättern auch als Wasserhanf bezeichnet. Sie wird v.a. von Tagfaltern bestäubt, die man meist in großer Zahl auf den Blüten findet. Verschiedene Inhaltsstoffe, unter anderen ein Bitterstoff, machen die Art zu einer begehrten Heilpflanze.

Gemeine Pestwurz
Petasites hybridus

30-120 cm	0,4-1,2 cm	III-V

M Die ausdauernde Pflanze entspringt einem walzlichen Wurzelstock und bildet bis 1,50 m lange Ausläufer. Ihre grundständigen Blätter werden bis 1 m lang und 60 cm breit! Sie sind nierenförmig, haben abgerundete basale Lappen und einen gezähnten Rand. Vor den Blättern erscheinen im Frühjahr die traubigen, eiförmigen Blütenstände. Sie bestehen aus sehr vielen, rötlichweißen Teilblütenständen, die ausschließlich Röhrenblüten haben. Die männlichen Blütenköpfe sind doppelt so groß wie die weiblichen. **V** Die Art gedeiht in nassen Wiesen, am Ufer schnell fließender Gebirgsbäche, in feuchten Wäldern und Schluchten. Der Boden muß steinig und kalkhaltig sein. **B** Früher wurde die Pflanze als Heilmittel gegen die Pest verwendet (Name!). Die Bestäubung erfolgt durch Bienen, die Samenverbreitung durch den Wind.

Filzige Klette
Arctium tomentosum

50–120 cm	1,5–3 cm	VII–IX

M Dieses Korbblütengewächs trägt kugelige, dicht spinnwebig behaarte Blütenköpfe, die rispig angeordnet sind. Die äußeren Hüllblätter haben eine hakenförmige Spitze, die inneren Hüllblätter hingegen sind stumpflich mit kurzer, gerader Stachelspitze; die äußeren Hüllblätter sind grün, die inneren dagegen rötlich überlaufen. Die Blütenstände bestehen nur aus purpurnen Scheibenblüten. Die ei-herzförmigen Blätter sind gestielt, unterseits weißwollig. **V** Unkrautbestände an Wegrändern, auf Schuttplätzen und an Ufern sind bevorzugte Standorte der Pflanze. **B** Die Fruchtverbreitung erfolgt durch Tiere, da die »Kletten« sich im Fell festhaken. Die Pflanze bildet Bastarde mit anderen Klettenarten.

Gemeine Kratzdistel
Cirsium vulgare

60–180 cm	2–4 cm	VII–IX

M Die stacheligen Ausläufer der Blattfiedern können bei unachtsamer Berührung beeindruckend stechen. Im Gegensatz zur unten beschriebenen Acker-Kratzdistel laufen die tief fiederteiligen Blätter am Stengel herab. Ihre Unterseite ist weißfilzig. Die 40–80 mm langen und 20–40 mm breiten, violetten Blütenköpfe stehen meist paarweise oder in 3er-Gruppen. Auffallend ist die eiförmige, meist kahle, selten leicht wollhaarige Hülle des Blütenköpfchens. **V** Die Art bevorzugt offene, besonnte Standorte in verschiedenen Unkrautgesellschaften an Wegen und auf Schuttplätzen. **B** Die Gemeine Kratzdistel gilt aufgrund ihres hohen Nährstoffbedarfs als Stickstoffzeigerpflanze. Meist findet man auf den Blütenköpfchen zahlreiche Hummeln und Käfer, die die Bestäubung übernehmen. Daneben kommt Selbstbestäubung als Alternative vor.

Acker-Kratzdistel
Cirsium arvense

50–150 cm	1–2 cm	VII–IX

M Mit einer Maximalhöhe von 150 cm gehört dieser Korbblütler zu den mächtigsten »Unkräutern« unserer Flora. Die stark verzweigten Stengel tragen lanzettliche oder elliptische Blätter, die buchtig gezähnt sind und nicht am Stengel herablaufen. Der Blattrand ist stachelig, die Oberfläche glänzt, die Blattunterseite ist graugrün. Zahlreiche violette Blütenkörbchen sitzen an den Zweigenden. Sie werden 15–30 mm lang, 10–20 mm breit und sind von enganliegenden, purpurfarbenen und zugespitzten Hüllblättern eingefaßt. Eine spinnwebige Behaarung kennzeichnet die gesamte Korbhülle. **V** Wegränder, Schuttplätze, Ufer und Äcker sind die Standorte dieser Art. **B** Die Pionierpflanze ist durch sehr tiefreichende Wurzeln (bis 3 m!) gekennzeichnet. Wie die Gemeine Kratzdistel bevorzugt auch diese Art stickstoffreiche Lehmböden.

Türkenbund-Lilie
Lilium martagon

30–120 cm	30–50 mm	VI–VIII

M Die in einer lockeren Traube hängenden Blüten sind fleischrot und dunkel gefleckt. Ihre 6 dicken Blütenblätter sind stets zurückgerollt; Griffel und Staubblätter ragen weit aus dem Blütenzentrum heraus. Die ei-lanzettlichen Blätter des Liliengewächses bilden 3–10blättrige Quirle, im oberen Stengelbereich stehen sie wechselständig. **V** Der Türkenbund ist in Laub- und Nadelmischwäldern, auf Bergwiesen und Hochstaudenfluren anzutreffen. **B** Die Pflanze entspringt einer Zwiebel. Die Blüten dieser Art sind v.a. bei Rehen als Leckerbissen sehr begehrt, so daß häufig stark verbissene Blütenstände angetroffen werden. Verschiedene Insekten, v.a. bestimmte Schmetterlinge, übernehmen die Bestäubung der Blüten.

Schachblume
Fritillaria meleagris

G	15–30 cm	30–40 mm	IV–V

M Der Name leitet sich von der schachbrettartigen Musterung der Blütenblätter ab. Die Gesamtfärbung der nickenden Blüte variiert von purpurrot bis purpurbraun; die stumpfen Blütenblätter sind an der Spitze umgebogen. Meist stehen die Blüten einzeln, selten zu 2–3. Die 4–5 Laubblätter sind graugrün, linealisch und rinnig. Sie werden nur 5 mm breit. **V** Das Liliengewächs gedeiht v.a. in feuchten Wiesen und in bodennassen Auenwäldern mit nährstoffreichen Böden. **B** Die Pflanze enthält giftige Alkaloide, die sich v.a. in der kugeligen Zwiebel konzentrieren. Am Blütengrund befinden sich Nektardrüsen, die v.a. Bienen als Bestäuber anlocken. Aufgrund ihres bevorzugten Gedeihens an feuchten Standorten gilt die Art als sog. Nässezeiger. Die Schachblume ist bei uns bereits sehr selten geworden und gehört deshalb zu den stark gefährdeten Pflanzen.

Rotes Waldvögelein
Cephalanthera rubra

20–50 cm	15–20 mm	V–VII

M In einer lockeren Ähre stehen bei diesem Knabenkrautgewächs die rosa und purpurnen Blüten. Die spitzen Blütenblätter neigen sich glockenförmig zusammen und verbergen dabei die spitze Lippe. Diese hat am Vorderglied einen rötlichen Rand, ihre Spitze ist meist violett; gelbliche gekräuselte Längsleisten bilden ein weiteres Kennzeichen der Lippe. Spitze, ei-lanzettliche Blätter stehen am oberwärts dicht drüsenhaarigen Stengel. Die Pflanze entspringt einem verzweigten Rhizom. **V** Die Art ist in verschiedenen lichten Laubwäldern, aber auch in Fichten- und Kiefernwäldern zu finden. Der Boden muß kalkig-lehmig sein. **B** Die Orchidee begnügt sich mit einem relativ knappen Lichtangebot. Sie wird v.a. von Bienen, aber auch von anderen Insekten bestäubt. Neben dieser Art gibt es bei uns noch das Weiße (S. 108) und das Schwertblättrige Waldvögelein.

Große Händelwurz

Gymnadenia conopsea

20-60 cm	10-15 mm	VI-VIII

M Die Pflanze wird bis 70 cm hoch, dabei kann die reichblütige Ähre 10 cm der Gesamtlänge einnehmen. Die rosa bis violetten Einzelblüten duften schwach. Auffallend ist bei dieser Art der sehr lange, spitze, nach unten gebogene Sporn, der fast 2mal so lang wie der Fruchtknoten ist. Die seitlichen Blütenhüllblätter sind oval, die 3lappige Lippe verbreitert sich zur Spitze hin. Die Blätter werden bis 15 cm lang und sind lanzettlich. V In Mitteleuropa dürfte dies die häufigste Orchideen-Art sein, gedeiht sie doch sowohl auf trockenem Kalkmagerrasen als auch an feuchten Standorten, wie Moorwiesen. B Den Namen verdankt die Pflanze ihren handförmig gelappten Wurzelknollen. Die Blütenbestäubung erfolgt durch Tagschmetterlinge.

Fliegen-Ragwurz

Ophrys insectifera

G	15-40 cm	10-15 mm	IV-VI

M Der Name dieser Orchidee leitet sich von der Fliegenähnlichkeit der Blüten ab. 2–10 Blüten bilden einen Blütenstand; die Einzelblüte ist bis 2 cm lang. Die 3spaltige Lippe ist braunrot, ihr Mittelzipfel 2lappig. In ihrem Zentrum fällt ein 4eckiger, blaugrauer Fleck auf. Die inneren Blütenhüllblätter sind fadenförmig (Insektenfühler!), die äußeren 3 Blütenblätter sind oval und grünlich. Am Stengel sitzen lanzettliche Blätter. V Die Art ist auf sonnigen, kalkhaltigen Magerrasen zu finden. B Die Blüten imitieren ♀ Insekten und werden demzufolge von ♂ angeflogen, die bei ihren Begattungsversuchen für die Bestäubung sorgen. Aus diesem Grunde produzieren die Blüten Duftstoffe, die den Sexuallockstoffen der ♀ sehr ähnlich sind. Der in diesem Fall funktionierende Bestäubungsmechanismus gilt als beeindruckende Symbiose zwischen Pflanze und Tier.

Breitblättr. Knabenkraut

Dactylorhiza majalis

G	15-60 cm	10-15 mm	V-VI

M Die 5–10 cm langen, meist gefleckten Blätter sind lanzettlich und in der Mitte am breitesten. Die Blütenähre ist reichblütig, die Tragblätter sind länger als die purpurroten bis lila Blüten. Eine Dreilappung der Lippe ist meist deutlich ausgeprägt; die Seitenlappen sind herabgeschlagen. Kennzeichnend ist auch die purpurne Linienzeichnung der Lippe. V Typische Standorte sind Gräben, Flachmoore und feuchte Wiesen. B Sehr häufig teilt sich dieses Knabenkrautgewächs den Standort mit dem Fleischroten Knabenkraut. Da sich die Blütezeiten überschneiden, sind Bastarde üblich. Die meisten Knabenkräuter sind recht empfindlich bezüglich eines großen Stickstoffgehalts des Bodens, was ihre bevorzugte Verbreitung auf nährstoffarmen Böden erklärt. Diese Art zeigt allerdings wenig Empfindlichkeit und toleriert auch höhere Stickstoffgehalte.

Kleines Knabenkraut
Orchis morio

G

8–30 cm	12–20 mm	IV–VII

M Der gesamte Blütenstand der hellrosa bis dunkelvioletten Orchidee erscheint sehr kurz und kompakt. Alle Perigonblätter neigen sich helmförmig zusammen; die 3lappige Lippe kennzeichnen sehr breite, abgerundete Seitenlappen. Der Mittellappen ist meist rot gepunktet oder gefleckt. Ein keulig-verdickter Sporn steht horizontal ab oder ragt leicht aufwärts. Am kantigen Stengel stehen ungefleckte, breit- bis länglich-lanzettliche Blätter. **V** Dieses Knabenkraut ist in trockenen und feuchten, aber nährstoffarmen Wiesen zu finden. **B** Die Art heißt auch Salep-Knabenkraut; der Name bezieht sich dabei auf die in den Wurzelknollen enthaltene Droge. Die Pflanze ist die im Jahresablauf am frühesten blühende Orchidee.

Helm-Knabenkraut
Orchis militaris

G

20–50 cm	12–20 mm	V–VI

M Der hier besonders deutlich ausgeprägte »Helm« der Blüte ist außen blaßrosa und von länglich-eiförmiger Gestalt. Die purpurne Lippe ist in der Mitte weißlich und violett bis dunkelrot punktiert. Ihr Mittellappen ist doppelt so breit wie die Seitenzipfel, vorne stark verbreitert und tief geteilt. Anfangs ist der Blütenstand dieser Orchidee pyramidenförmig, später langgestreckt und sehr lockerblütig. Die elliptischen Laubblätter laufen an der Spitze zusammen. **V** Man findet die Art an Hängen, Waldrändern und auf anderen Magerrasenstandorten. Die Pflanze gilt als Kalkanzeiger, d.h. der Standort besteht aus sehr kalkhaltigem Boden. **B** Wie beim oben beschriebenen Kleinen Knabenkraut sind auch hier in der Wurzelknolle Schleimstoffe enthalten, die naturheilkundlich angewendet wurden. Da die Art geschützt ist, darf sie aber auf keinen Fall gesammelt werden.

Brand-Knabenkraut
Orchis ustulata

G

20–30 cm	8–10 mm	V–VI

M Die obersten Blüten der Blütenähre sind vor dem Öffnen dunkel gefärbt und geben dem Blütenstand ein »angebranntes« Aussehen. Jede Blüte besteht aus dunkelpurpurnen und etwas helleren Blütenhüllblättern, die sich helmartig zusammenneigen, und einer 3lappigen Lippe. Letztere ist weiß, rot gepunktet; der Mittellappen teilt sich unten in 2 Zipfel. Der sehr kurze Sporn ist abwärts gerichtet. Innerhalb der Gattung *Orchis* sind die Blüten bei dieser Art am kleinsten. Die länglich-lanzettlichen Blätter sind ungefleckt und gekielt. **V** Die Orchidee tritt auf Trockenrasen und Bergwiesen mit kalkhaltigen Böden auf. **B** Die Blüten duften angenehm nach Honig und locken damit Tagfalter zur Bestäubung an. In klimatisch günstigen Jahren bringt die Pflanze in tieferen Lagen noch eine zweite Blüte. Die Art gilt als stark gefährdet und tritt nur noch sehr zerstreut auf.

Gewöhnl. Kuhschelle
Pulsatilla vulgaris

G

5–10 cm	40–50 mm	III–V

M Die 4–5 cm langen Blüten sind bei diesem Hahnenfußgewächs nicht in Kelch- und Kronblätter unterteilt. 6 violette, an der Rückseite zottig behaarte Blütenblätter umgeben die leuchtend gelben Staubblätter. Letztere werden ca. halb so lang wie die Blütenblätter. Am zottig weißhaarigen Stengel sitzen unterhalb der Blüte 3 Hochblätter, die die Blüte umhüllen. Die nach der Blüte erscheinenden Grundblätter sind 2- bis 3fach gefiedert. V Die Art wächst auf sonnigen und kalkhaltigen Trockenrasen. B Nach der Befruchtung kommt es bei der Fruchtbildung zu einer starken Verlängerung des Blütenstengels; am Ende bildet sich der zottige Fruchtstand. Extrakte der Pflanze werden naturheilkundlich verwendet.

Zaun-Wicke
Vicia sepium

30–60 cm	12–15 mm	V–VIII

M Mit Hilfe ihrer Ranken ist diese Art in der Lage, an anderen Pflanzen emporzuklettern, der Stengel steht aber häufig auch selbständig aufrecht. Die Zaun-Wicke gehört zu den Schmetterlingsblütlern, wird ca. 50 cm hoch und hat bräunlich-violette Blüten. Diese stehen zu 2–5 in Trauben. Die Einzelblüte wird 15 mm lang und hat ungleich lange Kelchzähne. Die Blätter sind in 8–14 eiförmige Fiederblättchen unterteilt und laufen an der Spitze in einer geteilten Ranke aus. V Man findet die Pflanze auf Wiesen, in Gebüschen und an lichten Waldstandorten. B Auf der Unterseite der Nebenblätter trägt die Zaun-Wicke sog. Nebenblattnektarien, die einen bei Ameisen begehrten Nektar ausscheiden. Man findet auf der Pflanze deshalb in der Regel immer Ameisen. Die verwandte Futter-Wicke wird als eiweißreiche Futterpflanze angebaut.

Vogel-Wicke
Vicia cracca

20–150 cm	8–12 mm	VI–VIII

M Wie die oben beschriebene Zaun-Wicke klettert auch diese Art mit Hilfe der an den Blattspitzen sitzenden, verzweigten Blattranken an anderen Pflanzen empor. Sie wird bis 1,50 m hoch und gehört zu den Schmetterlingsblütlern. Die blauvioletten Blüten werden 8–12 mm lang und stehen in einer 10–30blütigen Traube. Dabei ist das Tragblatt des Blütenstandes etwa so lang wie die Traube. Am kantigen Stengel sitzen gefiederte Blätter, die sich aus 15–20 lanzettlichen, 2–6 mm breiten Teilblättchen zusammensetzen. V Die Vogel-Wicke ist sehr verbreitet, man findet sie auf Wiesen, in Gebüschen, an Waldrändern und als Ackerunkraut. B Die Pflanze ist eine beliebte Bienenweide. Sie gilt als sehr alter Kulturbegleiter und bevorzugt etwas stickstoffhaltigen, lehmigen Boden. Die Samen werden durch einen Schleudermechanismus verbreitet.

Frühlings-Platterbse
Lathyrus vernus

20–40 cm	15–20 mm	IV–V

M In den 3–8blütigen Trauben des Schmetterlingsblütlers sind meist verschieden gefärbte Blüten zu finden, da diese altersabhängig ihre Farbe ändern: Anfangs sind sie rot-, später blauviolett bis grünblau. Am aufrechten, unverzweigten Stengel stehen 4–6fiedrige Blätter mit breit-eiförmigen, lang zugespitzten Fiederblättchen. **V** Man findet die Art in Laub(Buchen)- und Nadelmischwäldern. Sie ist bei uns noch sehr verbreitet. **B** Der oben beschriebene Farbwechsel der Blüte hängt mit dem Stoffwechsel der Pflanze zusammen. Der Blütenfarbstoff hat Indikatoreigenschaft, d.h. er wechselt seine Farbe in Abhängigkeit vom Säuregrad des Zellsaftes. Der Name der Pflanze bezieht sich auf die abgeplatteten Samen.

Wiesen-Storchschnabel
Geranium pratense

20–60 cm	20–40 mm	V–VIII

M Die storchschnabelähnlichen Früchte, die bei dieser Art nach dem Verblühen nach unten gebogen sind, haben der Familie der Storchschnabelgewächse den Namen gegeben. Einer der häufigsten Vertreter dieser Familie ist der blauviolett blühende Wiesen-Storchschnabel. Die Blüten stehen meist paarweise, wobei die Einzelblüte 2–4 cm groß wird. Der aufrechte Stengel ist im oberen Bereich drüsig behaart und mit meist 7lappigen, doppelt fiederspaltigen Blättern besetzt. Der Blattrand ist lanzettlich bezahnt. **V** Der Wiesen-Storchschnabel gedeiht auf allen Wiesentypen, an Wegrändern und in Gräben. **B** Die Bestäubung erfolgt durch Bienen; nach der Bestäubung krümmen sich die Blütenstiele abwärts. Die Samen werden durch einen Schleudermechanismus verbreitet. Der hohe Nährstoffbedarf macht die Pflanze zu einem typischen Nährstoffzeiger.

Seidelbast
Daphne mezereum

40–120 cm	10–14 mm	II–V

M Bereits lange vor dem Laubaustrieb erscheinen die stark duftenden, zwittrigen Blüten der sehr giftigen Pflanze. Sie werden bereits im Vorjahr angelegt und überwintern. Meist sitzen die rosa Blüten zu dritt an vorjährigen Zweigen. Eine Krone fehlt. Die 4–10 mm lange Kelchröhre ist außen schwach anliegend behaart, die 5 mm langen, ausgebreiteten Kelchzipfel, die den Eindruck einer »Blüte« erwecken, sind stumpf-3eckig. Von den 8 Staubblättern, die der Kelchröhre in 2 Kreisen entspringen, sind nur die oberen sichtbar. Die 4–9 cm langen Blätter sind am Grund keilförmig verschmälert und stehen an den Zweigspitzen. **V** Man findet die Art in allen Waldtypen auf nährstoffreichen, kalkigen Böden. Sie kommt nur sehr zerstreut vor. **B** Bestäuber sind langrüsselige Insekten, z.B. Schmetterlinge; die Früchte werden von Vögeln verbreitet.

Wohlriechendes Veilchen

Viola odorata

5-10 cm	15 mm	III-V

[M] Die Blüten dieses Veilchengewächses sind dunkelviolett, gerade gespornt und stark duftend. Die herzförmigen Blätter bilden eine grundständige Rosette, sind fein behaart und glänzen an der Unterseite. Die Nebenblätter sind 4–5 mm breit, eiförmig zugespitzt und meist ganzrandig. Die Pflanze bildet oberirdische Ausläufer. [V] Das Wohlriechende Veilchen kommt bevorzugt an Waldrändern von Laub- und Nadelmischwäldern, an Bachufern und in Obstgärten vor. [B] Die duftenden Inhaltstoffe werden in der Parfümindustrie verwendet. Daneben hat die Art aber auch als Heilpflanze bei Bronchialerkrankungen einen gewissen Stellenwert. Im Altertum hatte die Pflanze schon immer eine kultische Bedeutung.

Wald-Veilchen

Viola reichenbachiana

10-30 cm	12-15 mm	IV-VI

[M] Die rötlich-violetten Blüten sind mit einem 5–6 mm langen, nach abwärts gebogenen, dunkelvioletten Sporn versehen. Die Kronblätter überdecken sich nicht. Die Grundblätter sind herzeiförmig, oberseits zerstreut behaart, unterseits meist violett; die Nebenblätter sind schmal lanzettlich und lang gefranst. [V] Das Wald-Veilchen ist in Laub- und Nadelmischwäldern anzutreffen. [B] Die Gattung *Viola* ist äußerst artenreich und neigt stark zur Bastardbildung. Der für die bestäubenden Insekten produzierte Nektar wird von einem Staubblattanhängsel in den Sporn hinein abgegeben. Neben Insektenbestäubung kommt auch Selbstbestäubung vor. Die Samen tragen ein fett- und eiweißreiches Anhängsel, das bei Ameisen sehr begehrt ist. Sie sammeln die Samen deshalb und sorgen so für die Verbreitung dieser und anderer Veilchen-Arten.

Gemeines Heidekraut

Calluna vulgaris

20-50 cm	3-5 mm	VII-X

[M] Der allbekannte Zwergstrauch hat lineal-lanzettliche Blätter, die lediglich 1–3 mm lang werden und in 4 Zeilen am Sproß angeordnet sind. Die Blüten des Heidekrautgewächses sind hellviolett und stehen in einseitswendigen Trauben. Sie sind kurz gestielt, nickend mit grünem Außenkelch. 4 freie Kelchblätter und 4 verwachsene Kronblätter bilden die Blütenkrone. Sie umhüllen 8 Staubblätter mit charakteristisch gehörnten Staubbeuteln. [V] Das Gemeine Heidekraut findet man auf Heiden, in Laub- und Mischwäldern, an Wegrainen und in Mooren. Der Boden muß allerdings nährstoffarm, sandig und sauer sein. [B] An seinen Standorten kommt das Heidekraut meist in größeren Beständen vor und bildet eine ausgezeichnete Bienenweide. Als Heilpflanze hatte es schon immer eine gewisse Bedeutung bei Gicht, Rheuma und Gallenleiden.

Acker-Witwenblume

Knautia arvensis

30–100 cm	20–40 mm	V–X

M Der Stengel dieser Art ist meist verzweigt und im unteren Bereich abstehend behaart. Die blauvioletten Blütenköpfe erreichen einen Durchmesser von 2–4 cm, ihre Randblüten sind immer deutlich vergrößert und der Blütenkopfboden hat keine Spreublätter. Die Stengelblätter sitzen gegenständig und sind meist fiederspaltig und graugrün, die Grundblätter dagegen meist lanzettlich und gestielt. V Dieses Kardengewächs gehört mit zu den häufigsten Blumen auf unseren Wiesen und Äckern sowie an Weg- und Waldrändern. Kalkhaltige Böden werden bevorzugt. B Die Pflanze enthält Gerb- und Bitterstoffe und gilt deshalb als Heilpflanze. Sie wird von Bienen und Schmetterlingen bestäubt; die Samenverbreitung erfolgt durch Ameisen.

Echtes Lungenkraut

Pulmonaria officinalis

15–30 cm	10 mm	III–V

M Die anfangs roten, später blauen Blüten stehen in einem steifhaarigen, dichten Blütenstand. Die mit 5 Haarbüscheln versehene Blütenkrone überragt den zipfeligen Kelch deutlich. Die herz-eiförmigen Grundblätter sind oft weiß gefleckt und verschmälern sich plötzlich in den Stiel; die Stengelblätter sind oval und stengelumfassend. V Man findet das Rauhblattgewächs in feuchteren Laubmischwäldern, an Waldrändern und in Gebüschen. B Die Pflanze wird zur Wundbehandlung und bei Lungenerkrankungen (Name!) verwendet. Der Farbwechsel der Blüte beruht auf denselben Grundlagen wie bei der Frühlings-Platterbse (S. 172). Bienen und Hummeln sorgen für die Bestäubung der Blüten, die Fruchtverbreitung erfolgt durch Ameisen. Die Pflanze kommt bei uns in 2 Unterarten vor, die sich v. a. im Bau der Grundblätter unterscheiden.

Gemeiner Beinwell

Symphytum officinale

30–100 cm	12–18 mm	V–IX

M Das Rauhblattgewächs entspringt einer dicken, fleischigen Pfahlwurzel, die eine Länge von 30 cm erreichen kann. Der aufrechte, hohle Stengel ist steif behaart und durch die weit herablaufenden Blätter geflügelt. Wie der Stengel sind auch die lanzettlichen Blätter rauhborstig; sie erreichen eine Länge von 25 cm. Die rotvioletten oder gelblichweißen Blüten stehen in Doppelwickeln. Sie sind glockig und haben auffallende, lange Schlundschuppen. V Der Gemeine Beinwell ist auf feuchten Wiesen, an Ufern, in Gräben, Auwäldern, auf Schuttplätzen und an Wegen zu finden. Er bevorzugt nasse, stickstoffhaltige Böden. B Man führt den Namen der Pflanze auf die frühere Verwendung bei Knochenbrüchen zurück. Auch bei Magenbeschwerden, Grippe und Bronchitis wurde die Pflanze erfolgreich angewendet. Sie enthält Alkaloide, Gerb- und Schleimstoffe.

Gundermann
Glechoma hederacea

15-60 cm	10-20 mm	III-VI

[M] Am niederliegenden Stengel dieser auch als Gundelrebe bezeichneten Pflanze stehen rundlich-nierenförmige bis herzförmige Blätter mit gekerbtem Blattrand. Auf der Oberseite glänzen sie, unterseits sind sie oft mattrötlich. An den Stengelknoten sind Wurzeln ausgebildet. In den Blattachseln entspringen 2-3blütige Halbquirle. Die Blüten sind blauviolett; ihre Unterlippe ist 3lappig mit vergrößertem Mittellappen, die Oberlippe ist gerade und vorn ausgerandet. Staubblätter und Griffel überragen die Kronröhre. [V] Das Lippenblütengewächs gedeiht auf Wiesen, Weiden, in feuchten Laub- und Auenwäldern, an Mauern und Ufern. [B] Die Pflanze wurde früher zur Wundheilung und als Hustenmittel verwendet.

Kleine Braunelle
Prunella vulgaris

10-30 cm	8-15 mm	VI-IX

[M] Die Pflanze gehört zur Familie der Lippenblütler und erreicht 10-30 cm Höhe. Die 8-15 mm langen, blauvioletten Blüten bilden einen ährenartigen Blütenstand. Die helmähnliche Oberlippe hat 3 kurze, stachelspitze Zähne, dabei ist der mittlere Zahn breiter als die seitlichen. Der Kelch ist 2lippig und halb so lang wie die Blüte. Die gekreuzt-gegenständig stehenden Blätter sind länglich-eiförmig und - wie der Stengel - schwach behaart. Oberirdische Ausläufer dienen der Verbreitung dieser Art. [V] Die Kleine Braunelle ist auf allen Wiesentypen, auf Weiden, an Wegrändern und in Wäldern häufig anzutreffen. [B] Die Fruchtverbreitung erfolgt hier durch einen Schleudermechanismus, der durch Regentropfen ausgelöst wird. Man nennt solche Pflanzen Regenballisten. Die Art enthält Gerbstoffe, ätherische Öle und Bitterstoffe und gilt deshalb als Heilpflanze.

Acker-Minze
Mentha arvensis

10-45 cm	5-8 mm	VI-X

[M] Der 4kantige Stengel ist bei diesem Lippenblütengewächs niederliegend bis aufsteigend. Er trägt in kreuz-gegenständiger Anordnung eiförmige bis elliptische Blätter mit schwach gesägtem bis gekerbtem Rand. Die Blüten stehen in blattachselständigen Scheinquirlen. Die lila Blütenkrone ist von einem glockigen Kelch umgeben; die 5 Kelchzähne sind 3eckig-eiförmig und nie länger als breit. Endständige Blüten sind nie vorhanden, der Stengel endet immer in einem Blattbüschel. [V] Die Acker-Minze ist auf feuchten Äckern, in Naßwiesen, Gräben, am Ufer und im Röhricht verschiedener Gewässer anzutreffen. Sie bevorzugt feuchten, stickstoffhaltigen Boden und gilt deshalb auch als Vernässungsanzeiger. [B] Der aromatische Geruch beim Zerreiben der Pflanze verrät den hohen Gehalt an ätherischen Ölen. Die Bestäubung erfolgt durch Insekten.

Wiesen-Glockenblume

Campanula patula

20-60 cm	15-25 mm	V-VIII

[M] Die lila Blüten der 20-60 cm hohen Pflanze stehen in einer lockeren Rispe und werden 15-25 mm lang. Die Blütenkronzipfel sind bis zur Hälfte der nickenden Blüte aufgespalten. Die Kelchzipfel sind spitz lanzettlich. Man unterscheidet kurzgestielte, länglich-eiförmige, am Rand gekerbte Grundblätter und lanzettliche Stengelblätter. [V] Man findet die Wiesen-Glockenblume in erster Linie auf Fettwiesen mit feuchtem, lehmigem oder auch sandigem Boden. Sind ihre Bodenansprüche erfüllt, kommt sie sehr häufig vor. [B] Das Lichtbedürfnis der Pflanze ist recht groß. Zur Verhinderung einer Selbstbestäubung reifen zunächst die Pollen, dann die Samenanlagen. Die Bestäubung erfolgt in erster Linie durch Bienen.

Wiesen-Flockenblume

Centaurea jacea

20-80 cm	2-6 cm	VI-X

[M] Die Wiesen-Flockenblume gehört zu den Korbblütlern, die erst im Spätsommer auf unseren Wiesen erscheinen. Die Pflanze wird 20-80 cm hoch, hat gestielte, ausgebuchtete, oftmals gefiederte Grundblätter und sitzende, lanzettliche Stengelblätter. Die Blütenköpfe werden 2-6 cm breit und bestehen ausschließlich aus Röhrenblüten, wobei die Randblüten immer vergrößert sind. Die Anhängsel der Hüllblätter sind bräunlich, trockenhäutig und vom übrigen Hüllblatt deutlich abgeschnürt. Der Stengel ist kantig, rauh und nur im oberen Bereich verzweigt. [V] Die Art gedeiht auf Wiesen, Magerrasen, an Wegen und auf Moorwiesen. [B] Als Besonderheit tritt eine Staubblattbewegung auf, die durch Berührung auslösbar ist. Der Sinn ist ein Auspressen des Pollens nach Berührung durch Insekten, so daß die Pollenkörner am Körper der Insekten abgestreift werden.

Herbstzeitlose

Colchicum autumnale

2-20 cm	40-60 mm	VIII-XI

[M] Blüten und Blätter können bei diesem eigenartigen Liliengewächs nur zu verschiedenen Jahreszeiten betrachtet werden. Die Blüten erscheinen von August bis November. Sie bestehen aus 6 blaßvioletten Blütenblättern, die unten zu einer bis 20 cm langen Röhre verwachsen sind. Aus dieser ragen 3 Griffel und 6 Staubblätter. Aufgrund der extremen Länge der Griffel benötigen die Pollenschläuche mehrere Wochen, bis sie zum unter der Erde liegenden Fruchtknoten gewachsen sind und die Befruchtung vollzogen wird. Die breitlanzettlichen Blätter und die Fruchtkapsel erscheinen erst im Frühjahr. [V] Als Standort bevorzugt diese Giftpflanze Feuchtwiesen und Auenwälder. [B] Vor allem in der Knolle, aber auch in den übrigen Pflanzenteilen, ist das hochgiftige Colchizin enthalten. Es ist ein Zellteilungsgift, welches in der gärtnerischen Züchtung verwendet wird.

Gewöhnliche Akelei

Aquilegia vulgaris

30–80 cm	30–50 mm	V–VII

M Die blaue (selten rötliche oder weiße) Blütenkrone besteht aus blumenblattartig entwickelten Nektarblättern mit bogigen Spornen. Aus dem Blütenzentrum ragen die zahlreichen gelben Staubblätter etwas hervor. Die grundständigen blaugrünen Blätter des Hahnenfußgewächses sind doppelt 3teilig, die oberen Stengelblätter 3lappig und sitzend. V Die Pflanze wächst in lichten Laubwäldern, Gebüschen, an Waldrändern und auf Trokkenrasen. B Im spornartigen Auswuchs der Nektarblätter verbirgt sich Nektar, der v.a. von langrüsseligen Hummeln erreicht wird, die damit für die Bestäubung der Pflanze sorgen. Von kurzrüsseligen Hummeln und Bienen wird der Sporn oft von außen angebissen, um an den Nektar zu gelangen.

Acker-Rittersporn

Consolida regalis

15–50 cm	15–20 mm	V–VIII

M Die schönen dunkelblauen Blüten mit ihrem charakteristischen, bis 25 mm langen Sporn stehen in lockeren Trauben. Letzterer entsteht als Verwachsung zweier innerer Blütenhüllblätter. Die linealischen Hochblätter sind kürzer als die Blütenstiele. Der ca. 50 cm hohe Stengel ist meist nur oben verzweigt; schmale, 3zählige Blätter mit 2–3zählig geteilten Blättchen setzen an ihm an. Die Pflanze gehört zu den Hahnenfußgewächsen. V Seine speziellen Bodenansprüche machen den Acker-Rittersporn regional zu einem häufigen Ackerunkraut, stellenweise fehlt die Pflanze aber auch vollständig. Bei kalkhaltigem Boden findet man die Art auch auf Schuttplätzen und an Wegrändern. B Die Pflanze wird von Hummeln und Tagfaltern bestäubt. Sie enthält Alkaloide und wurde früher zu Heilzwecken bei Wunden verwendet.

Leberblümchen

Hepatica nobilis

5–15 cm	15–30 mm	III–IV

M Die grundständigen Blätter des Hahnenfußgewächses sind langstielig, 3lappig, oben dunkelgrün und unterseits meist rotbraun oder purpurn. Sie erscheinen nach der Blüte und überwintern. Die tiefblauen Blüten (selten rosa oder weiß) haben 6–9 Kronblätter und sind ebenfalls lang gestielt; unterhalb der Blütenkrone bilden 3 Hochblätter einen Scheinkelch. V Leberblümchen kommen meist in größeren Beständen in Buchen-, Eichen- und Nadelmischwäldern vor. Sie bevorzugen kalkige Böden. B Der Name dieses Frühblühers leitet sich von seiner heilkundlichen Verwendung ab. Das getrocknete Kraut wird als Heilmittel bei Leber- und Gallenleiden verwendet. Insekten bestäuben die Pflanze. Ameisen verbreiten die Samen, da sie durch ein Anhängsel am Samen, das Elaiosom, angelockt werden. Diese Samenverbreitung nennt man Myrmekochorie.

Saat-Luzerne
Medicago sativa

20–80 cm	8–12 mm	VI–IX

M Die aufrechte, fast kahle Pflanze trägt 3zählige Blätter mit an der Spitze gezähnten und stachelspitzen Fiederblättchen. In kopfigen Trauben stehen die blauen oder violetten Blüten dieses Schmetterlingsblütengewächses. Als Frucht entwickelt sich eine 2–3mal locker gewundene Hülse. **V** Die Saat-Luzerne findet sich auf Magerrasen, an Wegrändern, Böschungen und anderen nährstoffarmen Standorten. Sehr häufig wird die Art als Futterpflanze angebaut. **B** Der hohe Nährstoffgehalt, v.a. der Eiweißgehalt, läßt sich auf die Fähigkeit der Schmetterlingsblütler zur Stickstoffanreicherung zurückführen. Mit Hilfe symbiontischer Stickstoffbakterien in sog. Wurzelknöllchen kann der Luftstickstoff gebunden werden.

Kleines Immergrün
Vinca minor

15–20 cm	25–30 mm	IV–V

M An den kriechenden Stengeln dieser Pflanze stehen immergrüne, lanzettliche und ledrig wirkende Blätter. Die hellblauen Blüten des Hundsgiftgewächses entspringen den Blattachseln. Sie sind gestielt, haben einen oberständigen Fruchtknoten und eine 5zählige, stieltellerförmige Krone. **V** Man findet die Pflanze v.a. in krautreichen Laubwäldern und in Gebüschen. **B** Kennzeichnend für die Familie der Hundsgiftgewächse ist u.a. der Besitz von Milchsaft, der in speziellen Milchröhren gebildet wird. Auffallend ist auch die Drehung der Kronblätter in der Knospe. Die Art wird sehr gerne als Bodendecker in schattigen Gartenbereichen angepflanzt. Ihre Blüten werden von Faltern und Bienen bestäubt, die Samenverbreitung erfolgt durch Ameisen. Die Verbreitung der Pflanze erfolgt jedoch in erster Linie durch die üppig ausgebildeten Ausläufer.

Gewöhnl. Natternkopf
Echium vulgare

30–100 cm	15–20 mm	VI–X

M Die Art gehört zu den Rauhblattgewächsen. Dem Familiennamen entsprechend ist die Pflanze steifborstig behaart. Die unteren lanzettlichen Blätter bilden eine Rosette und erreichen eine Länge von 15 cm. Sie sind gestielt, während die oberen kleineren Blätter dem Stengel direkt ansitzen. Im schmal pyramidalen Blütenstand stehen anfangs rötliche Knospen, beim Öffnen der Blüten wandelt sich die Farbe nach Blau. Die 15–20 mm langen Kronblätter überragen den Kelch um das 2–3fache, die Kronmündung ist schief. Ungleich lange Staubblätter reichen über die Blüte hinaus. **V** Man findet die Pflanze an Wegrändern, auf Schuttplätzen, in Steinbrüchen und in Unkrautfluren anderer Standorte. Der Boden sollte locker und steinig sein. **B** Die Art gehört zu den Pionierpflanzen an neu zu besiedelnden Standorten. Sie hatte als Heilpflanze eine gewisse Bedeutung.

Bittersüßer Nachtschatten

Solanum dulcamara

30–200 cm	10–12 mm	VI–VIII

M Das halbstrauchige Nachtschattengewächs ist am Stengelgrund meist verholzt, oben klettert die Pflanze bei entsprechender Möglichkeit. Breit-lanzettliche Blätter, oft mit 2 Lappen am Blattgrund, aber auch ungeteilt, bilden das üppige Laub der Pflanze. Im doldig-traubigen Blütenstand stehen dunkel-violette Blüten mit flach ausgebreiteter, 5teiliger Krone. Im Blütenzentrum fallen die kegelig verwachsenen, gelben Staubbeutel auf. **V** Die Art ist in Auenwäldern, auf Kahlschlägen, an Ufern, Gräben und in Hecken anzutreffen. Sie kommt zerstreut vor, am geeigneten Standort allerdings meist in kleinen Beständen. **B** In der Pflanze sind verschiedene giftige Alkaloide enthalten. Sie wird naturheilkundlich verwendet.

Gamander-Ehrenpreis

Veronica chamaedrys

10–30 cm	5–10 mm	IV–VIII

M Die Pflanze wird 10–30 cm hoch und ist an den 2 Haarreihen am Stengel sofort zu erkennen. Die eiförmigen Blätter stehen gegenständig, sind nur kurz gestielt oder sitzend, der Blattrand ist gekerbt. Die Blüten stehen in blattachselständigen Trauben (pro Pflanze meist 2 Trauben). Der Blütenkelch ist 4blättrig, die Blütenblätter sind dunkel geadert. Es sind nur 2 Staubblätter vorhanden. Der Gamander-Ehrenpreis gehört zu einer sehr artenreichen Gattung. **V** Diese Art ist auf unseren Wiesen, Waldlichtungen und an Wegrändern zu finden. **B** Die Blütenbildung ist bei diesem Braunwurzgewächs von einer kräftigen Besonnung abhängig. Die Bestäubung erfolgt durch Insekten. In der Pflanze ist ein giftiges Glykosid enthalten. Verschiedene Ehrenpreis-Arten wurden früher als Heilpflanze bei Leber-, Magen-, Darm- und Bronchialerkrankungen verwendet.

Persischer Ehrenpreis

Veronica persica

10–30 cm	8–12 mm	I–XII

M Leuchtend blaue Blüten zieren diese bei uns ehemals nicht heimische Pflanze (Name!). Die Blütenkrone wird 8–12 mm breit, auffallend ist die Farbaufhellung der unteren Kronblätter. Ovale Kelchblätter mit spitzen Zipfeln hüllen die Blütenkrone ein; die Blütenstiele sind deutlich länger als der Kelch und entspringen den Blattachseln. Der niederliegende bis aufsteigende Stengel ist mit kurzgestielten, 3eckig-eiförmigen Blättern besetzt, deren Rand grob gezähnt ist. Als Frucht wird eine 8–10 mm breite und 4–6 mm lange Kapsel ausgebildet. **V** Die Art gehört zur Familie der Braunwurzgewächse und gedeiht auf Äckern, in Gärten, Weinbergen, an Wegrändern und anderen Standorten mit nährstoffreichen, lehmigen Böden. **B** Die Pflanze ist am Anfang des letzten Jahrhunderts aus Botanischen Gärten ausgewildert.

Kriechender Günsel
Ajuga reptans

15–30 cm	10–15 mm	IV–VIII

M Der Beiname charakterisiert die bei diesem Lippenblütler auftretenden, oberirdischen Ausläufer, die der Artverbreitung dienen. Die Blüten dieser sehr häufigen Pflanze sind blau, selten rosa oder weiß und durch eine stark reduzierte oder fehlende Oberlippe gekennzeichnet. Die Unterlippe ist hingegen sehr groß ausgeprägt und immer 3lappig. Die Blüten sind in einem ährenartigen Blütenstand angeordnet. Die langgestielten und spatelförmigen Grundblätter stehen rosettig, die ungeteilten und eiförmigen Stengelblätter gekreuzt-gegenständig. **V** Man findet die Art auf Wiesen, in Gebüschen und in Wäldern. **B** Die Pflanze enthält Gerbstoffe und wurde früher als Heilpflanze verwendet. Neben Insekten- kommt auch Selbstbestäubung vor.

Wiesen-Salbei
Salvia pratensis

30–60 cm	20–25 mm	IV–VIII

M Die dunkelblauen Blüten stehen in einem 4–8blütigen, drüsig behaarten Quirl. Sie sind 20–25 mm lang und haben eine sichelförmige Oberlippe. Die Tragblätter der Blüten sind kürzer als der gezähnte Kelch und zurückgeschlagen. Typisch für Lippenblütler ist der 4kantige Stengel, der hier borstig behaart ist. Die Blätter stehen meist grundständig, sind eiförmig, gestielt und gekerbt. **V** Wie der allbekannte, als Heil- und Gewürzpflanze verwendete Garten-Salbei, so bevorzugt auch der Wiesen-Salbei sehr sonnige, trockene Standorte. Man findet ihn vor allem auf Kalkmagerrasen, aber auch an Wegrändern und auf Fettwiesen. **B** Die Pflanze wird durch Hummeln bestäubt, wobei diese, um zum Nektar zu gelangen, einen Hebelmechanismus betätigen, der andererseits ein Abstreifen der Pollen am Hummelkörper gewährleistet.

Nesselbl. Glockenblume
Campanula trachelium

30–100 cm	30–40 mm	VI–IX

M Am steifhaarigen, kantigen Stengel stehen 3eckig-eiförmige Blätter. Sie sind grob gesägt und v.a. die unteren lang gestielt. Die blauen, trichterförmigen Blüten bilden einen traubigen, beblätterten Blütenstand. Am Grunde der Blütenstiele stehen jeweils 2 Hochblätter. Hin und wieder kommen bei dieser Art auch weißlich blühende Varianten vor. **V** Die Nesselblättrige Glockenblume bevorzugt schattige Standorte in verschiedensten Waldtypen und in Hochstaudenfluren. **B** Die Gattung *Campanula* ist äußerst artenreich. Zur Verhinderung der Selbstbestäubung kommt es bei Glockenblumen zu einer sog. »Vormännlichkeit« (Proterandrie), d.h. die Reifung der Pollen (♂) erfolgt vor der Reifung der Samenanlagen (♀). Als Früchte entwickeln sich bei allen *Campanula*-Arten Kapseln, die sich mit 5 seitlichen Löchern öffnen und die Samen entlassen.

Gemeine Wegwarte

Cichorium intybus

25–120 cm	3–4 cm	VII–IX

M Interessanterweise sind die nur aus Zungenblüten bestehenden, 3–4 cm großen Blütenkörbchen nur in den Vormittagsstunden geöffnet. 2reihig stehende, drüsenhaarige Hüllblätter umgeben das Köpfchen. Am sparrig-zähen Stengel stehen lanzettliche, ganzrandige bis schwach gezähnte Blätter; die Blätter der Grundrosette sind tief fiederspaltig und unterseits beborstet. **V** Man findet diesen Korbblütler an den meisten Weg- und Ackerrändern, auf Schuttplätzen und Weiden. **B** Im 19. Jahrhundert wurde die Pflanze ihrer Wurzel wegen kultiviert. Geröstet und gemahlen, diente die »Zichorienwurzel« als begehrter Kaffee-Ersatz. Daneben verwendete man die Pflanze für Salat und in der Naturheilkunde bei Leberleiden.

Kornblume

Centaurea cyanus

30–80 cm	2–3 cm	VI–X

M Die 2–3 cm breiten Blütenköpfe an den Enden des reich verzweigten, kantigen Stengels bestehen aus zentralen violetten Scheibenblüten und vergrößerten, zipfeligen Randblüten. Eine eiförmige, 15 mm lange Blütenhülle umschließt das Blütenköpfchen. Die 2–5 mm breiten, lanzettlichen Blätter sitzen dem Stengel an. Stengel und Blattunterseiten sind weißfilzig behaart. **V** Kornblumen gedeihen v.a. auf Getreidefeldern, sind aber auch an typischen Unkrautstandorten zu finden. **B** Die Pflanze gilt als alter Kulturbegleiter des Menschen. Das kräftige Blau der Blüten dieses Korbblütlers gibt jedem Wegrand einen hübschen Akzent. Doch leider wird die Pflanze wegen intensiven Einsatzes von »Unkraut«-Vernichtungsmitteln zunehmend seltener. In der Naturheilkunde wurde sie früher bei Augen- und Blasenerkrankungen eingesetzt.

Kl. Traubenhyazinthe

Muscari botryoides

G	10–25 cm	2–5 mm	IV–V

M Die Blütentraube dieser Art ist kurz, gedrungen und kegelförmig. Die obersten Blüten sind steril; aus ihnen entwickeln sich also keine Früchte. Alle Blüten dieses Liliengewächses sind himmelblau, weiß gesäumt, von kugelig-eiförmiger Gestalt und geruchlos. Meist bilden 10–20 den gesamten Blütenstand. Die grundständigen, bis 10 mm breiten Blätter stehen aufrecht. Sie sind lanzettlich und verbreitern sich etwas zur Spitze hin. **V** Die Kleine Traubenhyazinthe findet man an sonnigen, trockenen Magerrasenhängen, in Weinbergen und in Eichenwäldern. Das Hauptverbreitungsgebiet ist Südosteuropa, die Heimat ist der Mittelmeerraum. **B** Bestäubt wird die Pflanze von verschiedenen Insektenarten. Neben dieser gibt es in unserer Flora 4 weitere *Muscari*-Arten, die allesamt selten sind, so z.B. die Schopfige Traubenhyazinthe und die Weinberg-Traubenhyazinthe.

Haselwurz

Asarum europaeum

5–10 cm	10–15 mm	III–V

M Der kriechende Stengel ist am Grunde mit schuppenförmigen, bräunlichen Niederblättern besetzt. Die beiden Laubblätter sind immergrün, rundlich-nierenförmig und auf der Oberseite glänzend. Die Blüten des Osterluzeigewächses sind braunrot, kurz gestielt und 3zipfelig glockig. Sie entspringen unmittelbar am Boden. V Die Art gedeiht auf feuchten Böden in Laub- und Nadelwäldern, in Auenwäldern und schattigen Gebüschen. B Die pfefferartig schmeckende Pflanze wurde früher als Brechmittel verwendet. Sie enthält ätherische Verbindungen, die beim Zerreiben der Pflanze an ihrem scharfen Geruch erkennbar sind. In der Regel kommt es bei dieser Art zur Selbstbestäubung; die Samen werden durch Ameisen verbreitet.

Große Brennessel

Urtica dioica

30–120 cm	3–5 cm	VI–X

M Obwohl die Brennesseln überall bekannt sind, wissen nur wenige, daß es verschiedene Arten dieser Pflanzen gibt. So gedeiht neben der hier zu beschreibenden Art auch häufig die Kleine Brennessel *(Urtica urens).* Von dieser unterscheidet sich die Große Brennessel durch ihre Zweihäusigkeit, d.h. es gibt ♂ und ♀ Pflanzen. Beide Geschlechter bilden rispige Blütenstände, deren Länge die der Blattstiele übertrifft. Der 30–120 cm hohe, kantige Stengel ist wie die kreuzgegenständig stehenden, grob gesägten Blätter mit Brennhaaren versehen. Nach der Blüte entwickeln sich eiförmige Schließfrüchte. V Man findet die Pflanze an Wegrändern, auf Schuttplätzen und anderen Standorten mit feuchtem Boden. B Das in den Brennhaaren enthaltene Gemisch verschiedener Wirkstoffe erzeugt bei Berührung die charakteristischen Nesselquaddeln.

Rundblättr. Sonnentau

Drosera rotundifolia

G	5–15 cm	4–6 mm	VI–IX

M Die insektenfangende Pflanze hat lang gestielte Blätter, die in einer grundständigen Rosette stehen. Dabei ist die kreisrunde Blattspreite auf der Oberseite mit klebrigen Drüsenhaaren besetzt. An einem langen, blattlosen Blütenstengel findet man nur wenige weiße, unscheinbare Blüten. V Das Sonnentaugewächs ist in Flach- und Hochmooren mit sauren Böden beheimatet. B Zur Verbesserung der Stickstoffversorgung fängt die Pflanze Insekten, die an den klebrigen Drüsenhaaren festkleben. Verdauungsdrüsen produzieren Sekrete, die das Insekt chemisch verdauen. Die Verdauungsprodukte werden durch Absorptionshaare von der Pflanze aufgenommen. Diese zusätzliche Stickstoffversorgung ermöglicht der Pflanze eine Existenz auf sehr stickstoffarmen Böden. Der Bedarf an anderen organischen Stoffen wird über die Photosynthese gedeckt.

Wald-Bingelkraut
Mercurialis perennis

15–30 cm	3–5 cm	IV–V

M Die unscheinbare Pflanze hat 1geschlechtliche (d.h. ♂ und ♀) kleine Blüten mit 3teiligem, grünem Kelch. Der Blütenstand ist rispig-knäuelig. Der runde Stengel trägt im unteren Bereich nur Schuppenblätter, oben gestielte, elliptische bis länglich-lanzettliche Laubblätter. Obwohl die Art zu den Wolfsmilchgewächsen gehört, besitzt sie keinen Milchsaft. **V** Das Wald-Bingelkraut bildet meist große Bestände in schattigen Laubwäldern. Man findet es auch in Nadelmischwäldern und in feuchten Schluchtwäldern. **B** Die giftige Pflanze wird aufgrund verschiedener Inhaltsstoffe (Saponine, ätherische Öle u.a.) medizinisch verwendet. Besonders Erkrankungen des Verdauungstraktes und Rheuma gelten als Anwendungsgebiete.

Mandelblättr. Wolfsmilch
Euphorbia amygdaloides

30–70 cm	10–15 mm	IV–VI

M Der reichästige Blütenstand dieses Wolfsmilchgewächses treibt aus dicht beblätterten und verholzten Stengeln, die überwintert haben. Die gelbliche Hochblatthülle ist becherförmig verwachsen; die Honigdrüsen sind halbmondförmig. Unter dem Blütenstand stehen die ei-lanzettlichen Blätter dicht gedrängt. **V** Die Mandelblättrige Wolfsmilch bevorzugt krautreiche Buchenwälder, ist aber auch in anderen Laubwaldtypen und in Gebüschen anzutreffen. **B** Innerhalb der Gattung *Euphorbia* führen alle Arten einen gelblich-weißen Milchsaft, der verschiedene giftige Inhaltsstoffe mit haut- und schleimhautreizender Wirkung enthält. Sie sollen die Pflanze vor Tierfraß schützen. Vor Insekten schützt der Milchsaft allerdings nicht, da einige *Euphorbia*-Arten als bevorzugte Nahrungspflanze von Schmetterlingsraupen (z.B. Wolfsmilchschwärmer) dienen.

Weißer Gänsefuß
Chenopodium album

20–200 cm	3–5 cm	VII–X

M Das augenfälligste, aber nicht allein kennzeichnende Merkmal dieser Art gegenüber den vielen anderen Gänsefußgewächsen ist die auffallend weißmehlige Oberfläche der ganzen Pflanze. Pflanzengröße und Blattform sind sehr variabel: Am 20–200 cm hohen Stengel sitzen rautenförmige bis lanzettliche, teils auch 3lappige Blätter mit buchtig oder gelappt gezähnten Rändern. Die pyramidenförmigen Blütenstände stehen end- oder achselständig und sind fast blattlos. Die 5teiligen Blütenhüllen sind ebenfalls deutlich mehlig. **V** Außer an Wegrändern findet man die formenreiche Art auch häufig auf Schuttplätzen, auf Äckern, an Ufern und auf anderen Unkrautfluren. **B** Die Pflanze gilt als Kulturbegleiter und Pionier auf neu zu besiedelnden Standorten; ihr hohes Stickstoffbedürfnis macht sie zu einem Stickstoffzeiger. Sie wird durch den Wind bestäubt.

Stumpfblättriger Ampfer

Rumex obtusifolius

50-120 cm	4-6 mm	VI-VIII

M An den mehr oder weniger aufrechten Ästen dieses Knöterichgewächses stehen länglich-eiförmige Blätter mit abgerundetem bis herzförmigem Grund und stumpfer Spitze. Sie erreichen eine Länge von 10-30 cm. Der Blütenstand ist von der Mitte an blattlos. Die inneren Blütenhüllblätter haben Schwielen und sind jederseits mit 2-5(-9) pfriemlichen Zähnen versehen. **V** Man findet den Stumpfblättrigen Ampfer in Unkrautfluren, auf Wiesen, Schuttplätzen, in Gräben, auf Kahlschlägen und anderen lichten Waldstellen. **B** Die Art ist sehr formenreich und gilt als lästiges Unkraut in Gärten. In der Naturheilkunde wird die Pflanze bei Verdauungsstörungen, bei Verstopfung und - die Frucht - bei Durchfällen verwendet.

Vogel-Knöterich

Polygonum aviculare

5-50 cm	4-7 mm	V-XI

M Die dunkel gestreiften Stengel sind niederliegend bis aufgerichtet und bei einer Länge von 50 cm meist reich verzweigt. Sie sind mit elliptisch-lanzettlichen, kurz gestielten Blättern besetzt, die 5-30 mm lang werden. Der Blattgrund bildet eine stengelumfassende Röhre. In den Blattachseln stehen 1-5 unscheinbare Blüten mit weißlichen oder rosafarbenen, 2-3 mm langen Blütenblättern. Nach der Blütezeit entwickeln sich 2-3 mm lange, meist glänzende Früchte. **V** Nicht nur der Wegrand, auch die ausgetretene Wegfläche und sogar Risse im Straßenpflaster bieten diesem Knöterichgewächs noch ausreichende Lebensbedingungen. **B** Wegen des großen Stickstoffbedürfnisses zählt diese Art zu den Stickstoffzeigern und hat sich auch zum Kulturbegleiter entwickelt. Naturheilkundlich wird die Pflanze bei Lungen- und Darmkrankheiten verwendet.

Tannenwedel

Hippuris vulgaris

10-80 cm	2-4 mm	V-VIII

M Um die Blüten dieser halbuntergetauchten Wasserpflanze zu finden, muß man schon genauer hinsehen. Die Blüte besteht nämlich jeweils nur aus 1 Staubblatt und 1 Fruchtknoten und steht in der Achsel eines Luftblattes. Die grünen Luftblätter stehen in 6-12zähligen Quirlen vom aufrechten, hohlen Stengel steif ab, während die bräunlicheren Unterwasserblätter schlaff herabhängen. Je nach Wassertiefe können die Stengel, die an einem waagrecht im Schlamm kriechenden Wurzelstock im Boden verankert sind, bis zu 2 m lang werden. **V** Bildet oft größere Bestände, v.a. in fast stehendem, klarem, kühlem, kalkhaltigem Wasser. **B** Die unscheinbaren Blüten werden durch den Wind bestäubt; die Samen werden durch Wasservögel oder mit der Wasserströmung verbreitet. Innerhalb der Familie der Tannenwedelgewächse ist diese Art die einzige in unserer Flora.

Breit-Wegerich
Plantago major

5–30 cm	10–15 cm	VI–X

M Die Blätter dieses Wegerichgewächses sind eiförmig-elliptisch; die Blattspreite ist höchstens doppelt so lang wie der Blattstiel und setzt sich deutlich von diesem ab. 5–9 parallele Blattnerven durchziehen die Spreite. In einer langen dichten Ähre sitzen die unscheinbaren Blüten. Die 4teilige Krone ist gelblichweiß; anfangs sind die Staubbeutel violett, später gelblich. Die Längen von Ähre und Ährenstengel entsprechen sich etwa. **V** Man findet den Breitwegerich in Unkrautbeständen an Wegen, auf Weiden, Wiesen, Sportplätzen und auf Schuttplätzen. Er liebt feuchten, lehmigen und stickstoffreichen Boden. **B** Die in der Pflanze enthaltenen Schleim-, Bitter- und Gerbstoffe machen die Art zu einem Wundheilmittel.

Spitz-Wegerich
Plantago lanceolata

10–40 cm	1–2 cm	IV–X

M Die Pflanze wird 10–40 cm groß und gehört zur Familie der Wegerichgewächse. Die Blätter bilden eine grundständige Rosette, sind schmal-lanzettlich und max. von 5–7 parallelen Nerven durchzogen. Der blattlose Blütenstengel ist gefurcht und endet in einer eiförmigen Ähre. Die unscheinbaren Blüten haben 4 Kelchblätter, braune Kronzipfel, und aus der Blüte ragen lange Staubfäden mit gelblichen Staubbeuteln. **V** Es gibt wohl keine Wiese, keinen Waldrand oder Wegsaum, wo man diese alte Heilpflanze vergebens suchen würde. Auch auf Äckern und Schuttplätzen ist sie anzutreffen. **B** Wie der oben beschriebene Breitwegerich wird auch diese Art naturheilkundlich verwendet. Zerquetschte Blätter legt man auf Wunden; innerlich ist der Spitzwegerich ein bewährtes Hustenmittel und wird auch bei Blasen- und Nierenleiden angewendet.

Gewöhnlicher Beifuß
Artemisia vulgaris

50–240 cm	3–4 mm	VI–IX

M Am bis 240 cm hohen, reich verzweigten Stengel sitzen fiederteilige Blätter mit lanzettlichen, 3–8 mm breiten Abschnitten. Die Fiedern der oberen Stengelblätter sind tief gesägt. Alle Blätter sind unterseits weißfilzig. In großen und dichten Rispen stehen gelbliche bis rotbraune 3–4 mm große Blütenkörbchen. Kennzeichnend sind die eiförmigen, filzigen Hüllblätter. **V** Man findet die blühende Pflanze auf Schuttplätzen und an Gewässerufern, an Weg- und Gebüschrändern. **B** Die Pflanze gehört zu den Korbblütlern und wird gerne als Küchengewürz verwendet, in manchen Gegenden ist sie obligatorisch für den Gänsebraten. Außerdem wurde der Beifuß früher auch als Heilpflanze eingesetzt, so z.B. bei Epilepsie und gegen Störungen der Monatsperiode. Die Art ist nahe verwandt mit dem ebenfalls heilkräftigen Wermut *(A. absinthium)*.

Schwimm. Laichkraut

Potamogeton natans

50–150 cm	5–8 cm	V–IX

M Diese Wasserpflanze bildet zweierlei Blätter: längsovale, bis 12 cm lange Schwimmblätter und untergetaucht flutende, binsenartige Blätter, die jedoch zur Blütezeit bereits verfault sind. Die eingeschlechtigen, kleinen Blüten stehen in einer allseitswendigen, bis 8 cm langen Ähre und werden durch den Wind oder durch Schalenschnecken bestäubt. **V** Die Art ist im Schwimmpflanzengürtel stehender und langsam fließender, nährstoffarmer Gewässer anzutreffen. **B** Mit den langgestielten Schwimmblättern bildet die Pflanze gute Laichplätze (Name!) für verschiedene Fische. Das stärkehaltige Rhizom (der unterirdisch wachsende Sproß mit der Funktion eines Nährstoffspeichers) wurde früher im Herbst zur Schweinemast gesammelt.

Vierblättrige Einbeere

Paris quadrifolia

10–40 cm	40–60 mm	V–VI

M Eine langgestielte Einzelblüte steht im Zentrum des 4blättrigen Blattquirls. Die 6–12 Blütenhüllblätter sind 20–35 mm lang, im äußeren Kreis grün, im inneren Kreis gelblich gefärbt. 6–10 Staubblätter umgeben den durch 4–5 freie Griffel gekennzeichneten Fruchtknoten. Die Blätter des Einbeerengewächses sind eiförmig, zugespitzt und netznervig. **V** Man findet die Art in Auenwäldern, Laub- und Nadelmischwäldern. Feuchte Standorte werden bevorzugt. **B** Die sehr giftige Pflanze wurde früher in der Homöopathie verwendet. Die Beerenverbreitung erfolgt durch Vögel, die die giftige Frucht offensichtlich schadlos verzehren können. Der lateinische Gattungsname ist auf die griechische Mythologie zurückzuführen, nach der sich Paris, Athene, Hera und Aphrodite um den - durch die Beere symbolisierten - Eris-Apfel versammelten.

Großes Zweiblatt

Listera ovata

20–60 cm	10–15 mm	V–VII

M Der traubige Blütenstand dieses Knabenkrautgewächses wird von zahlreichen Einzelblüten gebildet. Die äußeren, grünlichen Blütenhüllblätter neigen sich deutlich zusammen; die gelbgrüne Lippe ist bandförmig und tief 2lappig; Seitenlappen sind nicht vorhanden. Zur Blütezeit stehen am Stengel 2 gegenständige, breit eiförmige Laubblätter. **V** Man findet die Art noch ziemlich häufig in Laubmischwäldern, Auenwäldern und in Gebüschen. **B** Die Pflanze liebt feuchtere, leicht schattige Standorte und entspringt einem kriechenden, verzweigten Wurzelstock. Bestäubt wird die Orchidee v.a. von bestimmten Schlupfwespen und von verschiedenen Käfern. In feuchten Nadelwäldern und Mooren ist das Kleine Zweiblatt *(Listera cordata)* anzutreffen. Es unterscheidet sich durch die am Grund herzförmigen Blätter und die rötliche, mit Seitenlappen versehene Lippe.

Nestwurz

Neottia nidus-avis

20–50 cm	10–20 mm	V–VII

[M] Die blattgrünlose, gelbbraune Pflanze hat am aufrechten Stengel scheidenartige Schuppenblätter. Der traubige Blütenstand des Knabenkrautgewächses trägt 10–30 Einzelblüten, deren stumpfe äußere Blütenhüllblätter sich helmartig zusammenneigen; die Lippe ist tief 2teilig und an der Basis verbreitert. [V] Man findet die Nestwurz meist in schattigen Buchenwäldern und auch in Nadelwäldern. [B] Der Name der Art leitet sich vom nestartig geformten und verflochtenen Wurzelstock ab. Die Orchidee lebt in Symbiose mit Pilzen, so daß sie keine Photosynthese zur Bildung energiereicher Stoffe betreiben muß und deshalb blattgrünfrei ist. Man nennt diese Symbiose mit Pilzen Mykorrhiza.

Breitblättriger Rohrkolben

Typha latifolia

1–2 m	10–20 cm	VII–VIII

[M] Im Juli/August erscheinen die braunen »Zigarren«, die Blütenstände des Rohrkolbens, am steif aufrechten, bis 2 m hohen Blütenstengel. Die reduzierten, nackten Blüten (Windblütler!) des ca. 20 cm langen ♀ Kolbens sind schwarzbraun gefärbt und erhalten die Farbe auch nach dem Verblühen. Die ♂ Blüten, die nur aus 3 Staubblättern bestehen, bilden einen etwa ebenso langen, hellgefärbten, hinfälligen Kolben, der direkt über dem ♀ sitzt. Die meist aufrechten, blaugrünen, 1–2 cm breiten Blätter sind so lang oder länger als der Blütenstengel und entspringen einer dicken, kriechenden Grundachse. [V] Die Art liebt nährstoffreiche, v.a. stehende Gewässer und Röhricht. Das Vorkommen beschränkt sich auf Stellen mit max. 2 m Wassertiefe. [B] Die kriechenden Wurzelstöcke dieser Pflanze tragen wesentlich zur Gewässerverlandung bei.

Ästiger Igelkolben

Sparganium ramosum

30–50 cm	1–2 cm	VI–VIII

[M] An der im Ufer stehender oder langsam fließender Gewässer kriechenden Grundachse bildet dieser Igelkolben bis 80 cm hohe, verzweigte (Name!) Stengel aus, an denen er die Blütenstände trägt: ♀ unten, ♂ oben. Die unscheinbaren Blüten sind zu seitenständigen, bzw. scheinbar endständigen kugeligen Köpfchen vereint. Die morgensternartigen ♀ Fruchtstände trugen ebenfalls zur Namensgebung bei. Die derben, aufrechten Blätter, die den Blütenstand meist überragen, werden 3–15 mm breit und sind unten 3kantig, mit einem bis in die Spitze auslaufenden Kiel. [V] Die Pflanze liebt nährstoffreiche Böden und ist recht oft im Röhricht von Gewässern mit schlammigen Böden anzutreffen. [B] Die Art kommt bei uns in 3 Unterarten vor; sie unterscheiden sich in den Früchten. Ähnlich ist auch der Einfache Igelkolben *(S. emersum)* mit unverzweigtem Blütenstand.

Kalmus
Acorus calamus

60-150 cm	4-10 cm	VI-VII

M Der aromatisch duftende, 60–150 cm hohe Kalmus blüht mit dichtblütigem, endständigem, grünlichem Kolben, der nur scheinbar seitlich ansetzt. Was wie die Fortsetzung des Stengels aussieht, ist in Wirklichkeit ein Hochblatt. Er fruchtet mit roten Beeren, die in unserem Klima aber nicht reifen. Am 3kantigen Stengel stehen 2zeilig schwertförmige, am Rande gewellte, 20 mm breite Blätter. **V** An Teichen, Gräben und Ufern nährstoffreicher Gewässer, oft zusammen mit Schilf, findet man die alte Heilpflanze. **B** Der Kalmus wurde im 16. Jh. nach Mitteleuropa eingeführt und gilt inzwischen als eingebürgert. Er wird wegen seiner Bitterstoffe und Alkaloide als Heilmittel bei Zahnfleischerkrankungen und Magenleiden verwendet.

Aronstab
Arum maculatum

15-50 cm	5-8 cm	IV-V

M Die Blüten sitzen bei dieser Art an einem keulenförmigen Kolben, der von einem grünlichweißen Hüllblatt (Spatha) umgeben ist. In der basalen, bauchigen Erweiterung der Spatha befindet sich an der Kolbenbasis ein Ring ♀ Blüten, darüber die ♂ Blüten. Die grundständigen Blätter des Aronstabgewächses sind pfeilförmig, selten gefleckt. **V** Die Art gedeiht in feuchten Laubmischwäldern, Auen- und Schluchtwäldern. **B** Der Blütenstand ist eine Gleitfalle, die bestimmte Insekten durch aasähnliche Duftstoffe anlockt. In den Spathakessel gefallen, bestäuben sie die ♀ Blüten und entkommen erst, wenn die ♂ Blüten Pollen auf sie ausgestreut haben. Interessanterweise liegt die Temperatur im Spathakessel vor der Befruchtung der Blüten um einige Grad über der Außentemperatur, was sich mit einem verstärkten Stoffwechsel erklären läßt.

Kleine Wasserlinse
Lemna minor

2-3 mm	winzig	IV-VI

M Die 2–3 mm kleinen, rundlichen Sprosse (»Linsen«) sind beiderseits flach und tragen wie die der beiden anderen, selteneren *Lemna*-Arten unterseits nur 1 Wurzel. Diese wird durch den hinteren, kleineren Teil der Wasserlinse, der einer reduzierten Sproßachse entspricht, gebildet, während der größere vordere Teil ein Blatt darstellt. Vermehrung überwiegend durch Sprossung. **V** Diese, eine unserer kleinsten, weltweit verbreiteten Pflanzen, ist auf stehenden Gewässern fast überall anzutreffen und bedeckt die Wasseroberfläche wie ein grüner Teppich. **B** Blüten sind bei dieser Pflanze nur selten zu beobachten. Bestäubt werden sie von Wasserläufern; die Fruchtverbreitung erfolgt durch die Wasserbewegung und durch Wasservögel. Früher wurde die als Entengrütze bezeichnete Wasserlinse an Entenküken verfüttert, da sie das Wachstum steigern sollte.

Breitblättriges Wollgras G
Eriophorum latifolium

20–60 cm	2–2,5 cm	IV–VI

M Am stumpf dreikantigen Stengel des Riedgrasgewächses stehen 3–8 mm breite Laubblätter, deren Spitze leicht 3kantig ausläuft. Die Blattscheiden der unteren Blätter sind schwarzbraun. In den zur Reifezeit überhängenden Ähren befinden sich 4–12 Blüten. Sie sind zwittrig; ihre äußeren Perigonblätter sind zu weichen Borsten und Haaren reduziert, die zur Fruchtzeit wollige Büschel bilden und der Fruchtverbreitung durch den Wind dienen. Die Deckblätter sind 1nervig. Die Pflanze bildet dichte Rasen, ist jedoch ohne Ausläufer. **V** In Flachmooren und Sumpfwiesen mit torfigen Böden ist die Art nur noch zerstreut anzutreffen. **B** Neben dieser gibt es in unserer Flora 4 weitere Wollgras-Arten; alle sind wichtige Torfbildner.

Wasser-Schwaden
Glyceria maxima

90–200 cm	20–40 cm	VII–VIII

M Am Ende des starr aufrechten, rohrartigen Stengels sitzen, straußförmig nach allen Seiten ausgebreitet, die länglichen, meist 5–8blütigen Ährchen. Zuerst hellgrün, färben sie sich später bräunlich oder leicht violett. Die hellgrünen Blätter werden 1–2 cm breit und fühlen sich v.a. am unterseitigen Mittelnerv rauh an. Das Blatthäutchen (Ligula) ist kurz, gestutzt, die Blattscheiden sind rauh und gekielt. **V** Am Rand oder im Schlamm nährstoffreicher Gewässer, Gräben und in Röhricht ist das ausdauernde Süßgras stellenweise noch sehr häufig anzutreffen. **B** Das Stroh wurde früher wie Schilfstreu zum Dachdecken benutzt. Neben dieser Art findet man bei uns noch den Wald-Schwaden *(G. nemoralis)*, den Manna-Schwaden *(G. fluitans)*, den Falten-Schwaden *(G. plicata)*, den Blaugrünen Schwaden *(G. declinata)* und den Nordischen Schwaden *(G. lithuanica)*.

Gewöhnliches Schilf
Phragmites communis

1–4 m	20–50 cm	VII–IX

M Während der Blütezeit schimmert die sonst braun-violette, 20–50 cm lange, vielblütige, stets etwas einseitswendige Rispe seidig weiß. Fruchtbildung sehr selten, Vermehrung überwiegend vegetativ durch Sprossung der kriechenden Grundachse oder durch »Legehalme«. Die aufrechten, biegsamen, knotigen Halme können 1–4 m hoch werden. Die Scheide der graugrünen, ca. 50 cm langen Blätter ist behaart. **V** Schilf ist die Hauptpflanze im Röhricht verschiedenster Gewässertypen. Zur Uferbefestigung wird es oftmals auch angepflanzt. **B** Die weltweit verbreitete Charakterpflanze vieler Feuchtgebiete bildet oft ausgedehnte, reine Bestände. Sie bietet Vögeln, Amphibien, Fischen und Kleintieren Schutz und Lebensraum, trägt aber auch zur Gewässerverlandung bei. Schilf wird zur Herstellung von Matten und für Reetdächer verwendet.

Einjähriges Rispengras
Poa annua

2-30 cm	2-5 cm	I-XII

[M] In einer lockeren Rispe mit 2zeilig angeordneten Rispenästen stehen 1–8blütige Ährchen (3 mm lang) mit glatten, zugespitzten Hüllspelzen und grünen Deckspelzen, die auf dem Kiel und am Rand zottig behaart sind. Die untersten Rispenäste tragen 3–10 Ährchen. Die bis 30 cm hohen Büschel bestehen aus flachen, aufsteigenden oder aufrechten Halmen, die sich am Rande leicht rauh anfühlen. Die weißlichen Blatthäutchen sind 2–4 mm lang. [V] Wie die meisten Gräser ist auch diese zu den Süßgräsern gehörende Art rasenbildend; sie ist blühend fast das ganze Jahr an unseren Feld- und Wegrändern zu finden. [B] Die Art ist sehr anpassungsfähig und ist demnach selbst an kärglichsten Standorten unserer Kulturlandschaft zu finden.

Zittergras
Briza media

20-50 cm	3-5 cm	V-VIII

[M] Die Pflanze wird 50 cm hoch und ist durch einen aufrechten, dünnen und glatten Halm charakterisiert. Die Rispe steht aufrecht mit sehr dünnen, geschlängelten und weit ausladenden Rispenästen. Die nickenden Ährchen sind herzförmig, grannenlos, max. 15blütig und oft violett überhaucht. Die Blattspreiten der 2–5 mm breiten Blätter sind ausgebreitet, der Blattrand ist rauh. Das Blatthäutchen erreicht nur 1 mm Länge. [V] Man findet dieses Gras auf allen Halbtrockenrasen und Magerrasen. [B] Der Name leitet sich von den bei diesem Süßgras sehr leicht beweglichen Ährchen ab, die selbst bei leisester Berührung ins Zittern geraten. Die Gattung *Briza* ist nur mit dieser einen Art in unserer Flora vertreten. Das Nährstoffbedürfnis der Pflanze ist außerordentlich gering, so daß sie auf kärglichsten Standorten gedeihen kann.

Wiesen-Knäuelgras
Dactylis glomerata

50-120 cm	3-5 cm	V-VII

[M] Die Pflanze ist graugrün, die Ährchen sind oft violett getönt. Die an dem rauhen Halm ansetzenden Blätter sind 4–10 mm breit. Die Rispe verdichtet sich von unten nach oben, d.h. die unteren Rispenäste sind lang und stehen weit ab, die oberen Äste sind kurz und bedingen eine dichte Packung der Ährchen. Jedes Ährchen weist 3–5 Blüten auf. Die Hüllspelzen sind grün bis violett und stachelspitz, die Deckspelzen gekielt und zugespitzt. [V] Das Wiesen-Knäuelgras trifft man auf allen Wiesentypen, an Wegrändern, in lichten Wäldern und anderen grasigen Stellen häufig an. [B] Im Gegensatz zur oben beschriebenen Art gilt dieses Süßgras wegen seines hohen Nährstoffbedürfnisses als Stickstoffzeiger. Außer diesem kommt bei uns in lichten Laubwäldern und in buschigem Gelände noch das Wald-Knäuelgras *(D. polygama)* vor.

Wiesen-Kammgras

Cynosurus cristatus

20–60 cm	3–10 cm	VI–VII

M Die Blätter dieses Süßgrases sind gerieft, oben glänzend, unten mattgrün und 2–3 mm breit. Das Blatthäutchen ist etwa 1 mm lang. Der Blütenstand bildet eine einseitswendige, linealische Ährenrispe mit 2reihig angeordneten Ährchen. Diese sind grün, 3–4 mm lang und kammartig. Jedes fruchtbare Ährchen wird von einem unfruchtbaren Ährchen überdeckt. **V** Die Art bildet dichte Rasen in nährstoffreichen Wiesen und Weiden. **B** Die Pflanze ist sehr nährstoffreich und gehört deshalb zu den wertvollen Futtergräsern. Auf Schuttplätzen, in Hafen- und Industriegebieten kommt statt dieser Art das Stachelige Kammgras *(C. echinatus)* vor, welches aus dem Mittelmeerraum eingeschleppt und bei uns heimisch wurde.

Gemeine Quecke

Agropyron repens

20–150 cm	5–12 cm	VI–VIII

M Die aufrechten Halme werden 20–150 cm hoch und sind mit kräftig grünen bis blaugrünen Blättern besetzt. Diese werden 3–8 mm breit, sind an ihrer Oberseite rauh und durch ein stengelumfassendes Öhrchen am Blattgrund gekennzeichnet. In einer 2reihigen Ähre stehen eiförmige, abgeflachte Ährchen, deren Breitseite der Ährchenachse zugewandt ist. Die Ährchen sind 3–8blütig, haben mehrnervige, lanzettliche Hüllspelzen und kurz begrannte Deckspelzen. Letztere zeigen unterseits eine charakteristische Querfurche. **V** Man findet das Gras auf Schuttplätzen, Dämmen, Äckern, in Hecken, Gärten, an Ufern und Stränden. **B** Als Gartenunkraut ist dieses Süßgras ob seiner weitkriechenden Ausläufer sehr gefürchtet und sehr schwer auszurotten. Die Ausläufer durchziehen selbst härtesten, festgetretenen Boden und brechen an die Oberfläche durch.

Wiesen-Fuchsschwanz

Alopecurus pratensis

30–100 cm	5–10 cm	V–VII

M Der dichte, walzenförmige, bis 10 cm lange Blütenstand, der hier wegen der sehr kurz gestielten Ährchen als Ährenrispe bezeichnet wird, ist bei dieser Art das namensgebende Merkmal. Dabei kommen auf ein Rispenästchen 4–6 Ährchen. Die Deckspelzen erreichen fast die Länge der zugespitzten Hüllspelzen und sind mit Grannen versehen. Der glatte, aufrechte Halm ist mit 6–10 mm breiten, an der Oberseite rauhen Blättern besetzt. **V** Das Süßgras bevorzugt feuchte Wiesen und kommt auch an Gewässerufern, in Gärten und Lägerfluren vor. **B** Die Pflanze gilt als gutes Futtergras, liebt nasse und nährstoffreiche Böden. Mehrere Varietäten der Art treten bei uns auf. Daneben gibt es in unserer Flora noch weitere 6 Fuchsschwanz-Arten, die z.T. auch nicht walzenförmige Ährenrispen haben und nur in bestimmten Regionen anzutreffen sind.

Teichmuschel
Anodonta cygnaea

bis 200 mm	Teiche Seen Bäche

[M] Häufigste heimische Süßwassermuschel; bildet verschiedene Standortformen aus. Schale länglich-eiförmig, dünnwandig, bis 20 cm lang; außen bräunlich-grün, innen perlmutterartig glänzend. Wirbel etwas gerunzelt, kaum zerfressen. Schloßrand ohne Zähne (wissenschaftlicher Name!). [V] Große Teiche und Seen, langsam fließende Bäche. [L] Durchpflügt mit dem breiten, keilförmigen Fuß zur Nahrungssuche den Schlamm, hinterläßt dabei bis 1 m lange Furchen. Filtriert kleinste Nahrungspartikel aus dem Wasser. Das ♀ strudelt die Samenzellen des ♂ zur Befruchtung der Eier in den Mantelraum. Die entstandenen Larven werden ins Wasser entlassen und entwickeln sich in 8–10 Wochen an der Haut von Fischen zu Jungmuscheln.

Flußperlmuschel
Margaritifera margaritifera

G	bis 150 mm	Bäche Flüsse

[M] Schale länglich, leicht nierenförmig, außen dunkel- bis schwarzbraun, innen mit glänzender Perlmutterschicht. Wird bis 15 cm lang und 3 cm dick. Wirbel meist stark zerfressen. [V] Klares, kaltes, kalkarmes Wasser mit kiesigem Grund. [L] Einzige perlenbildende Muschel unserer Gewässer. Sie ist in den letzten 80 Jahren aufgrund zunehmender Verschmutzung und Verbauung der Bäche und Flüsse um mehr als 97% zurückgegangen. Filtriert wie alle Muscheln kleinste Nahrungspartikel (z. B. Algen) aus dem Wasser, das ihren Mantelraum durchströmt. Wird bis 100 Jahre alt, erst ab 20 Jahren geschlechtsreif. Nach der Befruchtung der Eier im Kiemenraum des ♀ entwickeln sich dort Larven, die das ♀ ins Wasser entläßt. Sie setzen sich in den Kiemen von Bachforellen fest und entwickeln sich dort in 2–10 Wochen zu Jungmuscheln.

Wandermuschel
Dreissena polymorpha

25–40 mm	Flüsse Seen

[M] Schale 3kantig (»Dreikantmuschel«), glänzend gelbbraun mit dunkelbraunen Streifen. Einzige Süßwassermuschel mit Byssusfäden. [V] Flüsse, Seen. Ursprünglich Meeresbewohner, breitete sich von dort in den europäischen Flüssen und Seen aus. [L] Die Byssusdrüse erzeugt ein Büschel hornartiger Fäden, mit deren Hilfe sie sich an Schiffen (Verbreitung!), Steinen, Pfählen, Muschelschalen, Schneckenhäusern festsetzen kann. Filtriert Nahrungspartikel aus dem Wasser. Im Gegensatz zu den beiden oben genannten Arten entläßt sie Samen und Eier zur Befruchtung ins Wasser, wo sich aus befruchteten Eiern freischwimmende (Verbreitung!) Larven entwickeln. Die nach einigen Wochen entstandenen Jungmuscheln heften sich mittels ihrer Byssusfäden an geeignetem Substrat fest und sind nach 1–3 Jahren ausgewachsen.

Sumpfdeckelschnecke

Viviparus viviparus

G	bis 50 mm	Tümpel Teiche

M Gehäuse grünbraun, bis 5 cm lang, Gehäusespitze stumpf abgerundet. Entlang den Windungen 3 dunkle Bänder, alle Umgänge stufig gegeneinander abgesetzt, letzter Umgang mäßig erweitert. Deckel am Fuß (Name!) verschließt das Gehäuse nach dem Zurückziehen. **V** Pflanzenreiche Gewässer. **L** Kiemenschnecke, atmet mit Hilfe einer kammförmigen Kieme. Grast mit der Radula (Raspelzunge) Algen von Steinen und Wasserpflanzen (Weidegänger), filtriert auch kleinste Nahrungspartikel aus dem Atemwasser. Mit anderen Arten der Gattung *Viviparus* unsere einzige, lebendgebärende Schnecke. Die befruchteten Eier entwickeln sich im erweiterten Geschlechtsgang (»Brutpflege«), die Jungen werden ins Wasser entlassen.

Spitzschlammschnecke

Lymnaea stagnalis

bis 60 mm	Teiche Seen Bäche

M Eine der größten heimischen Schnecken. Gehäuse hornfarben, läuft spitz zu. Gewinde fast so lang wie die Mündung, der letzte Gewindeumgang bauchig aufgetrieben. Gehäusegröße und -form jedoch stark von Wassertemperatur, -bewegung und Ernährungszustand abhängig, daher sehr veränderlich. Anpassungsfähig an verschmutztes Wasser. **V** Stehende und fließende Gewässer. **L** Wasserlungenschnecke, muß im Gegensatz zur oben beschriebenen Art öfter zur Wasseroberfläche auftauchen und Sauerstoff aufnehmen. Gleitet auf einem Schleimband am Boden, kriecht auch unter der Wasseroberfläche; läßt sich bei Gefahr sofort zu Boden fallen. Weidegänger, raspelt mit der Radula Algen von Steinen, nimmt auch Wasserpflanzen und Aas. Zwitter; der Laich wird in Schnüren an Blätter und Steine geklebt, nach 3 Wochen schlüpfen die kleinen Schnecken.

Posthornschnecke

Planorbarius corneus

bis 30 mm	Teiche Seen Bäche

M Linksgewundenes, dickwandiges Gehäuse, rotbraun, bis zu 3 cm im Durchmesser. Erinnert in seiner Form an ein Posthorn (Name!). Die Umgänge sind drehrund und nehmen schnell an Umfang zu. **V** Fast alle stehenden und langsam fließenden Gewässer. Weit verbreitet, äußerst anpassungsfähig. **L** Wie die oben beschriebene Spitzschlammschnecke eine Wasserlungenschnecke. Wie alle Tellerschnecken besitzt sie Hämoglobin im Blut, das ihr bei schlechter Gewässergüte eine bessere Sauerstoffausnutzung ermöglicht. Bei Belästigung gibt sie manchmal einen roten Tropfen ab, weshalb man sie früher »Purpurschnecke des Süßwassers« genannt hat. Allesfresser: nimmt Algen, Wasserpflanzen und Aas. Zwitter; klebt ihren Laich an die Unterseite von Wasserpflanzenblättern. Aus den befruchteten Eiern schlüpfen nach einigen Wochen die Jungschnecken.

Schließmundschnecke

Laciniaria biplicata

16–18 mm	Felsen Baumstümpfe

[M] Gehäuse schlank, hochgetürmt, stets linksgewunden. Gelblich hornbraun, deutlich rippenstreifig, oft weißlich gestrichelt. Mündung birnenförmig, Mundsaum ringsum zusammenhängend. Besonderer Verschlußapparat: am Mündungsrand befinden sich verschiedene Lamellen und eine, durch einen elastischen Stiel mit der Spindel verbundene, dem Lamellensaum eingepaßte, kalkige Verschlußplatte (Name!). [V] An Felsen, Steinen, Mauern, Baumstümpfen, am Boden. [L] Sucht an Felsen, Mauern, unter Steinen, hinter Rinde, unter Laub nach Nahrung wie kleinste Pilze und vermodernde Pflanzen. Schließmundschnecken sind Zwitter, die sich immer gegenseitig befruchten müssen; in der Regel lebendgebärend.

Rote Wegschnecke

Arion rufus

bis 150 mm	Wälder Gärten

[M] Farbe ziegelrot bis braun oder grau. Körper 15 cm lang und 2 cm breit, in Längsrichtung kräftig gerunzelt. Im vorderen Körperbereich ein glatterer Mantelschild, mit einem auffälligen Atemloch, das in die als Lunge dienende Atemhöhle mündet. An der Spitze der Fühler je ein Auge, die Fühler werden bei Berührung eingezogen. Kein Gehäuse. [V] Feuchte Laub- und Mischwälder, Gärten, Wiesen. [L] Landlungenschnecke. Da sie ohne Gehäuse lebt, hält sie sich v. a. an feuchten Stellen auf und ist besonders nach Regen aktiv. Fortbewegung durch wellenartige Muskelbewegungen des muskulösen Fußes, auf einem, von der Fußsohle ausgeschiedenen Schleimfilm. Ernährt sich von verrottenden Pflanzen, Pilzen, Aas. Zwitter, die sich gegenseitig befruchten. Die Eier werden in eine Erdhöhle gelegt, einige Wochen später schlüpfen die Jungtiere.

Gemeine Ackerschnecke

Deroceras agreste

30–60 mm	Äcker Gärten

[M] Einfarbig gelblichweiß bis hellbraun. Mantelschild ohne Flekke. Schleim milchig weiß. Kein Gehäuse. [V] Äcker, Gärten, Wiesen, Treibhäuser. [L] Landlungenschnecke. Lebt unter Laub, Steinen, Brettern, Moos. V. a. nachtaktiv, besonders aber bei Tau und Regen. Ernährt sich besonders gerne von grünen Blättern, die sie mit ihrer Zunge (Radula) abraspelt. Sie ist ein häufiger, nicht ganz ungefährlicher Schädling an Kulturpflanzen! Frißt auch Kot, kann daher auch Überträger sein von Eiern menschlicher Parasiten, Bakterien, Viren. Zwitter mit Fremd- und Selbstbefruchtung. Jedes Tier produziert 300–400 Eier. Meist werden kleine Häufchen von ca. 10 befruchteten Eiern in feuchte Erde, unter Steine, Bretter, Moos gelegt. Aus ihnen entwickeln sich nach einigen Wochen die Jungtiere, die dann bereits mit etwa 3 Monaten geschlechtsreif werden.

Hainbänderschnecke

Cepaea nemoralis

bis 25 mm	Gärten Parks Wälder

M Helle Schnecke mit gelblichem bis rötlichem Gehäuse, meist mit 1–5 schwarzen oder braunen Bändern (Name!); es gibt aber auch ungebänderte Formen. Mündungsrand innen und außen schwarzbraun. **V** Kulturland, Hecken, Feldgehölze, Wälder, Gärten. **L** Landlungenschnecke. Obere Fühler mit Augen, untere, kürzere Fühler mit Geruchsorganen. Gräbt sich im Herbst in den Boden, Winterschlaf X–V. Gehäuse wird mit einem kalkinkrustierten Schleimdeckel verschlossen. Ernährt sich von grünen Pflanzen. Zwitter mit Fremdbefruchtung. Zur Stimulierung des Partners wird ein kalkiger »Liebespfeil« in dessen Fuß gestoßen. Aus den befruchteten Eiern schlüpfen nach einigen Wochen die fertigen Jungschnecken.

Baumschnecke

Arianta arbustorum

18–25 mm	Wälder Gebüsch

M Gehäuse braun, mit dunklem Band an der Peripherie und gelben Flecken und Streifen. Gewinde meist konisch, Gehäuse mit 5–6 Umgängen. Mündung rundlich, Mundsaum weiß. Form und Farbe jedoch recht variabel: an schattigen Standorten und auf kalkarmem Boden oft sehr dünnschalig und einfarbig dunkelbraun. **V** Feuchte Wälder, Gebüsche, Wiesen. **L** Ernährt sich hauptsächlich von Blättern der Bäume und Sträucher, nimmt jedoch auch Kräuter, Pilze und Beeren. Zwitter mit wechselseitiger Fremdbefruchtung. Der Paarung geht - ähnlich wie bei den beiden anderen, auf dieser Seite beschriebenen Arten - ein »Liebesspiel« voraus, in diesem Fall jedoch ohne kalkigen Liebespfeil, sondern mit einem muskulösen Reizorgan. Aus den befruchteten Eiern schlüpfen nach einigen Wochen die Jungschnecken. Lebensdauer 3–5 Jahre.

Weinbergschnecke

Helix pomatia

bis 50 mm	Wälder Gärten Wiesen

M Größte heimische Landlungenschnecke. Gehäuse bräunlich, max. 5 Windungen. **V** Lichte, feuchte Laub-, Mischwälder, Gärten, Parks, Wiesen, Weinberge. **L** Das Gehäuse, das durch ein erstarrendes Schleimhäutchen verschlossen werden kann, schützt die Schnecke vor Trockenheit und Feinden. Während des Winterschlafes in der Erde (X–IV) wird die Schale mit einem Kalkdeckel verschlossen. Fortbewegung wie bei allen Landschnecken durch wellenförmige Fußkontraktionen auf einem durchsichtigen Schleimfilm. Kräuterfresser. Zwitter mit wechselseitiger Fremdbefruchtung, der ein »Liebesspiel« mit Liebespfeil vorausgeht. Paarungszeit V–VIII. 40–60 erbsengroße Eier werden in eine selbstgegrabene Erdhöhle gelegt, aus denen nach einigen Wochen die Jungschnecken schlüpfen. Erwachsen und geschlechtsreif mit 3–4 Jahren, Lebensdauer 6 Jahre.

Kreuzspinne
Araneus diadematus

♀ 10–18 mm ♂ 6,5 mm	VII–X	Wiesen Wälder

M Grundfärbung variabel, kennzeichnend ist das weiße Kreuz auf dem Hinterleib (Name!). **V** Nahezu überall. **L** Radnetzspinne, baut kreisrundes Netz von 30 cm Ø an Pflanzen, Gebäuden, Zäunen. Zunächst entsteht der Rahmen, dann die Speichen, zuletzt die Spiralen aus klebrigen Fangfäden. Erschüttert ein Beutetier das Netz, schnellt die Spinne aus dem Zentrum oder einem nahen Versteck, lähmt die Beute mit einem Biß, um sie später auszusaugen. Zur Paarung nähert sich das viel kleinere ♂ vorsichtig dem ♀, stimmt es durch bestimmte Netzvibrationen ein und verläßt es nach der Paarung schnell, um nicht gefressen zu werden. Das ♀ legt im Herbst einige hundert Eier, die Jungspinnen schlüpfen im kommenden Frühjahr.

Zebraspinne
Argiope bruennichii

♀ bis 25 mm ♂ 3–5 mm	V–IX	Ödland Wiesen Heide

M Hinterleib erwachsener, legereifer ♀ auffallend wespenartig gelbschwarz quergebändert (»Wespenspinne«). Junge, ♂ und nicht legereife ♀ viel blasser. **V** Trockene Heide, nasse Wiesen, sonniges Ödland. Ursprünglich in Südeuropa, breitet sich aus. **L** Radnetzspinne mit senkrechtem Netz zwischen Bodenpflanzen. Netz mit 2 typischen radiären Stabilimenten und einem, mit weißen Fäden überzogenem Zentrum (Nabe), unter dem die Spinne lauert. Frißt kleine Kerbtiere. Das ♀ lockt das ♂ durch »Hüftwackeln« und Fadentrommeln zur Paarung an. Nach der Begattung wird das ♂ meist gefressen. Der charakteristische Eikokon (»Tabaksbeutel«) mit 300–400 Eiern wird im VIII/IX neben dem Netz zwischen Gräsern aufgehängt. Nach ca. 4 Wochen schlüpfen die Jungspinnen, häuten sich und überwintern im Kokon, den sie erst im Mai verlassen.

Harlekinspinne
Salticus scenicus

4–7 mm	II–X	Felsen Mauern

M Der gedrungene Körper mit den 8 kräftigen, kurzen Beinen ist schwarzbräunlich mit weißen Querbändern. Der Kopf trägt 4 Augenpaare. **V** Felsen, Mauern, Baumstämme. **L** Diese sehr lebhafte Art jagt im Sonnenschein Insekten, die v.a. optisch wahrgenommen werden; denn im Gegensatz zu den meisten anderen Spinnen haben Springspinnen wohl die bestentwickelten Augen und verfügen über ein gutes Formen- und Farbensehen. Die anvisierte Beute wird – unter oft großen Umwegen – angeschlichen und aus kürzerer Entfernung angesprungen. Die Sprünge werden durch einen Ankerfaden reguliert, der auf der Unterlage befestigt ist. Springspinnen weben keine Häutungs-, Überwinterungs- und Nestkammern. Das ♂ umwirbt das ♀ mit charakteristischen Balztänzen. Das ♀ bewacht den Kokon mit den Eiern sowie die ausschlüpfenden Jungspinnen.

Hausspinne

Tegenaria ferruginea

9-14 mm	I-XII	Gebäude

M Hinterleib dunkel, mit hellem, seitlich schwarz begrenztem Mittelteil. Beinspanne bis 6 cm. **V** Ecken und Winkel in Häusern, Kellern, Dachböden, Scheunen, Ställen. **L** Baut horizontale »Deckennetze«, in deren äußerster Ecke ein sackförmiges Wohngespinst liegt, in dem sich die Spinne normalerweise aufhält. Daran schließt sich eine gesponnene Decke mit unzähligen, nicht klebrigen »Stolperfäden« an, bei deren geringster Erschütterung durch Beutetiere die Spinne aus ihrem Versteck schnellt und die Beute fängt. Nach der Paarung im Sommer werden die Eier in besondere Einetze gelegt, die in oder auch in der Nähe von Fangnetzen aufgehängt werden, bis die Jungen schließlich geschlüpft sind.

Krabbenspinne

Misumena vatia

♀ 10 mm ♂ 3-4 mm	IV-VIII	Blüten

M ♂ klein, grüngelb, ♀ größer, gelb bzw. weiß. Krabbenspinnen können durch körpereigenen Farbstoff ihre Körperfarbe dem Untergrund anpassen; diese Art kann einen Farbwechsel von Gelb nach Weiß und umgekehrt durchführen. **V** In gelben und weißen Blüten, häufig. **L** Die Bezeichnung Krabbenspinne kommt von der Fähigkeit, mit krabbenartig flach zur Seite gerichteten Vorderbeinpaaren seitwärts und rückwärts laufen zu können. Baut weder Fang-, Wohn-, Häutungs- noch Überwinterungsnetze. Sie lauert meist mit ausgebreiteten Beinen in Blüten auf ihre Beute: Insekten, darunter auch Bienen und Wespen, die sie mit einem Biß in den Nacken lähmt und sich so geschickt vom Leibe hält, daß deren Stachel ihr nicht gefährlich werden kann. Anschließend ergreift sie ihre Beute mit den langen Vorderbeinen und saugt sie aus.

Weberknecht

Phalangium opilio

5-9 mm	I-XII	Bodenstreu Gebäude

M Hat wie alle Weberknechte einen gegliederten Hinterleib, der in voller Breite am Vorderkörper ansetzt. Charakteristisch sind die langen Beine, die das 15fache der Körperlänge erreichen können. **V** In der Bodenstreu, in Kellern, Scheunen, manchmal auch auf Büschen und Bäumen. **L** Weberknechte bauen keine Netze, sondern fangen ihre Beute – Insekten, Asseln, Milben – im Lauf. Sie können sogar vorbeifliegende Insekten mit ihren Beinen aus der Luft herabschlagen. Manchmal verzehren sie auch Früchte, Pilze, Samen und Aas. Will man einen Weberknecht an einem Bein festhalten, läßt er dieses bei der Flucht abbrechen; es wächst nicht wieder nach. Die ♀ legen mit Hilfe eines Legebohrers die befruchteten Eier in feuchte Erde, Rindenritzen oder luftfeuchte Zimmerecken ab und kümmern sich dann nicht mehr um den Nachwuchs.

Saftkugler

Glomeris marginata

7–20 mm	I–XII	Wald-boden

M Rückenschilde des erwachsenen Tieres glänzend schwarz. Kann sich bei Gefahr zu einer erbsengroßen Kugel, in der Beine und Fühler verborgen sind, zusammenrollen (Name!). **V** In feuchten Laubwäldern, in der Bodenstreuschicht, unter Steinen, in Baumstümpfen. **L** Rollt sich ähnlich wie eine Kugelassel bei Gefahr zu einer Kugel zusammen; sondert nur in diesem eingerollten Zustand einen Wehrsaft (Name!) ab. Ernährt sich von vermoderndem Laub, Humusteilchen, Pilzen, Moosen, Pollen. Die befruchteten Eier werden – mit einer schützenden Exkrementmasse versehen – einzeln in winzige Erdkämmerchen gelegt. Eientwicklung 3–4 Wochen, geschlechtsreif nach gut 3 Jahren. Lebensdauer 6–7 Jahre.

Schnurfüßer

Schizophyllum sabulosum

20–47 mm	I–XII	Boden-streu

M Glänzend dunkelbraun oder schwarz, Körper kreisrund, langgestreckt, mit wenigstens 35 Segmenten. Mit Ausnahme der 3 ersten und des letzten Segmentes trägt jedes Körpersegment je 2 Beinpaare (»Tausendfüßer«). **V** In der Streuschicht des Bodens oder in den obersten Bodenschichten. **L** Beim Laufen werden die Beinpaare abwechselnd bewegt, so daß regelrechte Wellen durch die Beinpaare laufen. Beim Wühlen durch den Boden werden Kopf und Stirn als »Rammbock« benutzt. Rollt sich bei Gefahr spiralig zusammen; der Kopf ist immer im Zentrum der Spirale. Einen zusätzlichen Schutz zu dem starken Panzer bieten seitlich an den Segmenten mündende Drüsen, die einen stark riechenden, giftigen, z.T. blausäurehaltigen Wehrsaft gegen Feinde abgeben. Ernährt sich von Erdteilchen, moderndem Laub und Holz.

Steinläufer

Lithobius forficatus

20–30 mm	I–XII	Wald-boden

M Bräunlicher »Hundertfüßer« mit abgeflachtem Körper. Jedes Segment trägt nur je 1 Beinpaar, bei dieser Art sind es insgesamt 15 Beinpaare. **V** Streuschicht des Waldbodens, auch in den obersten Bodenschichten, unter Rinde und Steinen. **L** Kann schnell laufen, jagt rasch bewegliche, kleine Kerbtiere, auch Insektenlarven und Regenwürmer. Die kräftigen Kiefer sind mit Giftdrüsen versehen; sein Biß kann beim Menschen die schmerzhafte Wirkung eines Bienenstiches hervorrufen. Das ♀ trägt die befruchteten Eier einige Zeit zwischen den Hinterbeinen mit sich umher, bevor es sie einzeln in die Erde legt. Zuvor rollt es die Eier häufig noch auf dem Boden, so daß sie eine schützende Erdhülle erhalten. Die Entwicklungszeit vom Ei bis zum geschlechtsreifen Tier beträgt etwa 3 Jahre. Lebensdauer wenigstens 6 Jahre.

Gemeine Binsenjungfer

Lestes sponsa

25–35 mm 40–85 mm	VI–X	Ufer- pflanzen

M Für beide Geschlechter kennzeichnend ist die erzgrüne oder kupferfarbene Körperfarbe. Beim ♂ sind Brust und Hinterleibsende meist graublau bereift. Beide Flügelpaare zeigen ein schwarzes bis schwarzbraunes Flügelmal. **V** Die Gemeine Binsenjungfer ist an Tümpeln, Teichen und anderen stehenden Gewässern zu beobachten, kommt jedoch auch weiter entfernt vom Wasser vor. **L** Diese typische Hochsommerlibelle ruht gerne längere Zeit an Uferpflanzen. Die Paarung vollzieht sich im Sitzen, die Eiablage erfolgt in Pflanzen, wobei das ♂ das ♀ begleitet. Dabei tauchen diese Libellen nie unter die Wasseroberfläche. Die Eier überwintern; die neue Generation schlüpft bereits im nächsten Jahr.

Hufeisen-Azurjungfer

Coenagrion puella

23–30 mm 40–50 mm	V–IX	Ufer- pflanzen

M Die Gattung gehört zur Familie der Schlanklibellen, die an unseren Gewässern mit insgesamt 18 Arten vertreten sind. Diese sehr schlanke Libelle zeigt beim ♂ eine blaue, beim ♀ eine grünliche Grundfarbe. Der Hinterleib ist bei beiden Geschlechtern unterschiedlich metallschwarz gezeichnet, wobei die schwarzen Areale in den Hinterleibsegmenten des ♀ ausgeprägter sind. Die Unterscheidung gegenüber anderen *Coenagrion*-Arten läßt sich weitgehend nur an der Hinterleibszeichnung treffen. **V** Die Art fliegt am Ufer stehender oder langsam fließender Gewässer. **L** Die Eiablage (Foto) erfolgt an Pflanzen, in der Regel gemeinsam mit dem ♂. Die ♀ tauchen dabei manchmal ganz unter Wasser. Die Larve überwintert, verläßt nach abgeschlossener Entwicklung das Wasser und häutet sich zum fertigen Insekt.

Gebänd. Prachtlibelle

Calopteryx splendens

G

33–40 mm 70 mm	V–IX	Ufer- pflanzen

M Die Färbung des schlanken Körpers variiert in metallischem Blau oder Grün. Kennzeichnend ist beim ♂ die recht breite, blau oder grün schillernde Flügelbinde. Beim ♀ sind die Flügel einheitlich grünlich und durchsichtig. In Ruhestellung werden die Flügel zusammengeklappt. **V** Man findet die Gebänderte Prachtlibelle überwiegend im Uferbereich langsam fließender Gewässer. Stellenweise ist sie noch sehr verbreitet. **L** In langsamem und eigenartig flatterndem Flug werden geschickt andere Fluginsekten erbeutet. Die Paarung dauert bei dieser Art wenige Minuten und erfolgt im Sitzen. Das ♀ bohrt mit dem Legebohrer Pflanzen an und legt dann ins Pflanzengewebe die Eier ab. Oftmals erfolgt die Eiablage unter der Wasseroberfläche. Die Larvenentwicklung dauert 2 Jahre; die Lebensdauer des fertigen Insekts beträgt oft nur 2 Wochen.

Blaugrüne Mosaikjungfer

Aeshna cyanea

50–70 mm 95–110 mm	VI–X	Ufer Waldwege

[M] Das sehr gut und schnell fliegende Insekt ist grüngelb gefärbt und auffallend kräftig schwarz gezeichnet. Die glasigen Flügel haben im Spitzenbereich an der Vorderkante ein dunkles Flügelmal. [V] Die Libelle fliegt gerne auf Waldwegen oder am Rand von Waldlichtungen, oftmals auch weit entfernt von Gewässern. [L] Die Art ist ein geschickter Flugjäger; mit blitzschnellen Wendungen werden auch schnellste Fluginsekten in der Luft erbeutet. In ihrem Revier duldet diese Libelle keine Artgenossen; sie werden heftig angegriffen. Die Eiablage, bei der das ♀ nie ganz unter die Wasseroberfläche geht, erfolgt in Wasserpflanzen, die oberflächennah wachsen. Während der 2jährigen Entwicklungszeit überwintern Ei und Larve je einmal.

Plattbauch

Libellula depressa

22–28 mm 70–80 mm	V–VIII	Ufer- pflanzen

[M] Der auffallend breite Hinterleib ist bei dieser Art beim ♂ blau, beim ♀ olivbraun gefärbt. Die Flügel sind glasig; an der Basis der Hinterflügel fällt ein dunkelbrauner bis schwarzer Fleck auf. [V] Plattbäuche bevorzugen die Nähe von Lehmtümpeln, fliegen teilweise aber auch weit weg vom Gewässer. [L] Der Flug aller Segellibellen, zu denen diese Art gehört, wirkt ungestüm und ziellos. Die Jagd auf Fluginsekten geht meist von einem Ansitz aus, oft ein Ästchen oder Pflanzenhalm. Die Beute wird mit den Beinen im Flug blitzschnell ergriffen und meist auch sofort verzehrt. Kurz danach sitzt der Plattbauch wieder abwartend auf seinem Platz. Die Eiablage erfolgt im Fluge frei ins Wasser. Das ♀ wird dabei in der Regel nicht vom ♂ begleitet. Die wie bei allen Libellen räuberisch lebende Larve überwintert zweimal (2jährige Entwicklungszeit).

Vierfleck

Libellula quadrimaculata

30–45 mm 70–85 mm	V–VIII	Ufer- pflanzen

[M] Eindeutiges Bestimmungsmerkmal dieser verbreiteten Libelle sind die 4 dunklen Flecken auf jedem Flügelpaar. Beide Geschlechter sind ähnlich bläulich bis bräunlich gefärbt. [V] Die Art bevorzugt verschiedenste stehende Gewässer, hin und wieder ist sie aber auch an ruhigen Fließgewässern zu finden. [L] Wie der oben beschriebene Plattbauch ist der Vierfleck ein Ansitzjäger, der meist von einem Stammplatz aus – einem Zweig oder Halm – Jagd auf Fluginsekten macht. Auch er gehört in die Familie der Segellibellen, die bei uns mit ca. 20 Arten vertreten sind. Die Eier werden vom ♀ im Flug auf die Gewässeroberfläche abgelegt. Die am Gewässergrund lebende Larve entwickelt sich in 2 Jahren zum fertigen Insekt. Immer wieder wird beobachtet, daß eine größere Zahl dieser Libellen wandert und dabei weitere Entfernungen überwindet.

Blutrote Heidelibelle

Sympetrum sanguineum

20-30 mm 40-55 mm	VI-X	Wiesen Wege

M Die Art ist recht schwierig von den anderen 8 Arten der Heidelibellen abzugrenzen. Das ♂ ist an der Oberseite des Hinterleibes blutrot, das ♀ hell olivbraun. Wichtiges Bestimmungsmerkmal sind die ganz schwarzen Beine. **V** Die Libelle ist nicht an Gewässernähe gebunden und deshalb in fast allen Lebensräumen anzutreffen. **L** Sehr gerne werden Äste oder Zweige in Bodennähe als Ruheplatz benutzt; trotz ihrer intensiven Färbung fällt die sitzende Libelle nicht auf. Der Flug wirkt schnell und ungestüm. Die Paarung beginnt im Fluge und endet im Sitzen. Die Eiablage erfolgt stets gemeinsam mit dem ♂, wobei das ♀ die Eier frei ins Wasser fallen läßt. Ei oder Larve überwintern; Gesamtentwicklung 1 Jahr.

Eintagsfliege

Ephemeroptera

3-38 mm	V-VIII	Bäche Tümpel Seen

M Der Name dieser zarten Insekten leitet sich von der recht kurzen Lebensdauer ab, die in der Regel wenige Stunden oder Tage währt. Die einzelnen Arten sind nur sehr schwer zu unterscheiden. Kennzeichnend in allen Fällen sind die 3eckigen Vorderflügel und die wesentlich kleineren Hinterflügel, sowie 2-3 lange Schwanzborsten am Hinterleibsende. Die Flügel werden in Ruhe nach hinten oben zusammengeklappt. **V** Je nach Art in langsam oder schnell fließenden Bächen, in pflanzenreichen Tümpeln und Seen. **L** Zur Fortpflanzung beginnen die ♂ gegen Abend in dichten Schwärmen über dem Wasser ihre Hochzeitstänze. Fliegen ♀ in die wogende Wolke der ♂, kommt es zur Paarung und bald darauf zur Eiablage ins Wasser, wo sich die Larven entwickeln. Kurz nach der Paarung stirbt das ♂, das ♀ nach der Eiablage. Die Larvenentwicklung dauert meist 1 Jahr.

Steinfliege

Plecoptera

4-30 mm	II-X	Bäche Flüsse

M Wie bei den Eintagsfliegen, handelt es sich auch hier um eine Insektenordnung, die nichts mit den echten Fliegen zu tun hat. Die trägen, unscheinbaren, meist graubraunen Insekten sind durch ihre in Ruhe flach auf dem Hinterleib liegenden Flügel gekennzeichnet. Am Hinterleib findet man bei fast allen Arten 2 lange Schwanzborsten, sog. Cerci. Die verschiedenen Arten sind im Freiland kaum unterscheidbar. **V** Das Vorkommen von Steinfliegen ist mit wenigen Ausnahmen auf fließende Gewässer beschränkt. Sie leben dort meist unter Blättern oder Steinen in unmittelbarer Ufernähe. **L** Die Eier werden vom ♀ als Eipaket unter die Wasseroberfläche abgegeben und sinken zum Boden des Gewässers. Aus ihnen schlüpfen nach 3-4 Wochen die Larven, die sich in 1-3 Jahren durch häufige Häutungen zum fertigen Insekt, der Imago, entwickeln.

Gemeiner Grashüpfer

Chorthippus biguttulus

13-20 mm	VI-X	Wiesen Felder

[M] Die Art gehört in die Familie der Feldheuschrecken und läßt sich schwer von anderen *Chorthippus*-Arten unterscheiden. Bei beiden Geschlechtern ist die Brust behaart; die Hinterflügel sind glashell, an der Spitze rauchig trüb. Bei den Vorderflügeln ist der mittlere Bereich netzartig geadert. Die Fühler sind fadenförmig und am Ende nicht keulig verdickt. Das ♀ ist größer als das ♂. [V] Man findet die Art auf Wiesen, Feldern und anderen, nicht zu feuchten Standorten. [L] Im sommerlichen Zirpkonzert spielt diese Heuschrecke eine wichtige Rolle. Die Zirplaute werden von den ♂ durch rhythmisches Reiben der Hinterschenkel an den Vorderflügeln erzeugt. Eiablage in den Boden, Entwicklungsdauer 1 Jahr.

Grünes Heupferd

Tettigonia viridissima

30-40 mm	VII-X	Gebüsch

[M] Typisch für dieses grasgrüne Insekt sind lange, dünne Fühler, kräftige Sprungbeine und beim ♀ (Foto) eine lange Legeröhre. Letztere überragt allerdings nicht die seitlich zusammengelegten Flügel. [V] Bevorzugte Lebensräume dieser Singschrecke sind Büsche, Bäume, Gestrüpp und andere dichte Vegetation. [L] Die sehr gut getarnten Tiere machen sich oft durch ihren lang anhaltenden und lauten »Gesang« bemerkbar, der vom ♂ durch Aneinanderreiben der Vorderflügel erzeugt wird. Das ♀ legt mit dem kräftigen Legebohrer die Eier in Erd- oder Rindenspalten. Aus den Eiern schlüpfen erst im nächsten Jahr die Jungtiere. Sie leben zunächst auf Wiesen und verwandeln sich Ende Juli mit der letzten Häutung in erwachsene Heupferde. Larve und Imago (erwachsenes Tier) leben räuberisch von anderen Insekten.

Feldgrille

Gryllus campestris

20-25 mm	V-VI	Trocken-rasen

[M] Der gedrungene, glänzend schwarze Körper und der massive, helmartige Kopf charakterisieren diese noch häufige Grabheuschrecke. Die Fühler sind lang und dünn. Kennzeichnend sind auch die unten blutroten Hinterschenkel. Der Hinterleib des ♀ läuft in eine Legeröhre aus. [V] Grillen leben an sonnigen Wiesenhängen, an Feldrainen und anderen trockenen Standorten. [L] Der recht laute Grillengesang wird von den ♂ meist am Eingang der selbst gegrabenen Erdhöhle vorgetragen. Die Lauterzeugung erfolgt hier durch Aneinanderreiben der Flügel. Da die Tiere als Larven überwintern, sind sie schon im Frühsommer geschlechtsreif. Man hört deshalb den Gesang nur bis Ende Juni. Die Art ist vor allem nachtaktiv und ernährt sich von pflanzlicher Kost. Die ♀ legen die Eier in die Erde ab. Grillen leben überwiegend als Einzelgänger.

Wasserläufer

Gerris lacustris

10–15 mm	IV–X	Tümpel

[M] Die dunklen Tiere haben auffällig lange Beine, wobei das vordere Beinpaar jedoch deutlich kürzer ist als die Mittel- und Hinterbeine. Der Körper ist schlank und langgestreckt. [V] Als Lebensraum kommen alle stehenden, hin und wieder auch sehr langsam fließende Gewässer in Frage. Auch auf Pfützen sind diese Wanzen anzutreffen. [L] Die Art bewegt sich – ermöglicht durch Härchenbesatz an den Fußgliedern – mit ruckartigen und recht schnellen Ruderbewegungen über die Wasseroberfläche und erbeutet dabei sehr erfolgreich kleinere Insekten. Wie bei allen Wanzen vollzieht sich die Entwicklung ohne Puppenstadium. Die erwachsenen Tiere überwintern. Die gute Flugfähigkeit ermöglicht eine weite Verbreitung.

Grüne Stinkwanze

Palomena prasina

11–14 mm	IV–X	Gebüsch

[M] Im Lauf des Jahres verändert diese verbreitete Baumwanze ihre Körperfarbe: im Frühjahr grün, wandelt sich die Farbe bis zum Herbst zu hellem Braun. Der Körper ist abgeflacht und insgesamt etwas rundlich. Die Rückenfläche wird von einem großen, dreieckigen Bruststück und den harten, an der Spitze häutigen Flügeldecken gebildet. [V] Die Art ist auf verschiedenen Sträuchern und Bäumen anzutreffen, bevorzugt aber der Ernährung wegen Beerensträucher. [L] Die Tiere leben von Pflanzen- und Beerensäften, die mit dem kräftigen Saugrüssel aufgenommen werden. Die Eiablage erfolgt auf Pflanzen. Die aus den Eiern schlüpfenden Larven ähneln bereits den erwachsenen Tieren und entwickeln sich ohne Verpuppung zum Vollinsekt. Zur Abwehr wird ein Stinksekret abgegeben, das aus Drüsen an den Hinterbrustseiten stammt.

Blutzikade

Cercopis sanguinolenta

8–10 mm	V–VI	Wiesen

[M] Das käferähnliche Insekt hat rot-schwarz gezeichnete Flügeldecken. Körperumriß länglich-oval. [V] Die Art ist auf allen Wiesentypen zu finden, bevorzugt auf sonnigen, kalkreichen Standorten. [L] Das sprungfähige Insekt lebt von Pflanzensäften, die mit einem kräftigen Saugrüssel aufgenommen werden. Das ♀ legt die Eier in Rindenspalten ab. Nach der Überwinterung schlüpfen die Larven, die v.a. an Wurzeln leben und sich von den enthaltenen Säften ernähren. Die Tiere sind relativ träge und wenig sprungfreudig. Bei der ebenfalls recht verbreiteten Wiesenschaumzikade, *Philaenus spumarius*, entwickelt sich die Larve in einem von ihr selbst erzeugten, speichelähnlichen Schaumballen an Pflanzenstengeln. Der Schaum wird von der Larve durch Einblasen von Luft in eine eiweißhaltige Kotflüssigkeit erzeugt und dient der Tarnung.

Goldlaufkäfer
Carabus auratus

20–27 mm	IV–VIII	Feldwege

M Die Flügeldecken dieses metallisch grün glänzenden Käfers sind deutlich gerippt, zeigen jedoch keine gepunktete Struktur. Der Rand schimmert goldgrün. Die kräftigen Laufbeine und die kopfnahen Fühlerglieder sind gelbrot. **V** Der Käfer meidet Wälder; man findet ihn recht häufig auf Feldern, Wiesen und evtl. an Waldrändern. **L** Goldlaufkäfer sind typische Tagtiere, die sich räuberisch von Insekten, Würmern, Schnecken und anderem Kleingetier ernähren. Auch Aas wird nicht verschmäht. Daneben wird hin und wieder auch pflanzliche Kost aufgenommen. Die Eiablage erfolgt in den Boden; die Larvenentwicklung vollzieht sich im Laufe des Sommers, gefolgt von einer 2–3wöchigen Puppenruhe. Gesamtdauer der Entwicklung ca. 80 Tage.

Körniger Laufkäfer
Carabus granulatus

14–20 mm	III–IX	Waldwege

M Der grünlich-bronzefarbene Käfer ist durch Flügeldecken gekennzeichnet, deren Oberflächenstruktur eine kettenförmige Skulpturierung aufweist. Zwischen diesen »Längsketten« sind zudem erhabene Längsrippen ausgeprägt. Laufbeine recht kräftig. **V** Man findet die Art in verschiedensten Lebensräumen. Bevorzugt werden jedoch sehr feuchte Standorte in Wäldern und anderen Lebensräumen mit Busch- oder Baumbestand. **L** Im Gegensatz zu den meisten Arten der Laufkäfer kommen bei dieser hin und wieder flugfähige ♂ vor. Die Käfer machen Jagd auf verschiedenstes Kleingetier, klettern dabei auch auf Büsche. Sie sind v. a. nachtaktiv und verstecken sich tags unter Steinen oder Laub. Wie bei den meisten Laufkäfern, überwintern auch bei dieser Art die Jungkäfer in morschen Baumstümpfen oder unter Moos. Entwicklung wie beim Goldlaufkäfer.

Gelbrandkäfer
Dytiscus marginalis

22–44 mm	I–XII	Teichufer

M Der gelbe Streifen am Körperrand dieses dunkel olivgrünen Käfers hat der Art den Namen gegeben. Die Tiere haben Schwimmbeine; das letzte Beinpaar ist länger als die Vorder- und Mittelbeine. Beim ♂ ist die Sohle der Vorderbeine napfförmig verbreitert. **V** Gelbrandkäfer bewohnen ruhige, seichte Uferstellen von stehenden und z. T. auch fließenden Gewässern. **L** Käfer und Larven dieser Art leben räuberisch von verschiedensten Wassertieren. Selbst Fische und Kaulquappen werden erbeutet. Die Verpuppung erfolgt in einer Höhle über dem Wasserspiegel. Zur Erneuerung ihres Luftvorrates müssen die Käfer an die Wasseroberfläche, um mit einer Öffnung am Hinterleib Luft zu »tanken«. Die Tiere sind gute Flieger und deshalb weit verbreitet. Sie gehören in die Familie der Schwimmkäfer, die bei uns mit über 100 Arten vertreten sind.

Totengräber
Necrophorus vespilloides

12-18 mm	IV-VIII	Aas

[M] Die Flügeldecken dieses Aaskäfers, mit 2 roten Querbinden und 3 erhabenen Längsrippen, überdecken nicht den gesamten Hinterleib. Die schwarzen Fühler sind am Vorderende keulig verdickt. Es gibt 8 sehr ähnliche *Necrophorus*-Arten. [V] Totengräber sind in allen Waldtypen an trockenen Standorten anzutreffen. [L] Die Käfer untergraben kleinere Tierkadaver (Name!), bis diese - meist in der Nadelstreu oder Mulmschicht - versunken sind. Von dieser Aaskammer aus wird ein Gang angelegt, in dem die Eier abgelegt werden. Die Larven fressen am Kadaver und werden dabei von ihrer Mutter versorgt, ein bei Käfern einmaliger Fall von Brutpflege! Die Verpuppung erfolgt ebenfalls in einer Erdhöhlung.

Saatschnellkäfer
Agriotes lineatus

7-10 mm	V-VII	Wiesen Felder

[M] Der länglich-ovale Käfer ist insgesamt beige bis hellbraun gefärbt. Kennzeichnend für die ganze Familie der Schnellkäfer ist die Fähigkeit, sich bei Rückenlage durch Emporschnellen wieder umzudrehen. Dies wird durch einen Mechanismus auf der Bauchseite, der aus einem Dorn der Vorderbrust und einer Grube der Mittelbrust besteht, ermöglicht. [V] Man findet den Saatschnellkäfer auf allen Wiesentypen, auf Feldern, z.T. auch in Gärten und Baumschulen. [L] Larven und Käfer dieser Art leben von verschiedenen Pflanzenteilen. Während die Käfer kaum als Schädlinge in Erscheinung treten, sind die Larven als »Drahtwürmer« bekannt, die an Wurzeln und Knollen verschiedener Kulturpflanzen erhebliche Fraßschäden anrichten können. Die Verpuppung erfolgt im Boden und die Jungkäfer überwintern meist in morschem Holz. Entwicklungszeit 3-4 Jahre.

Zweipunkt-Marienkäfer
Adalia bipunctata

4-6 mm	IV-X	Blattläuse!

[M] In seiner typischen Farbausprägung hat dieser variantenreiche Marienkäfer 2 schwarze Punkte auf den mennigroten Flügeldecken. Einfarbig rote bis einfarbig schwarze Tiere kommen jedoch ebenfalls vor. [V] Die Art ist fast überall in unserer Vegetation zu finden. [L] Wie auch beim auf S.240 beschriebenen Siebenpunkt-Marienkäfer muß bei dieser Art der Nutzeffekt als Blattlausvertilger erwähnt werden. Das ♀ legt die Eier in der Nähe von Blattläusen ab, von denen sich die Larven auch ernähren. Nach 20-35 Tagen kommt es zur Verpuppung. Marienkäfer überwintern häufig in größeren Ansammlungen (Foto) an geschützten Stellen unter Steinen, unter Rinde o.ä. Wie kaum ein anderes Insekt genießen die »Glückskäfer« den Schutz des Menschen, was auch in vielen verschiedenen volkstümlichen Namen zum Ausdruck kommt.

Siebenpunkt-Marienkäfer
Coccinella septempunctata

5-8 mm	IV-IX	Blatt-läuse!

[M] Diesen allbekannten Käfer erkennt man sofort an den roten, schwarz gefleckten Flügeldecken. Die Körperform ist nahezu halbkugelig; Kopf, Brust (mit 2 weißen Flecken) und Beine sind schwarz. [V] Die Art ist auf Bäumen, Sträuchern und in der gesamten krautigen Vegetation von Gärten, Wäldern und Wiesen anzutreffen. [L] Bevorzugte Beute der Käfer und auch der Larven sind Blattläuse und andere Insektenlarven. Die Larven sind grauschwarz mit rotgelben Warzen an den Körperseiten. Sie entwickeln sich im Sommer über die, meist an Blättern befestigte, Puppe bis zum fertigen Insekt; die Käfer überwintern meist in kleinen Trupps unter Steinen o.ä. Der Nutzeffekt dieser Art als Blattlausvertilger ist erheblich.

Hirschkäfer
Lucanus cervus

G	25-75 mm	IV-VIII	Eichen

[M] Der Oberkiefer des ♂ ist hier in geweihartige Greifzangen umgewandelt (Name!) Die ♀ sind etwas kleiner als die ♂; ihre Kiefer sind zu zwei kräftigen, etwas vorstehenden Zangen ausgebildet. Die Flügeldecken sind kastanienbraun; Kopf, Brust und Beine sind schwarz. [V] Hirschkäfer kommen auf Laub- und Obstbäumen vor, bevorzugen aber eindeutig ältere Eichenbestände. [L] Die Art lebt von Baumsäften, die aus Rindenspalten oder Baumwunden austreten. Die mehrjährige Larvenentwicklung vollzieht sich meist an Wurzeln faulender älterer Eichen. Die mächtigen Greifzangen werden von den ♂ bei Paarungskämpfen eingesetzt, deren Ziel es ist, den Rivalen auf den Rükken zu drehen. Trotz ihrer Größe sind die Käfer flugfähig. Die selten gewordene Art steht unter Naturschutz und kann nur überleben, wenn ältere Eichenbestände erhalten bleiben.

Pinselkäfer
Trichius fasciatus

10-13 mm	VI-IX	(weiße) Blüten

[M] Als Besonderheit bei dieser Käferart ist die dichte wollige Behaarung der gesamten Oberseite anzusehen. Die Flügeldekken des Insekts sind gelb mit großen, schwarzen Flecken, wobei die Fleckung sehr variabel sein kann. Die anderen Körperteile des Käfers sind schwarz. [V] Pinselkäfer halten sich gerne auf Blüten auf, und zwar häufig auf Blüten von Doldengewächsen, aber auch von Weißdorn, Heckenrosen, Margeriten und anderen, meist weiß blühenden Pflanzen. Sie bevorzugen Gebirgsgegenden. [L] Die Käfer verzehren verschiedene Pflanzenteile der genannten Doldengewächse, aber auch von Erlen, Wildrosen und Liguster. Bei Sonnenschein schwärmen die Tiere. Die Eier werden dann wie beim auf S.242 beschriebenen Rosenkäfer gerne in modriges Holz abgelegt, von dem sich auch die Larven ernähren. Entwicklungsdauer 2 Jahre.

Rosenkäfer
Cetonia aurata

14–20 mm	V–VIII	Strauch-blüten

M Das metallische Grün der Oberseite sticht bei diesem Käfer gegen das hübsche Kupferrot der Unterseite ab. Im hinteren Bereich der Flügeldecken fallen weißliche Querstriche auf. Die Flügeldecken bleiben bei dieser Art im Flug geschlossen, an ihren Seiten erkennt man deshalb Aussparungen für das Entfalten der Hinterflügel. **V** Man findet die Käfer auf blühenden Sträuchern, besonders auf Weißdorn, Heckenrosen und Holunder, im Spätsommer auch auf Kohldistel-Blüten, in verschiedenen Lebensräumen. **L** Als Nahrung dienen v.a. Blütenblätter, die beim Blütenbesuch verzehrt werden. Die Eiablage erfolgt in modrige Baumstümpfe, in deren Holz auch die Larve lebt. Die Entwicklung zum Käfer dauert mehrere Jahre.

Maikäfer
Melolontha melolontha

18–25 mm	V–VII	Laub-bäume

M Der bekannte, aber heute schon recht seltene Käfer hat schokoladenbraune, leicht längsgefurchte Flügeldecken; Kopf und Bruststück sind schwarz. An den Flanken des Hinterleibes erkennt man unter den Flügeldecken hervorragende, weiße Dreiecksmarken. Beim ♀ besteht das Fühlerende aus 6, beim ♂ aus 7 Lamellen. **V** Maikäfer bevorzugen Obst- und Laubbäume. **L** Die Tiere fressen tagsüber die Blätter und Triebe ihrer Nahrungspflanzen; abends bilden sich bei gehäuftem Auftreten größere Flugschwärme. Die Eiablage erfolgt in den Boden, wo sich die 3–4jährige Entwicklung über die Larve (Engerling) und Puppe vollzieht. Demnach kam es früher in diesen Zeitabständen auch zu den sog. Maikäferjahren. So wurden die Käfer bei Massenvermehrung zu Schädlingen; v.a. die Engerlinge führen aber durch ihren Wurzelfraß zu bleibenden Schäden.

Junikäfer
Amphimallon solstitiale

12–18 mm	IV–VI	Laub-bäume

M Junikäfer sind mit dem oben beschriebenen Maikäfer nah verwandt, unterscheiden sich aber von diesem durch die geringere Größe, die rostrot-gelbliche Farbe und die Behaarung. Die Fühlerfächer sind 3lamellig. Als Junikäfer werden oft verschiedene Käferarten verstanden, so z.B. auch der Julikäfer, *Anomala dubia*, und der Gartenlaubkäfer, *Phyllopertha horticola*. Alle sind jedoch nah verwandt. **V** Wie der Maikäfer überwiegend auf Laubgehölzen in Wald und Gärten. **L** Bei massenhaftem Auftreten können die Käfer an Obstbäumen als Blattfresser erhebliche Schäden verursachen. Die ♀ leben auffallend häufiger am Boden als die ♂. Die auch hier übliche Schwarmzeit in der Dämmerung beschränkt sich in der Regel auf ½–1 Stunde. Die Larven leben im Boden und ernähren sich von Wurzeln. Ihre Entwicklung dauert 2 Jahre.

Mistkäfer

Geotrupes vernalis

15-25 mm	V-X	Dunghaufen

[M] Brust und Hinterleib dieses glänzend schwarzen Käfers sind stark gewölbt, die Flügeldecken leicht gefurcht. Die schwarzen Beine sind auffallend kräftig und bedornt. [V] Die Art ist in Wäldern, auf Weiden und Ödland anzutreffen; Voraussetzung ist das Vorhandensein von Dung. [L] Unter Dunghaufen werden verzweigte Erdgänge gegraben, in die der Dung eingetragen wird. Die kräftigen Beine eignen sich dabei als sehr gute Grabwerkzeuge. Innerhalb der Gänge werden in sog. Eikammern Dungballen deponiert, die den heranwachsenden Larven als Nahrung dienen. In jeder Eikammer wird dabei jeweils nur ein Ei abgelegt. Die Verpuppung erfolgt ebenfalls im Boden. Im Kreislauf der Stoffe spielen die Käfer eine wichtige Rolle.

Roter Schmalbock

Leptura rubra

12-18 mm	VI-IX	Doldenblüten

[M] Die nach hinten sich verschmälernden Flügeldecken sind beim ♀ kräftig rot gefärbt (roter Halsschild), beim ♂ gelbbraun (schwarzer Halsschild). Das ♀ ist außerdem größer. Fühler und Beine des Käfers sind recht lang und im Vergleich zum Körper etwas dunkler. Der Name »Bock« leitet sich von den gehörnartig langen Fühlern ab, die bei den Geschlechtern ebenfalls verschieden sind. [V] Recht oft kann man den Käfer im Wald oder an Waldrändern auf Doldenblüten antreffen, die die Nahrungsgrundlage bilden. Wegen ihres Vorkommens wird die Art auch oft als Roter Blumenbock bezeichnet. [L] Die Larvenentwicklung vollzieht sich in altem, modrigem Holz. Die Larve frißt dabei in alte Baumstümpfe oder in andere Holzteile lange Gänge und verpuppt sich auch in ihrem Nährsubstrat. Die Larvenentwicklung dauert mehrere Jahre.

Gefleckter Schmalbock

Strangalia maculata

14-24 mm	V-IX	Blüten

[M] Wie der oben beschriebene Rote Schmalbock ist auch diese Art schlank und durch lange Fühler gekennzeichnet. Die nach hinten schmäler werdenden Flügeldecken sind hier gelb mit schwarzen Querbinden, so daß auf den ersten Blick eine Ähnlichkeit mit Wespen vorgetäuscht wird. [V] Die Art ist oft auf Blütenpflanzen zu beobachten, die an Waldrändern gedeihen. [L] Als Nahrung dienen dem Käfer Blütenteile; bevorzugt werden Doldenblüten. Die Larve entwickelt sich im Holz von Kiefern, Pappeln, Weiden, Buchen und anderen Laubgehölzen. Die wespenähnliche Färbung hat für den harmlosen Käfer eine Schutzfunktion. Man nennt diese Imitation von anderen wehrhaften Arten Mimikry. Interessanterweise können die Käfer Töne erzeugen, deren Bedeutung allerdings unklar ist. Wahrscheinlich dienen sie der Verständigung unter den Partnern.

Kleiner Zangenbock
Rhagium inquisitor

12-22 mm	IV-IX	Holz Rinde

[M] Die dunkelgraue bis schwarze Grundfarbe des Käfers ist von gelblich-rotbraunen Binden und Flecken unterbrochen. An den Halsseiten, beim sog. Halsschild, fällt an jeder Seite eine dornartige Ausbuchtung auf. Die Flügeldecken sind nach hinten verschmälert und durch 2–4 Längsrippen gekennzeichnet. [V] Man findet die Art überwiegend in Wäldern, wo sie sich hinter der Rinde abgestorbener Nadel- und Laubbäume aufhält. [L] Die Larvenentwicklung vollzieht sich unter der Rinde von Nadelbäumen, Birken, Erlen, Buchen, Eichen u.a. Laubbäumen. Meist schlüpfen die Käfer im Herbst, überwintern dann zunächst und treten erst im nächsten Frühjahr auf. Bei Beunruhigung zirpen sie, wie fast alle Bockkäfer, recht laut.

Moschusbock
Aromia moschata

22-32 mm	VI-VIII	Weiden

[M] Meist ist dieser Käfer metallisch grün, seltener auch leicht bläulich gefärbt. Es kommen jedoch verschiedene Farbvarianten vor. Die langen Fühler entspringen vor den Augen und überragen den Hinterleib. Die Flügeldecken weisen feine Längsstreifen auf. Der Käfer produziert ein übelriechendes Sekret (Name!). [V] Man trifft die Tiere fast ausschließlich an alten Weiden an, von deren ausfließendem Saft sie sich ernähren. [L] Die gesamte Entwicklung dieser Art ist an Weiden gebunden, da sich die Larven im Holz dieser Bäume entwickeln. Bei starkem Befall können die »Wirtsbäume« sogar absterben. Die Verpuppung erfolgt in der Regel ebenfalls im Holz dieser Bäume. Ausnahmsweise kann die Larvenentwicklung auch im Holz von Pappeln und Erlen erfolgen. Innerhalb der Bockkäfer gehört der Moschusbock zu den attraktivsten Arten.

Kleiner Pappelbock
Saperda populnea

9-25 mm	V-VII	Pappeln

[M] Die Färbung dieser Art variiert von der Grundfarbe schwarz mit gelblicher Fleckung bis gelbgrün mit schwarzen Makeln auf den Flügeldecken. Die Fühler erreichen nicht das Hinterleibsende; sie sind deutlich geringelt. [V] Pappelböcke sind bevorzugt auf Pappeln, aber durchaus auch auf anderen Laubbäumen in Wäldern anzutreffen. [L] Die Larvenentwicklung erfolgt meist auf Zitterpappeln. Das ♀ nagt vor der Eiablage eine eigenartige hufeisenförmige Rinne in die Rinde eines Astes. Im »Innern« des Hufeisens werden Querrinnen gefressen; an der Rundung wird ein Ei abgelegt. Um das Ei herum wuchert das Baumgewebe und dient der Larve als Nahrung. Später bohrt die Larve ins Mark, wodurch äußerlich sichtbare Zweiggallen entstehen. Hin und wieder vollzieht sich die Larvenentwicklung auch in gefällten Bäumen oder Baumstümpfen.

Veränderlicher Blattkäfer

Chrysomela varians

8–10 mm	V–IX	Johanniskraut

[M] Der rundliche Käfer hat einen glänzenden und sehr farbvariabel schillernden Chitinpanzer. Metallisches Blau, Grün, Rotbraun, Violett und Bronzefarben kommen vor. Die Käfer gehören mit dem unten beschriebenen Kartoffelkäfer in dieselbe Unterfamilie. [V] Die Art kommt in der gesamten Vegetation vor. [L] Käfer und Larven ernähren sich von Blättern der Futterpflanze. Die Larvenentwicklung dauert nur 10–30 Tage, so daß im Jahr mehrere Generationen entstehen. Oft findet man Larven und Käfer an derselben Pflanze. Manche *Chrysomela*-Arten wurden schon zur gezielten biologischen Vernichtung bestimmter Schadpflanzen eingesetzt. Alle Arten sind nämlich auf gewisse Futterpflanzen spezialisiert.

Kartoffelkäfer

Leptinotarsa decemlineata

7–13 mm	V–IX	Kartoffeln

[M] Die Flügeldecken dieser allbekannten Art sind gelb mit jeweils 5 schwarzen Längsstreifen; der Halsschild ist ebenfalls gelb, jedoch variabel schwarz gefleckt. Die Larven dieser Art sind rot-orange-gelb mit schwarzem Kopf und schwarz bewarzt. [V] Man findet die Käfer an Kartoffeln und auch an anderen Nachtschattengewächsen. [L] Die zu Beginn dieses Jahrhunderts aus Kanada nach Europa verschleppte Art ernährt sich von den Blättern der Kartoffelpflanzen und kann wegen ihrer großen Vermehrungsrate – ein ♀ legt pro Jahr ca. 700 Eier – erhebliche Schäden verursachen. Die ebenfalls Blätter fressenden Larven entwickeln sich innerhalb weniger Wochen zur neuen Käfergeneration, so daß im Jahr 3 und mehr Generationen möglich sind. Die Verpuppung erfolgt im Boden. Auch die Überwinterung der ♀ findet in der Erde statt.

Fichten-Rüsselkäfer

Hylobius abietis

10–13 mm	V–IX	Rinde

[M] Kennzeichnend für diesen Käfer und die ganze Familie der Rüsselkäfer ist der ausgeprägte Rüssel, der hier die Länge von Kopf mit Halsschild erreicht. Das Insekt ist braun bis rostrot mit gelblicher, streifenförmiger Querpunktierung. Im vorderen Rüsselbereich entspringen die spitzenwärts keulig verdickten Fühler. [V] Die Verbreitung beschränkt sich weitgehend auf Nadelbäume und damit auf Nadel- und Mischwälder. [L] Die Käfer fressen Rindengewebe und Knospen der Nadelbäume und können dadurch große Schäden verursachen. In die Wurzelrinde von Baumstümpfen werden die Eier abgelegt. Die harmloseren Larven leben v. a. in den Wurzeln und ernähren sich von Bast und Splint. Ihre Entwicklungsdauer beträgt 2 Jahre; der Käfer lebt 2–3 Jahre. Der Gattung *Hylobius* gehören bei uns 4 Arten an, die nur schwer zu unterscheiden sind.

Honigbiene
Apis mellifica

15–21 mm	IV–X	Blüten

[M] Der Körper dieses allbekannten Insekts ist braun und fast überall behaart. Die Fühler sind relativ kurz, die Flügel bräunlich glasig. Am hinteren Beinpaar befindet sich ein »Sammelapparat« für den Transport von Blütenpollen. [V] Bienen fliegen in allen Lebensräumen mit nektar- und pollenbietenden Pflanzen. [L] Das soziale Insekt lebt in Völkern mit bis zu 50000 Individuen. Im Laufe ihres Lebens hat jede Biene verschiedene Funktionen zu erfüllen. Die Larven entwickeln sich nach der Eiablage der Königin in Waben. Dabei wachsen aus unbefruchteten Eiern die ♂ Tiere heran, die sog. Drohnen. Beeindruckend ist die Verständigung per »Tanzsprache«, bei der Entfernung und Richtung der Nahrungsquelle mitgeteilt werden.

Erdhummel
Bombus terrestris

12–20 mm	IV–X	Blüten

[M] Aufgrund großer Variabilität ist eine Bestimmung nicht immer mit absoluter Sicherheit möglich. Die bereits im zeitigen Frühjahr fliegenden ♀ sind samtschwarz behaart, am Hinterleibsende weiß; Brust und Hinterleib sind zudem meist ringförmig gelb behaart. Die erst ab Juli auftretenden ♂ unterscheiden sich lediglich durch die 13 Fühlerglieder (♀ 12). [V] Die Art kommt im offenen Gelände, auf Wiesen, Feldern und in Wäldern vor. [L] Die Brut wird in Erdbauten (Mäusegänge u.a.) bis 1,5 m Tiefe aufgezogen. Wie bei Bienen werden Wachskammern einzeln mit Eiern bestückt. Ein Volk besteht aus 200–400 Individuen, von denen nur die befruchteten ♀ überwintern; Arbeiterinnen, die ♂ und die älteren ♀ sterben im Herbst. Erdhummeln kann man vom Frühjahr bis in den Herbst bei der Nahrungssuche auf den verschiedensten Blüten beobachten.

Feldhummel
Bombus agrorum

12–20 mm	IV–X	Blüten

[M] In der Mitte der einfarbig rostrot behaarten Brust ist oft ein zentraler Bereich der Oberseite schwarz behaart. Die Hinterleibssegmente sind z.T. schwarz, v.a. die hinteren gelbrot behaart. Die Unterscheidung der Geschlechter ist wie bei der oben beschriebenen Erdhummel möglich. [V] Feldhummeln sind eifrige Blütenbesucher auf Wiesen, Feldern und in Gärten. [L] Wie bei der Erdhummel werden auch hier von den überwinternden ♀ die Bauten manchmal in Erdhöhlen angelegt. Meistens finden sich die Feldhummel-Nester jedoch oberirdisch in verlassenen Vogelnestern, Scheunen, Hauswänden. Interessant ist, daß die im Frühsommer schlüpfenden Arbeiterinnen noch kleiner sind als die im Sommer schlüpfenden Tiere. Die ♂ schlüpfen erst im Juli, im Spätsommer die ♀. Die erwachsenen Tiere und die Larven ernähren sich von Blütenpollen und Honig.

Hornisse
Vespa crabro

G	19–35 mm	IV–X	Bäume

M Kopf und Brust dieses räuberischen Insekts sind braunrot, der Hinterleib ist gelb gezeichnet. Die glasig bräunlichen Flügel überragen etwas den Hinterleib. **V** Hornissen leben in Wäldern, halten sich aber auch gerne in der Nähe menschlicher Behausungen auf, wenn es entsprechende Nestbaumöglichkeiten gibt. **L** Das Nest wird meist in Baumhöhlungen, unter Dachbalken oder Dachrinnen angelegt. Es besteht aus einer papierähnlichen grauen Masse, die durch intensives Kauen von moderndem Holz hergestellt wird. Es wird im Frühjahr von einem ♀ begonnen, dann aber von den ersten schlüpfenden Arbeiterinnen vollendet. Ein Volk besteht aus bis zu 5000 Individuen; nur befruchtete ♀ überwintern.

Deutsche Wespe
Paravespula germanica

15–27 mm	IV–X	Blüten Obst

M Im Gegensatz zur oben beschriebenen Hornisse ist diese Art kleiner und auch an der Brust gelb gezeichnet. Am Hinterleib ist jedes Segment gelb markiert. Beim ♀ und den Arbeiterinnen sind die »Schläfen« völlig gelb, beim ♂ trägt die Stirn einen gelben Fleck. **V** Diese Wespe bevorzugt offenes Kulturland, seltener ist sie auch in Wäldern anzutreffen. **L** Das Nest wird meist unterirdisch auf Feldern angelegt. Da jedes Volk im Frühjahr durch ein ♀ neu gegründet wird, steigt die Individuenzahl bis zum Herbst und kann bei dieser Art einige 10000 erreichen. Im Spätherbst geht das Volk zugrunde und nur wenige befruchtete ♀ überwintern. Die Insekten ernähren sich von verschiedenen Früchten und Nektar, ihre Larven hingegen werden mit erbeuteten Insekten gefüttert. Die Art ist sehr wärmeliebend und fliegt deshalb nur zu warmen Tageszeiten.

Feldwespe
Polistes gallicus

12–25 mm	IV–X	Blüten Obst

M Die *Polistes*-Arten sind schwer zu unterscheiden. Die Abgrenzung von den anderen Wespenarten gelingt am ehesten durch die »brillenähnliche« Zeichnung im oberen Bereich des Hinterleibs. Das gelb-schwarze Muster dient dem wehrhaften Insekt, wie auch den anderen hier beschriebenen Arten als Warnfärbung. Kennzeichnend für die *Polistes*-Arten ist zudem die sich allmählich verjüngende Hinterleibsbasis. **V** Die Feldwespe ist im offenen Kulturland (Wiesen, Felder, Obstplantagen u.ä.) heimisch, kommt aber sehr gerne in Hausnähe. **L** Das papierähnliche, graue Nest wird meist offen in Mauerspalten oder an Zweigen befestigt. Es ist relativ klein, nicht – wie bei Hornissen und Deutschen Wespen – von einer Außenhülle umgeben und wird mit einem kurzen Stiel befestigt. Häufig gründen mehrere ♀ zusammen ein Nest.

Sandwespe
Ammophila sabulosa

16-28 mm	IV-X	Sandboden

[M] Die Sandwespe gehört in die Familie der Grabwespen. Die Art ist schwarz und nur am Hinterleib rot gefärbt. Die ersten Hinterleibssegmente sind stielartig dünn und zusammen länger als der übrige Hinterleib. [V] Sandwespen kommen nur in Lebensräumen mit lockeren, sandigen Böden vor. [L] Im sandigen Boden wird ein Gang gegraben und an dessen Ende eine Nestkammer vorbereitet. Diese wird mit einer gelähmten Schmetterlingsraupe »beschickt«, an der ein Ei befestigt wird. Die von der Raupe zehrende Wespenlarve wird auch weiterhin mit Schmetterlingsraupen versorgt. Meist werden mehrere Nestkammern angelegt, deren Eingang nach dem Verlassen des Nestes immer mit Sand verschlossen wird.

Rote Waldameise
Formica rufa

G

4-11 mm	IV-X	Waldwege

[M] Diese allbekannten Insekten sind schwarz (♂) oder rotbraun (♀). Hinterleib und Brust sind durch einen dünnen Stiel verbunden, der durch eine aufrecht stehende Schuppe gekennzeichnet ist. [V] Die an ihre Bauten gebundenen Tiere findet man v.a. in Nadelwäldern. [L] In einem großen Bau leben bis zu 100 000 Individuen, wobei Arbeiterinnen (verkümmerte ♀) den größten Teil ausmachen. Einmal im Jahr treten geflügelte Geschlechtstiere (♂ u. ♀) auf, die sich bei einem Hochzeitsflug paaren. Die befruchteten ♀ gründen nach Abwurf der Flügel neue Kolonien, die ♂ sterben. Die Tiere sind Allesfresser; als Insektenfresser (Foto: Raupe) sind sie sehr nützlich und befreien die gesamte Umgebung ihres Baues von Schadinsekten. Sehr gerne nehmen Ameisen süße Pflanzensäfte auf oder Blattlaus-Ausscheidungen, die ebenfalls sehr zuckerreich sind.

Schwarze Wegameise
Lasius niger

3-12 mm	IV-X	Feldwege

[M] Die schwarzbraun gefärbten Tiere zeigen typische Ameisengestalt. Die Arbeiterinnen werden nur etwa 3-5 mm groß, die geflügelten Geschlechtstiere hingegen 10-12 mm. [V] Man findet die Bauten im Wald, an Wegrändern offener Landschaften und anderen Standorten. [L] Ameisen haben interessante soziale Verständigungsmöglichkeiten. Bei direktem Kontakt kommunizieren die Tiere durch Betasten des Stockgenossen mit den Fühlern. Als weitere Verständigungsmöglichkeit werden Duftstoffe mit hoher Wirksamkeit produziert (Pheromone), die z.B. zur Erkennung der Stockgenossen und zur Wegmarkierung dienen. Einmal jährlich erfolgt wie bei allen Ameisen der Hochzeitsflug der geflügelten ♀ und ♂. Im Winter ziehen sich diese Insekten in die unterirdischen und weitgehend frostsicheren Bereiche ihres Baues zurück.

Schwalbenschwanz

Papilio machaon

G	60-80 mm	IV-VIII	2

M Die Grundfarbe ist gelb, den Rand der Vorderflügel begrenzen an den Seiten zwei parallel verlaufende schwarze Bänder. Die Hinterflügel laufen in Schwanzfortsätzen aus; ein blauschwarzes Band, parallel zum gebuchteten Flügelrand und je ein rötlicher bis rostbrauner Augenfleck am Innenwinkel dieses Flügelpaars sind kennzeichnend. V Die Art bevorzugt offenes, hügeliges Gelände. L Saugt gerne an Blüten, fliegt ausdauernd und schnell. Erscheint im Jahresverlauf in 2 Generationen (IV–V u. VII–VIII). Auf der Suche nach den ♀ bilden die ♂ oft kleinere Trupps an bestimmten Stellen. Die Eier werden einzeln an verschiedenen Doldenblütlern abgelegt. Die Raupen sind grün mit schwarz-roten Querbändern.

Großer Kohlweißling

Pieris brassicae

60-70 mm	IV–X	2–3

M Die weißen Flügel sind kräftig geädert, die Spitzen der Vorderflügel sind schwarz, beim ♀ zudem durch je zwei schwarze Flecken gekennzeichnet. V Die noch weit verbreitete Art fliegt in Gärten, auf Feldern, Wiesen und anderem offenem Gelände. Es kommen 2–3 Generationen von April bis Oktober vor. L Die Falter fliegen verschiedenste Blüten zur Nektaraufnahme an. 200–300 Eier werden gruppenweise an der Blattunterseite von Kohlarten oder verwandten Pflanzen abgelegt. Nach 4–10 Tagen schlüpfen die Raupen, entwickeln sich in 3–4 Wochen bis zur Puppe. Vor der Verpuppung wird ein geschütztes Versteck an Häusern oder im Freiland aufgesucht. Die Puppen der 2. bzw. 3. Generation überwintern an geschützten Stellen. Aufgrund der Fraßschäden durch die Raupen an unseren Kohlarten, werden die Falter nicht gerne gesehen.

Rapsweißling

Pieris napi

40-50 mm	IV–X	2(–3)

M Die weiß-gelbweißen Flügel sind im Spitzenbereich der Vorderflügel grau überschattet. Daneben kennzeichnen ein (♂) oder zwei (♀) schwarze Flecken die Vorderflügel. Auf der Unterseite der Hinterflügel fallen die grüngrau bestäubten Adern auf. Die Art ist recht variabel in ihren Merkmalen, so daß man verschiedene Rassen unterscheiden kann. Oft kommen auch bei den einzelnen Jahresgenerationen Merkmalsunterschiede vor. V Die Art kommt auf Feldern, in Gärten und auf Wiesen vor. 2(–3) Generationen von April bis Oktober sind üblich. L Die Falter besuchen verschiedenste Blüten. Bei Massenvermehrung neigen sie zu Wanderzügen. Das ♀ legt die Eier einzeln an Kreuzblütlern ab. Bereits nach 4–6 Tagen schlüpfen die Raupen, um sich nach 2–3 Wochen zu verpuppen. Die Puppen der letzten Jahresgeneration überwintern.

Goldene Acht
Colias hyale

45–50 mm	IV–X	2–3

M Die Grundfarbe ist beim ♂ gelb, beim ♀ gelbweiß. Der Randbereich der Vorderflügel schwarz, mit hellen Flecken durchsetzt; im zentralen Bereich fällt ein schwarzer Fleck auf. Die Hinterflügel sind durch eine gelborange 8 gekennzeichnet (Name!). Die Art ist leicht mit anderen *Colias*-Arten zu verwechseln. **V** Der Falter ist häufig auf Kleefeldern und trockenen Kalksteinböden anzutreffen. Es kommen 2–3 Generationen von April bis Oktober vor. **L** Die Falter saugen sehr gerne recht ausdauernd an Kleeblüten. Die Eier werden auf Kleearten und anderen Schmetterlingsblütlern abgelegt. Die grünen Raupen sind von Mai bis September an diesen Pflanzen anzutreffen, danach suchen sie Überwinterungsverstecke auf.

Zitronenfalter
Gonepteryx rhamni

50–60 mm	I–XII	1

M Die Flügel, beim ♂ zitronengelb, beim ♀ gelbweiß, laufen in zipfeligen Spitzen aus. Im Zentrum der beiden Flügelpaare befindet sich je ein orangefarbener Punkt. **V** Der Falter bevorzugt freies Gelände in Waldnähe. **L** Die Art erscheint in 1 Generation. Im Jahresverlauf sind 3 Flugzeiten üblich: Bereits im Vorfrühling erfolgt in der 1. Flugperiode die Paarung, im Juli schlüpft die neue Faltergeneration, verfällt nach einigen Wochen in eine Sommerruhe, um im Herbst wieder umherzufliegen. Frei an einem Ast hängend verbringt der Falter die Winterstarre. Eiablage an Kreuzdorn oder Faulbaum, Raupenentwicklung 3–7 Wochen. Die Raupen sind schlank, grün mit einem hellen Längsstreifen an den Körperseiten. Anfangs frißt die Raupe Löcher in die Blätter, später werden die Blätter vom Rand her verzehrt. Die grüne Gürtelpuppe ist durch einen spitzen Kopf gekennzeichnet.

Großer Schillerfalter
Apatura iris

G	70–80 mm	VI–VIII	1

M Die dunkelbraune Grundfarbe wandelt sich beim ♂ Falter bei bestimmtem Lichteinfall in ein prächtiges schillerndes Blau. Die Vorderflügel sind weiß gefleckt; die Hinterflügel durchzieht eine weiße Binde, den Innenwinkel kennzeichnet ein Augenfleck. **V** Feuchte Laubwälder und Auwälder sind der bevorzugte Lebensraum der selten gewordenen Art. Sie kommt in 1 Generation von Juni bis August vor. **L** Der sehr scheue Falter ist v. a. am Vormittag zu beobachten, wenn er – oft lange verweilend – an Exkrementen oder Baumsaft saugt. Gerne fliegt er im Kronenbereich von Bäumen oder auf Waldwegen, wo er sich v. a. auf Pferdemist niederläßt. Das ♀ legt die Eier an Weiden, seltener auch an Pappeln ab. Die Raupen überwintern dort in sehr jungem Stadium. Anfangs sind sie bräunlich, später grün mit gelblichen Streifen an den Seiten und blauen Kopfhörnern.

Tagpfauenauge

Inachis io

45-65 mm	I-XII	2

M Beide rotbraun gefärbten Flügelpaare tragen einen blauschwarzen Augenfleck, ein unverwechselbares Merkmal dieser Art. **V** Der Falter tritt fast das ganze Jahr über auf, 2 Generationen sind üblich. In Parks, Gärten, an Waldrändern und in anderem offenem Gelände ist er noch recht häufig anzutreffen. **L** Die Art läßt sich gerne auf Distelblüten nieder, aber auch viele andere Blüten werden oft besucht. Die Falter überwintern auf Dachböden, in Höhlen und Kellern und erscheinen bereits zeitig im Frühjahr. Die Eier werden auf Brennesseln abgelegt. Die Raupen leben gesellig - oft in einem gemeinsamen Gespinst im Bereich der Wipfelblätter - und entwickeln sich in wenigen Wochen zur neuen Faltergeneration.

Admiral

Vanessa atalanta

50-60 mm	V-X	2

M Die schwarzen Flügel sind im Vorderflügel durch eine rote Schrägbinde, im Hinterflügel durch eine rote Saumbinde gekennzeichnet. Die Unterseite der Hinterflügel ist braungelb gemustert und bietet dem Falter damit gute Tarnung. **V** Man sieht den Admiral von Mai bis Oktober in 2 Generationen. Er bevorzugt offene Geländeformen wie Gärten, Obstgärten, Waldränder und Parks. **L** Die Art gehört zu den Wanderfaltern, die sich in unseren Breiten nur durch Zuwanderung von Tieren aus dem Süden erhalten. Man findet die Falter häufig an überreifem Fallobst und blutenden Bäumen, aber auch an Blüten. Die zugewanderten Falter legen an Brennesseln ihre Eier ab. Die neue Generation geht meist beim Abzug nach Süden in den Alpen zugrunde. Über seltene Fälle von überwinternden Exemplaren dieser Art wurde berichtet.

Distelfalter

Cynthia cardui

50-60 mm	V-X	2

M Die hell-ziegelroten Flügel sind mit dunklen Flecken besetzt. Der Spitzenbereich der Vorderflügel ist schwarz mit weißer Fleckung. **V** Mit Ausnahme von Wäldern ist der Falter in jedem anderen Lebensraum anzutreffen. **L** Wie der oben beschriebene Admiral gehört die Art ebenfalls zu den Wanderfaltern. Die im Mai eingewanderte Generation pflanzt sich hier fort, die 2. Generation ist bis Oktober bei uns heimisch. Die neue Generation schafft die Alpenüberquerung meist nicht und erfriert. Eine dadurch bedingte Dezimierung wird durch starke Vermehrung wieder ausgeglichen. Die Falter besuchen gerne Blüten, bevorzugt auch Disteln, sind aber ebenso an Fallobst anzutreffen. Die Eier werden an Disteln, Brennesseln und anderen Pflanzen abgelegt. Die Raupe ist variabel gefärbt und lediglich durch eine helle Rückenlinie gekennzeichnet.

Kleiner Fuchs

Aglais urticae

45-55 mm	V-X	2-3

M Auf feurig rotbraunem Grund sind v.a. am vorderen Rand der Vorderflügel helle und schwarze Flecken gruppiert. Die körpernahen Bereiche der Hinterflügel sind einfarbig dunkel. Der Rand beider Flügelpaare ist geeckt und mit blauen Flecken gesäumt. **V** Der Falter kommt noch recht häufig vor und ist in allen offenen Landschaften anzutreffen. In unseren Breiten sind 2–3 Generationen üblich, die von Mai bis Oktober fliegen. **L** Die Art saugt Nektar an verschiedensten Blüten, ist aber auch an Früchten zu finden. Das ♀ legt die Eier an Brennesseln ab. Die Raupen bleiben vergesellschaftet. Die Falter überwintern in Höhlen, Kellern und auf Dachböden. Bei günstigen Temperaturen werden die ersten schon im März aktiv.

C-Falter

Polygonia c-album

45-50 mm	V-X	2

M Kennzeichnend für diese Art sind die auffallend gezackten und gebuchteten Flügelränder. Die Grundfarbe ist rotbraun, belebt mit hellen und schwarzen Flecken. Auf der farblich sehr variablen Unterseite findet man am Hinterflügel ein weißes C-Zeichen (Name!). Häufig ist dieses auch stark abgewandelt und deshalb nicht immer als solches zu erkennen. **V** Man findet den C-Falter in 2 Generationen von Mai bis Oktober in Wäldern und Gärten. **L** Der Falter besucht v.a. Blüten. In Ruhestellung mit zusammengeklappten Flügeln ist er sehr gut getarnt und deshalb nur schwer zu entdecken. Die Eier werden im Frühjahr einzeln an Stachelbeeren, Ulmen, Haseln u.a. abgelegt. Die Raupen sind sehr auffällig; der braune Körper ist mit rotgelben Dornen besetzt, der Rücken ist weiß. Die 1. Generation erscheint im Juni/Juli, die überwinternde 2. Generation ab August.

Landkärtchen

Araschnia levana

30-40 mm	IV-VIII	2

M Die Art zeigt Saisondimorphismus, d.h. die beiden bei uns vorkommenden Generationen sind unterschiedlich gefärbt. Bei der Frühlingsform (IV–VI; Foto) sind auf rotbraunem Grund schwarze und weißgelbe Flecken, bei der Sommerform (VII–VIII) ist die Grundfarbe schwarz; weiße und rötliche Fleckenbinden durchziehen die Flügel. Früher hat man die beiden Formen als unterschiedliche Arten beschrieben. **V** Landkärtchen bevorzugen feuchte Wälder und kommen teilweise recht häufig vor. **L** Die Falter besuchen Blüten. Die Eier werden in Form kleiner Säulchen an die Unterseite von Brennesselblättern geklebt. Die Raupen leben zunächst gesellig, später einzeln. Die Puppe der Frühlings-Generation überwintert. Die unterschiedliche Ausprägung des Erscheinungsbildes bei den beiden Formen ist licht- und temperaturgesteuert.

Perlmutterfalter

Clossiana selene (Braunfleckiger P.)

40–45 mm	V–IX	2

M Die Oberseite der Flügel ist rotbraun mit schwarzen Flecken. Zur genauen Bestimmung muß die Unterseite des Hinterflügels beachtet werden. Sie ist gelblich-beige; die körpernahe, rostbraune Binde kennzeichnet ein schwarzer Fleck. Im Mittel- und Saumbereich helle und schwarze Felder. **V** Man findet die Art auf Waldwegen und buschbesetzten Wiesen in 2 Generationen (V–VI und VII–IX). **L** Die Falter saugen Nektar an verschiedenen Blüten. Die Eier werden bevorzugt an Veilchen abgelegt. Ein Teil der Raupen der 1. Generation wächst schneller und entwickelt sich gleich zur 2. Generation, ein Teil überwintert. Die der 2. Generation überwintern auch, so daß im Frühling die Nachkommen verschiedener Generationen schlüpfen.

Kaisermantel

Argynnis paphia

65–80 mm	VI–VIII	1

M Die ♂ dieses auffallend großen Falters sind leuchtend gelbrot mit dunkler Fleckung und Strichzeichnung. 4 Adern sind durch Duftschuppen gewulstet. Die ♀ sind blasser, gelblich bis grüngrau. Die Art wird auch Silberstrich genannt, da die Unterseite der Hinterflügel durch ein Silberband gekennzeichnet ist. **V** Es kommt nur 1 Generation von Juni bis August vor. Man findet die Falter v. a. auf Waldwiesen und an anderen lichten Waldstellen. **L** Die Falter bevorzugen Nektar aus Distelblüten und anderen Korbblütlern. Das ♀ legt die Eier an Baumstämmen oder am Boden in der Nähe von Veilchen ab, wo sie überwintern. Die Raupen schlüpfen im Frühjahr. Sie sind braunschwarz mit gelben Dornen, Streifen und Flecken und tragen 2 lange Kopfdornen. Sie leben dann an der Veilchen-Pflanze bis zur Verpuppung, die meist im Mai erfolgt.

Schachbrett

Melanargia galathea

45–55 mm	VI–VIII	1

M Die namensgebende schwarzweiße Schachbrettzeichnung macht den Schmetterling unter unseren einheimischen Faltern zu einer unverwechselbaren Art. Auffallend ist auch die starke Verkümmerung der Vorderbeine. **V** Der Schmetterling fliegt gerne auf Waldwegen, an Bahndämmen und auch auf Grasland. Er kommt in 1 Sommergeneration von Juni bis August vor. **L** In kurzen Flugetappen werden verschiedene Blüten, v. a. Disteln und Skabiosen angeflogen, wo der Falter länger verweilt. Die Eier werden an verschiedenen Pflanzen abgelegt, z. T. läßt sie das ♀ frei fallen. Die überwinternde Raupe geht nachts auf Nahrungssuche und lebt v. a. von Gräsern. Sie ist sandfarben, am ganzen Körper fein behaart und durch rötliche Afterspitzen gekennzeichnet. Die Verpuppung erfolgt etwa Mitte Juni; nach 3 Wochen schlüpfen die Falter.

Mohrenfalter
Erebia ligea

45-55 mm	VI-VIII	1

[M] Die samtartig dunkelbraunen Flügel werden in der äußeren Hälfte von einer rotbraunen Augenfleckenbinde durchzogen. Die Fransen am Flügelrand sind schwarz-weiß gescheckt. Wegen eines weißen Flecken auf der Hinterflügel-Unterseite auch Milchfleck genannt. [V] Mohrenfalter bevorzugen hügeliges Land mit Waldgebieten. Sie kommen in 1 Generation von Juni bis August vor. [L] Im Halbschatten von Waldwiesen oder Waldwegen ist der Falter sitzend nur schwer zu entdecken. Er fliegt meist langsam von Blüte zu Blüte. Die Raupe schlüpft oft erst im Jahr nach der Eiablage. Nicht selten überwintert sie ein zweites Mal, so daß die Verpuppung erst im 2. Jahr nach der Eiablage erfolgt; dadurch 2jähriger Häufigkeitswechsel.

Ochsenauge
Maniola jurtina

45-60 mm	VI-VIII	1(-2)

[M] Die Flügeloberseite ist beim ♂ einfarbig graubraun, beim ♀ aber im Vorderflügel braungelb aufgehellt. Bei beiden Geschlechtern markiert die Vorderflügel ein kleiner Augenfleck, der auf der Flügelunterseite deutlicher auffällt. Beim ♂ ist er meist blind, beim ♀ weiß gekernt. Verschiedene regionale Rassen kommen bei diesem Augenfalter vor. [V] In unseren Breiten gehört das Ochsenauge zu den häufigsten Tagfaltern. Man trifft es von Juni bis August auf Wiesen, Feldern und an Waldrändern an. [L] Der Falter besucht überwiegend Blüten. Die Eier werden vom ♀ frei abgelegt. Nach etwa 3 Wochen schlüpfen die Raupen; sie leben tagsüber versteckt, nachts findet man sie an Gräsern. Sie sind grün und gestreift; auf dem Kopf tragen sie Augenflecken. In der Regel überwintert die Raupe und verpuppt sich dann erst im folgenden Mai.

Waldbrettspiel
Pararge aegeria

45-50 mm	IV-IX	2-3

[M] Auf dunkelbraunem Grund sind im äußeren Bereich der Flügel blaßgelbe Flecken bandförmig angeordnet. Die Vorderflügel ziert ein Augenfleck, auf den Hinterflügeln findet man drei bis vier Augenflecke. Der Hinterflügelsaum ist zackig gewellt. Die Art ist mit anderen Augenfaltern leicht zu verwechseln. [V] Der Falter bevorzugt halbschattige Wälder. Er kommt in 2–3 Generationen von April bis September vor. [L] Der Schmetterling ist recht häufig auf Waldwegen und Lichtungen anzutreffen, wo er sehr langsam und flatternd von Blüte zu Blüte fliegt, sich aber auch gerne zum Sonnen auf dem Boden niederläßt. Die Raupen sind von Juni bis Juli und ab September an Gräsern zu finden. Sie sind hellgrün mit einem dunklen, weiß gesäumten Rückenstrich und je zwei weißen Strichen an den Seiten. Die letzte Raupengeneration überwintert.

Hauhechel-Bläuling

Polyommatus icarus

25-35 mm	V-IX	2-3

[M] Die ♂ sind blauviolett, am Flügelrand mit dunklem Saum und weißen Fransen. Die ♀ sind dunkelbraun (oft blau bestäubt) mit rotgelben Saumflecken und grauen Fransen. Die Flügelunterseite ist bei beiden Geschlechtern graubraun, beim Hinterflügel fällt eine weiße Markierung vor den rotgelben Saumflecken auf. [V] Der Falter ist von Mai bis September in 2-3 Generationen auf allen Wiesentypen anzutreffen. Er ist der verbreitetste Bläuling. [L] Die Falter besuchen Blüten und lassen sich auch gerne an feuchten Wegstellen nieder. Die Eiablage erfolgt an Schmetterlingsblütlern, den bevorzugten Futterpflanzen der Raupen. Diese sind von gedrungener Gestalt, grün, mit dunkelgrüner Rücken- und weißlicher Seitenlinie.

Dukatenfalter

Heodes virgaureae

G	35-40 mm	VI-VIII	1

[M] ♂ und ♀ sind bei dieser Art auffallend unterschiedlich gefärbt: Das ♂ ist feurig rotgold glänzend; der Flügelsaum ist samtschwarz. Das ♀ ist auf rotgoldenem Grund schwarz gefleckt. Die Unterseite der Hinterflügel ist bei beiden Geschlechtern gelbbraun, schwarz und weiß gefleckt; weiße Flecken quer verwischt. [V] Von Juni bis August findet man den Falter in 1 Generation an Waldrändern, in lichten Wäldern und auf Wiesen. [L] Der Dukatenfalter läßt sich gerne auf Disteln, Kreuzkraut und Wasserdost nieder. Die Eier werden an Ampfer-Arten abgelegt und überwintern. Aus ihnen schlüpfen im April die Raupen. Sie sind wie die aller Bläulinge - und zu jenen gehört der Dukatenfalter! - gedrungen und asselförmig, bei dieser Art dunkelgrün mit gelben Längslinien. Die Verpuppung erfolgt im Juni. Die früher verbreitete Art ist heute sehr selten geworden.

Rostfarb. Dickkopffalter

Ochlodes venatus

25-30 mm	IV-VIII	1-2

[M] Die rostbraunen Flügel sind recht undeutlich mit zwei dunklen Querbändern in den Vorderflügeln und mit weißen Punkten gezeichnet. Die Unterseite der Hinterflügel ist bräunlich-grau mit hellen Flecken. Die Fühler sind keulig und leicht sichelartig gebogen. Der Name »Dickkopffalter« leitet sich von dem durch die sehr großen Augen dick wirkenden Kopf ab. [V] Der Falter ist auf Lichtungen, Wiesen und Feldern in 1-2 Generationen anzutreffen (IV/V u. VII/VIII). [L] Die Art fliegt schnell und nur knapp über dem Boden. Der Flug wirkt eigenartig schwirrend. Es werden v.a. Blüten besucht, manchmal läßt sich der Falter auch auf dem Boden nieder, um Wasser zu saugen. Die Eiablage erfolgt an Hornklee, Kronwicke und anderen Pflanzen. Die Raupen spinnen sich mehrere Blätter zusammen, überwintern und verpuppen sich dann erst im nächsten Jahr.

Erdeichel-Widderchen

Zygaena filipendulae

30-35 mm	VI-VIII	1-2

M Die Vorderflügel schimmern metallisch schwarzgrün, sind dicht beschuppt und mit 6 roten Flecken markiert. Die Hinterflügel sind rot und schwarz gerandet, die Fühler keulenförmig. **V** Erdeichel-Widderchen bevorzugen sonnige Hänge. Sie sind die häufigsten Widderchen und kommen von Juni bis August in 1–2 Generationen vor. **L** Der Falter saugt gerne an Disteln. Sein Flug wirkt etwas plump und langsam. Die Fühler werden beim Sitzen meist vorgestreckt. Die Raupe ist v. a. an Schmetterlingsblütlern zu finden. Sie ist gelblich-grün mit fein behaarten schwarzen Warzen auf jedem Segment. Die Verpuppung erfolgt in einem pergamentartigen Kokon von länglicher Form, der aufrecht an Grashalmen befestigt wird.

Brauner Bär

Arctia caja

50–70 mm	VII-VIII	1

M Beide Flügelpaare sind bei diesem auffälligen Falter kräftig gemustert: die Vorderflügel dunkelbraun mit weißen Bändern, die Hinterflügel rotbraun mit blauschwarzen Augenflecken. Die Fühler sind beim ♂ stärker gekämmt als beim ♀. **V** Der Falter fliegt in 1 Generation auf Waldlichtungen und Wiesen. Er ist z.T. noch recht häufig. **L** Die Art ist ein Nachtflieger. Tagsüber verbergen sich die Falter unter Blättern. Ihre auffällige Färbung dient lediglich als Warnsignal. In Gefahrensituationen klappen sie die Vorderflügel nach vorne, so daß die intensiv gefärbten Hinterflügel erscheinen. Man nennt eine solche Färbung Warn- oder Schrecktracht. Die Raupen dieses Spinners sind kräftig schwarz und rostrot behaart; sie haben der Art den Namen gegeben. Man findet sie auf verschiedenen Pflanzen. Meist überwintert die Puppe; sie liegt in einem feinen Haargespinst.

Nonne

Lymantria monacha

35–55 mm	VII-VIII	1

M Schwarze Zickzackbinden durchziehen die weißen Vorderflügel. Die Hinterflügel sind einfarbig grau, der Hinterleib beim ♀ rosa. Die ♀ sind wesentlich größer, plump und träge. Die Fühler sind v. a. beim ♂ doppelkammzähnig. **V** Nonnen sind v. a. im Nadelwald heimisch. Der Falter fliegt von Juli bis August in 1 Generation. **L** Die ♂ Falter sind oft auch tags fliegend zu beobachten, während die ♀ überhaupt nur sehr ungerne fliegen. Die ♀ legen die Eier unter die Rinde von Nadelbäumen. Nach der Überwinterung schlüpfen im nächsten Frühjahr die Raupen. Ihre Färbung ist grau bis fast schwarz mit einem hellen rautenförmigen Fleck auf dem Rücken. Sie ernähren sich von Fichtennadeln und werden bei gehäuftem Auftreten schädlich. Der Falter gehört in die Familie der sog. Schadspinner, in der eine Reihe gefürchteter Wald- und Gartenschädlinge vorkommen.

Pappelschwärmer
Laothoe populi

60-90 mm	V-VIII	1(-2)

M Die Flügel sind grau bis braun und mit welligen, bräunlichen Querlinien gezeichnet. Der Flügelsaum ist deutlich gezähnt, am Innenwinkel der Hinterflügel fällt ein rostbrauner Fleck auf. **V** Der Falter ist v.a. in Lebensräumen mit Pappeln oft anzutreffen. Er fliegt von Mai bis August (seltener 2 Generationen). **L** Pappelschwärmer sitzen tags an Pappelstämmen. Dabei werden die Hinterflügel rechtwinklig zum Körper abgespreizt, die Vorderflügel stehen schräg nach hinten. Ihr Flug ist wie der aller Schwärmer sehr schnell. Die Falter nehmen keine Nahrung auf. Eiablage und Raupenentwicklung erfolgen an Pappeln. Die Raupen nehmen oft eine stark gekrümmte Stellung ein. Die Puppen überwintern in der Erde.

Mittlerer Weinschwärmer
Deilephila elpenor

50-65 mm	V-VI	1

M Die Vorderflügel zieren olivgrüne Bänder, die jeweils in ein zartes Rosarot übergehen. Die Hinterflügel sind kräftiger rosa und im Bereich der Flügelwurzel schwarz. **V** Man findet den Schwärmer von Mai bis Juni (selten auch im August/September) auf Waldlichtungen, in Gärten und anderen offenen Landschaften. In der Regel gibt es nur 1 Generation. **L** Weinschwärmer besuchen Blüten. Sie sind oft in der Dämmerung zu beobachten, fliegen aber auch nachts. Die Eier werden an Weidenröschen, an Labkraut, Weinreben und Fuchsien abgelegt. Die große, bis 8 cm lange Raupe kann enorme Nahrungsmengen aufnehmen. Sie ist schwärzlich, häufig auch grün und dunkel gesprenkelt, mit einem kurzen Horn am Körperende. Am Vorderkörper trägt sie große Augenflecken, die Angreifer abschrecken sollen. Die Puppe überwintert in der Erde.

Wolfsmilchschwärmer
Hyles euphorbiae

G	60-70 mm	VI-IX	2

M Die Vorderflügel sind gelblich-grau, oft rötlich getönt und mit olivgrünen Flecken und Binden gezeichnet. Die Hinterflügel sind rosarot, an der Flügelwurzel schwarz, am Innenwinkel mit weißem Fleck. **V** Der Falter ist in Wäldern und auf Wiesen in 2 Generationen anzutreffen. Er fliegt von Juni bis Juli, oft auch im September. **L** Wolfsmilchschwärmer besuchen Blüten und man sieht sie meist in der Dämmerung. Sie sind im Mittelmeerraum heimisch und bei uns demnach nur Einwanderer. Die Raupen leben an Wolfsmilch-Arten. Sie sind schwarz mit gelber und roter Fleckung und einem roten Rückenstreifen. Der Kopf und die Beine sind rot; das Horn am Hinterleib ist rot-schwarz. An den Körperseiten fallen die gelben Flecken auf. Man trifft die Raupe v.a. im Juli/August an. Die Verpuppung erfolgt im Boden, wobei die Herbstpuppen überwintern.

Taubenschwänzchen
Macroglossum stellatarum

40–50 mm	V–XI	2(–3)

M Die Vorderflügel dieses Falters sind dunkelgrau und undeutlich quer gebändert, die Hinterflügel gelbbraun, im Saumbereich geschwärzt. Am Hinterleib fällt ein breites Afterbüschel auf. V Taubenschwänzchen fliegen auf Waldlichtungen, an Waldrändern, sind aber auch in Gärten nicht selten. Es kommen 2(–3) Generationen von Mai bis November vor. L Die Falter sind in unseren Breiten Zuwanderer, die bei uns auch nicht überwintern. Sie fliegen tagsüber und besuchen Blüten, wobei sie wie Kolibris vor der Blüte im Schwirrflug stehen und mit dem sehr langen Rüssel Nektar saugen. Ihr Flug ist insgesamt recht schnell. Die Raupen sind v.a. an Labkraut zu finden. Ihre Färbung ist grün mit hellen Längsstreifen.

Kleines Nachtpfauenauge
Eudia pavonia

55–80 mm	IV–V	1

M Das ♀ (Foto) ist bei diesem Falter vorwiegend grau, das ♂ ist durch bräunliche Vorderflügel und rostgelbe Hinterflügel gekennzeichnet. Bei beiden Geschlechtern markiert ein großer, runder Augenfleck beide Flügelpaare. Er liegt jeweils zwischen zwei gewellten Querbinden. Beim ♂ sind die Fühler stärker gekrümmt als beim ♀. V Die Art kommt teilweise recht häufig in allen Geländeformen vor. Sie fliegt in 1 Generation von April bis Mai. L Die Falter können wegen ihres rückgebildeten Rüssels keine Nahrung aufnehmen. Die recht großen Raupen leben oft an Heidekraut, sind aber auch an anderen Pflanzen zu finden. Zur Verpuppung wird ein flaschenförmiger Seidenkokon gesponnen, der einen raffinierten, nur nach außen zu öffnenden Reusenverschluß hat. Dadurch kann der Schmetterling schlüpfen, aber kein Feind von außen eindringen.

Nagelfleck
Aglia tau

55–85 mm	IV–V	1

M Die Grundfarbe ist beim ♂ ockergelb, beim ♀ etwas heller. Den dunkleren Flügelsaum grenzt eine schwarze Binde ab. Im Zentrum beider Flügelpaare befindet sich eine blauschwarze Augenzeichnung mit einem zentralen nagel- oder T-förmigen Fleck (Name!). Der Rüssel ist stark reduziert. V Die Art kommt vorwiegend in Buchenwäldern vor. L Auf der Suche nach den ♀ durchstreifen die ♂ lichte Buchenwälder. Sie fliegen am Tag und sind leicht zu beobachten. Die ♀ sind dagegen kaum zu finden, weil sie am Boden sitzen und nur nachts zur Eiablage in die Baumkronen fliegen. Die Raupen ernähren sich von Buchenblättern, die v.a. in den Baumwipfeln abgeweidet werden. Die Verpuppung erfolgt am Boden in einem leichten Gespinst. Zur Tarnung für den Weg aus der Baumkrone zum Boden wechseln die Raupen ihre Farbe von grün nach grau.

Hausmutter

Noctua pronuba

50-60 mm	VI-IX	1

[M] Die Vorderflügel sind bei diesem Falter sehr variabel gefärbt. Dunkelbraune, graubraune und gelbe Töne kommen vor. Angedeutete, dunkle Querbänder durchziehen den Flügel, ein schwarzer Fleck ist meist vorhanden. Die Hinterflügel sind gelb mit schwarzem Saumband. [V] Hausmuttern fliegen fast überall von Juni bis September. [L] Die Falter verbringen den Tag versteckt, oft in Häusern (Name!). Sie besuchen Blüten, um mit ihrem kräftigen Rüssel Nektar zu saugen. Die Raupen fressen nur nachts an verschiedenen Pflanzen der Bodenvegetation. Sie sind graugelb oder grün mit blassen Linien und dunklen Schrägstrichen und Punkten. Nach der Überwinterung verpuppen sie sich im Frühjahr in einer Erdhöhle.

Gammaeule

Autographa gamma

35-40 mm	V-X	1-2

[M] Die Vorderflügel dieses Eulenfalters sind grau mit violetter und schwärzlicher Tönung. Ein silberfarbenes Gamma-Zeichen markiert das Flügelzentrum. Die Hinterflügel sind gelbgrau mit dunklem Saum. Innerhalb der Familie der Eulen gehört die Art zu den sog. Metalleulen, die sich durch metallische Flecken an den Vorderflügeln auszeichnen. [V] Die Falter fliegen – oft in Massen – von Mai bis Oktober in offenem Gelände. Wahrscheinlich kommen mehrere Generationen vor. [L] Die Gammaeule ist tag- und nachtaktiv. Sie besucht Blüten, wo sie mit ihrem langen Rüssel Nektar saugt. Der Falter wandert bei uns aus dem Süden ein, kann hier aber nicht überwintern. Die Eier werden meist an verschiedenen Kräutern abgelegt, von denen sich auch die Raupen ernähren. Die Verpuppung erfolgt in einem seidigen Gespinst unter Blättern.

Rotes Ordensband

Catocala nupta

70-80 mm	VII-IX	1

[M] Die Vorderflügel sind dunkelgrau mit verschwommener Querbänderung, die unregelmäßig gezackt erscheint. Die weiß gesäumten Hinterflügel sind rot und von stark geknickten, dunklen Binden durchzogen. [V] Der Falter ist von Juli bis September in Wäldern anzutreffen. 1 Jahresgeneration ist üblich. [L] Tagsüber ruhen die Tiere mit flach dachförmig zusammengelegten Flügeln an Stämmen. Die Färbung der Flügeldecken tarnt sie ausgezeichnet. Nachts saugen sie sehr gerne an gärendem Obst. Wird der Falter gestört, klappt er blitzschnell die Vorderflügel nach vorn, so daß das grelle Rot der Hinterflügel erscheint. Feinde werden damit erschreckt und er kann fliehen. Die Raupen schlüpfen im Frühjahr aus den überwinternden Eiern. Man findet sie dann v.a. an Pappeln und Weiden. Ihre rindenartige Färbung tarnt auch sie sehr gut.

Stachelbeerspanner

Abraxas grossulariata

G			
	40-45 mm	VII-VIII	1

[M] Die Grundfarbe der Flügel ist weiß, der Körper kontrastiert dazu in einem zarten Gelbton. Körper und Flügel sind schwarz gefleckt, im Vorderflügel ist die Flügelwurzel und ein Flügelband gelb getönt. [V] Die Falter fliegen in 1 Generation von Juli bis August. Sie bevorzugen Gärten und lichte Wälder. [L] Die frei auf Blättern ruhenden Falter ähneln Vogelkot und sind deshalb gut getarnt, obwohl die Färbung zunächst recht auffallend erscheint. Die Eiablage erfolgt an Stachelbeeren, Johannisbeeren oder Weiden. Die in Form und Farbe zweigähnlichen Raupen leben von den Blättern dieser Pflanzen. Die überwinternde Puppe hängt in einem Gespinst. Die Art wurde früher als Gartenschädling angesehen, ist heute jedoch selten.

Birkenspanner

Biston betularia

40-65 mm	V-VIII	1

[M] Normalerweise sind die Falter weiß mit schwarzer Fleckung. Man findet aber auch völlig geschwärzte Tiere. [V] Birkenspanner fliegen in Laubwäldern und Parks und sind z.T. sehr verbreitet. Es gibt nur 1 Generation, die von Mai bis August anzutreffen ist. [L] Die Falter sitzen tagsüber gerne an der Rinde von flechtenbewachsenen Birken, wo sie durch ihre Färbung optimal getarnt sind. Die dunkle Farbvariante tritt gehäuft in Industriegebieten auf; auf den verschmutzten Baumrinden ist diese Form besser getarnt. Man bezeichnet diese Anpassung als sog. Industriemelanismus. Erstmals wurden die schwarzen Formen im letzten Jahrhundert in England beobachtet, kommen heute allerdings in ganz Europa vor. Die Raupen leben an Laubhölzern. Sie sind durch ihre zweigähnliche Gestalt ebenfalls gut geschützt. Die Puppe überwintert.

Grünes Blatt

Geometra papilionaria

45-55 mm	VI-VIII	1

[M] Die kräftig grün gefärbten Flügel werden bei diesem Spanner von weißlichen Querstreifen und unterbrochenen Wellenlinien durchzogen. Die Flügel sind auffallend breit, der Körper ist ebenfalls grün. Neben dieser Art gibt es bei uns 11 weitere Arten sog. Grünspanner, die allesamt grün gefärbt sind. Ihre Unterscheidung ist z.T. schwer. [V] Der Falter fliegt in 1 Generation von Juni bis August. Bevorzugt ist er in lichten Wäldern anzutreffen. [L] Der Spanner ist überwiegend dämmerungs- und nachtaktiv. Tagsüber läßt er sich, obwohl gut getarnt, sehr leicht aufschrecken. Er gilt als starker Lichtflieger, d.h. Lichtquellen werden gerne angeflogen. Aus den überwinternden Eiern schlüpfen Raupen, die sich überwiegend an Erlen und Birken weiterentwickeln. Sie sind grün mit gelblicher Seitenlinie und roten Höckern. Die Verpuppung erfolgt meist in einer Erdhöhle.

Kohlschnake

Tipula oleracea

15–25 mm	IV–X	Gras Büsche

M Das schwerfällig fliegende Insekt hat einen schlanken Körper und schmale Flügel. Die langen Beine fallen bei unsanfter Berührung sehr leicht ab. Da die Tiere keine Nahrung zu sich nehmen, sind ihre Mundwerkzeuge verkümmert. Die Körperfarbe ist graubraun. **V** Man findet Kohlschnaken auf Wiesen, Feldern und auch in feuchten Wäldern. **L** Die Eier werden vom ♀ im Boden abgelegt. Die Larven ernähren sich von Humus, z.T. auch von Pflanzenwurzeln. Manche Arten können dadurch zu Schädlingen in der Landwirtschaft werden. 1–2 Generationen pro Jahr sind üblich. Die nachtaktiven Insekten werden leider fälschlicherweise häufig als Blutsauger angesehen, sie sind jedoch vollkommen harmlos.

Stechmücke

Culex pipiens

8–10 mm	V–IX	Tümpel Teiche

M Die graubraun gefärbte Mücke hat einen schlanken Körper mit beschupptem Hinterleib. Die Beine sind recht lang, die Flügel sehr schmal. Das ♂ unterscheidet sich vom ♀ durch gefiederte Fühler. **V** Stechmücken lieben gewässernahe Lebensräume, da sich die Larven im Wasser entwickeln. **L** Die Eier werden ins Wasser abgelegt; die Larven hängen mit einem Atemrohr an der Wasseroberfläche. Sie ernähren sich von Kleinstlebewesen im Wasser und kommen in geeigneten Gewässern in sehr großer Zahl vor. Das ♀ benötigt zur Eientwicklung Blut, das ♂ hingegen ist ein harmloser Nektarsauger an Blüten. Aus diesem Grund sind die Mundwerkzeuge unterschiedlich gebaut. Die ♀ stechen (Foto) v.a. in der Dämmerung und bei trübem, warmem Wetter. Bei der Suche nach einem Opfer orientieren sie sich an Geruch und Körperwärme.

Schwebfliege

Syrphus ribesi

10–12 mm	VI–IX	Blüten

M Die Fliege ist durch große, den Kopf fast umfassende, rotbraune Augen, eine grünliche Brust und durch einen gelbschwarz gestreiften Hinterleib gekennzeichnet. **V** Schwebfliegen findet man an fast allen sonnigen Stellen in unserer Vegetation. **L** Die Fliegen sind eifrige Blütenbesucher. Einmal in der offenen Blüte gelandet, bewegen sie sich eigenartig langsam. Ihr charakteristischer, »stehender« Schwebflug hat zur Namensgebung geführt. Die Eier werden auf Pflanzen abgelegt; die Larven ernähren sich bevorzugt von Blattläusen und haben damit einen beachtlichen Nutzeffekt. Wegen ihrer wespenähnlichen Warnfärbung werden die Fliegen oft als Stechinsekten angesehen, sie sind jedoch vollkommen harmlos. Die Imitation anderer wehrhafter Arten dient dem Schutz vor Feinden und wird als Mimikry bezeichnet.

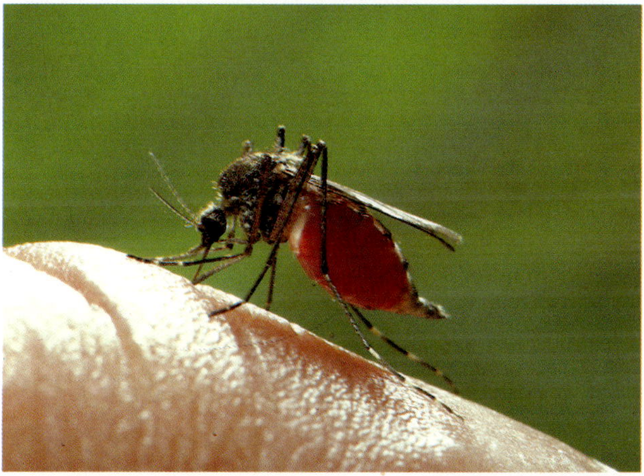

Bachforelle

Salmo trutta f. *fario*

G	15–40 cm	Bäche Seen	IX–II

M Seitlich abgeflacht, Mundspalte reicht bis hinter die Augen. »Fettflosse« zwischen Rücken- und Schwanzflosse. Schuppen klein. Rücken grün-bräunlich, Seiten heller, Bauch gelblich. Oberseits dunkle, unterhalb der Seitenlinie rote, hellumrandete Punkte. **V** Kühle, sauerstoffreiche Fließgewässer, kiesige Seen. Bestand zurückgehend, heute meist eingesetzt. **L** Standfisch. Ältere Tiere verteidigen ihr Revier gegen Eindringlinge. Ernährt sich von Kaulquappen und kleinen Fischen (auch Kannibalismus!); die Jungfische v. a. von Insekten, -larven und Kleinkrebsen. **F** Leichwanderung flußaufwärts, Ablaichen in der Strömung. Die rötlichen Eier werden im Kies vergraben. Geschlechtsreife: ♂ im 2., ♀ im 3. Lebensjahr.

Äsche

Thymallus thymallus

G	25–50 (60) cm	kleine Flüsse	III–VI

M Körper seitlich abgeflacht, Kopf spitz, Fettflosse zwischen der hohen, langen Rücken- und der Schwanzflosse. Mundspalte reicht höchstens bis zum Augenvorderrand. Schuppen klein. Silbergrau mit einzelnen dunklen Punkten. Zur Laichzeit Körper mit purpurfarbenem Schimmer. **V** Sauerstoffreiche, schnellfließende Gewässer mit festem Grund (»Äschenregion«). Bestände wie bei der oben beschriebenen Bachforelle stark zurückgegangen (Wasserverschmutzung, -verbauung!). **L** Standfisch. In der Jugend gesellig. Ernährt sich von Wasser- und Luftinsekten, Würmern, Schnecken, Fischlaich, kleinen Fischen. **F** Das ♀ legt an einer seichten, überströmten, kiesigen Stelle 3000–6000 Eier in eine Grube und bedeckt den Laich nach der Besamung wieder mit Kies. Brutdauer ungefähr 14 Tage. Geschlechtsreife: ♂ im 3., ♀ im 4. Lebensjahr.

Hecht

Esox lucius

♀ bis 150 cm ♂ bis 100 cm	Flüsse Seen	II–V

M Langgestreckter Körper mit langer, entenschnabelähnlicher, stark bezahnter Schnauze. Die Rückenflosse sitzt weit hinten. Färbung nach Alter und Gewässer variabel: Rücken grünlichbraun, Seiten heller mit dunklen Querbinden, Bauch gelblich. **V** Fließende und stehende Gewässer. **L** Standfisch der Uferzone. Ernährt sich von Fischen, auch von kleineren Artgenossen (Kannibalismus!), Ratten, Mäusen, Jungvögeln, Fröschen, Wirbellosen. Wird zuweilen in Karpfenteichen als »Polizeifisch« eingesetzt, um die »wertloseren« Weißfische zu vertilgen und in schmackhaftes Hechtfleisch zu »verwandeln«. **F** Laicht an Pflanzen des Uferbewuchses; die Eier haften an Blättern, Stengeln und Wurzelwerk der Wasserpflanzen. Brutdauer 10–30 Tage. Geschlechtsreife: ♂ ab Ende des 2., ♀ ab Ende des 3.–4. Lebensjahres.

Rotauge, Plötze
Rutilus rutilus

20–30 (50) cm	Flüsse Teiche Seen	IV–V

M Seitlich abgeflacht, silbrig. Mundspalte eng, fast waagrecht. Schuppen groß. Rückenflosse über der Bauchflosse. Brust- und Bauchflosse sowie Afterflosse oft rötlich. Iris rot (Name!). **V** Seen, Tümpel, langsam fließende Flüsse, auch Brackwasser. **L** Stand- und Wanderformen. Steht oft in Schwärmen im Pflanzenbewuchs der Uferzone, im Winter an besonders geschützten Stellen (Winterlager). Ernährt sich von Kleintieren des Wassers, Wasserpflanzen und Detritus (winzige Teilchen organischer Stoffe). **F** ♂ mit Laichausschlag. Laichablage an Pflanzen, Wurzeln und Steinen der Uferregion. Brutdauer 4–10 Tage. Die Brut schwimmt nach 2–5 Tagen frei im Uferbereich. Geschlechtsreife: ♂ und ♀ ab Ende des 3. Lebensjahres.

Döbel, Aitel
Leuciscus cephalus

30–50 (60) cm	Bäche Flüsse	IV–VI

M Spindelförmiger, im Querschnitt fast runder Körper mit dikkem Kopf. Mundspalte weit. Große, derbe, dunkel umrandete Schuppen (Netzmuster). Rücken graubraun-grünlich, Flanken silbrig, häufig mit Goldglanz, Bauch weißlich. Bauchflossen und die nach außen gewölbte Afterflosse rötlich. **V** Oberflächenfisch fast aller fließenden Gewässer; kommt selten auch in Seen vor. **L** In der Jugend gesellig, im Alter eher einzelgängerisch und dann mehr im tiefen und freien Wasser. Ernährt sich von Krebsen, anderen Fischen, Fröschen und Kleinsäugern; Jungfische nehmen v. a. Insektenlarven, Fluginsekten, Würmer, Weichtiere und auch Wasserpflanzen. **F** ♂ mit feinkörnigem Laichausschlag. Laichablage an Pflanzen und Steinen im Uferbereich. Brutdauer ca. 7 Tage. Geschlechtsreife: ♂ nach dem 3., ♀ nach dem 4. Lebensjahr.

Ukelei, Laube
Alburnus alburnus

12–15 (25) cm	Flüsse Teiche Seen	IV–VI

M Schlank, seitlich abgeflacht. Mundspalte steil nach oben gerichtet (oberständig). Afterflosse deutlich länger als die Rückenflosse. Rücken grünlichgrau bis -blau, Seiten silbrig glänzend. **V** Oberflächenfisch stehender und langsam fließender Gewässer, sowohl in der Uferzone als auch im Freiwasser. Meidet starke Strömungen, dichten Pflanzenbewuchs und trübes Wasser. Kommt auch im Brackwasser vor. **L** Meist in großen Schwärmen zu beobachten. Ernährt sich von tierischem Plankton, von Würmern, Insektenlarven und Fluginsekten. **F** ♂ mit Laichausschlag. Laicht nachts mit lautem Geplätscher an flachen, kiesigen Stellen bzw. an den Zu- und Abflüssen von Seen. Die Eier kleben an Stengeln, Blättern und Wurzeln der Uferpflanzen sowie an Steinen. Brutdauer ungefähr 7 Tage. Geschlechtsreife: sowohl ♂ als auch ♀ mit 2–3 Jahren.

Elritze

Phoxinus phoxinus

G

7–10 (14) cm	Bäche Flüsse (Seen)	IV–VII

M Körper langgestreckt, im Querschnitt rund. Mund klein, Schuppen klein. Seitenlinie oft unvollständig entwickelt. Färbung je nach Gewässer variabel: Rücken grünbraun, Flanken heller, silbrig, Bauch weißlich. ♂ zur Laichzeit dunkler, mit rotem Bauch, roten Lippen und goldglänzenden Seiten. **V** In klaren, sauerstoffreichen Fließgewässern mit Kiesboden sowie in Kiesseen. **L** Oft in großen Schwärmen nahe der Wasseroberfläche. Sehr anpassungsfähig. Ernährt sich von Fluginsekten, kleinen Boden- und Wassertieren. **F** ♂ und ♀ mit Laichausschlag. Laichablage an Steinen, seltener an Pflanzen des Uferbereiches. Brutdauer 5–10 Tage. Geschlechtsreife: sowohl ♂ als auch ♀ ab Ende des 1.–2. Lebensjahres.

Gründling

Gobio gobio

8–14 (20) cm	Bäche Seen	V–VI

M Spindelförmig, im Querschnitt fast drehrund. Mund unterständig, Schuppen groß. Beiderseits je 1 kurzer Bartfaden am Hinterrand des Oberkiefers. Rücken schwarz-, grünlich- oder bläulichgrau, Flanken heller, Bauch weißlich glänzend. Entlang der Seitenlinie dunkle Flecken unterschiedlicher Größe. Schwanz-, Rücken- und Afterflosse mit kleinen dunklen Punkten. **V** Meist schnellfließende, aber auch stehende Gewässer mit sandigem oder kiesigem Grund; auch in Brackwasser. **L** Schwarmfisch, am Grunde der Gewässer: im Sommer an seichteren, im Winter an geschützteren, tieferen Stellen. Ernährt sich von Würmern, Krebsen, Insektenlarven und Fischlaich. **F** ♂ mit Laichausschlag auf Kopf und Vorderkörper. Laichablage an flachen, überströmten Stellen an Steine und Pflanzen. Brutdauer 10–30 Tage, je nach Wassertemperatur.

Bitterling

Rhodeus sericeus amarus

G

5–6 (10) cm	Flüsse Teiche	IV–VII

M Seitlich abgeflacht, hochrückig. Mund endständig, Schuppen groß. Seitenlinie nur 5–6 Schuppen lang. Rücken graugrün, Seiten silberglänzend mit blaugrün schillerndem Längsband von der Seitenmitte bis zur Schwanzflosse. Bauch weiß. ♂ zur Laichzeit mit rosa Kehle, Brust und Bauch, Rücken und Hinterkörper schimmern bläulichgrün. ♀ mit einer 4–5 cm langen, rosa Legeröhre. **V** Pflanzenbewachsene Uferregion langsam fließender oder stehender Gewässer, stets zusammen mit Teich- und Malermuschel. Typischer Altwasserbewohner. **L** Schwarmfisch. Ernährt sich von Wasserpflanzen, Kleinkrebsen, Würmern, Insektenlarven. **F** Laichablage mittels Legeröhre in den Kiemenraum der Wirtsmuschel, dort auch Besamung durch das ♂. Brutdauer 15–20 Tage. Die Larven verlassen die Muschel nach Aufbrauchen der Nahrungsreserven aus dem Dottersack.

Schleie
Tinca tinca

20–30 (60) cm	Flüsse Teiche Seen	V–VII

M Kräftiger, gedrungener, olivgrüner Fisch mit Messingglanz. In die dicke, schleimige Oberhaut sind kleine Schuppen eingebettet. Rücken- und Afterflosse kurz, Schwanzflosse kaum ausgebuchtet. Beidseitig je 1 Bartfaden an den Mundwinkeln. **V** Langsam fließende Gewässer und warme, seichte Seen mit dichtem Pflanzenwuchs und Schlammgrund. **L** Scheu, tagsüber meist in Bodennähe, durchwühlt in der Dämmerung den Boden nach Kleintieren und Pflanzen. Hält im Schlamm vergraben Winterruhe. **F** Die Laichschwärme legen in Ufernähe ihre sehr kleinen Eier 3–4mal, im Abstand von ca. 2 Wochen, an Wasserpflanzen ab. Brutdauer je nach Wassertemperatur 3–5 Tage. Geschlechtsreife: ♂ und ♀ im 3.–4. Sommer.

Brachsen, Blei
Abramis brama

30–50 (75) cm	Flüsse Seen	V–VII

M Seitlich stark abgeflacht. Bleifarbener (Name!) bis schwärzlicher, hoher Rücken, die Seiten silbrig, die Flossen dunkelgrau. Altfische oft mit Goldglanz. Die zurückgelegte Brustflosse erreicht die Basis der Bauchflosse. Kennzeichnend sind die kurze Rücken- und doppelt so lange Afterflosse. **V** Uferzone langsam fließender Gewässer (»Brachsenregion«) oder großer, nährstoffreicher Seen (z.B. Stauseen). **L** Als Jungfische in kleinen Schwärmen im Flachwasser; die scheuen Alttiere kommen erst in der Dämmerung in die Uferzone und durchwühlen den Boden nach kleinen Weichtieren, Würmern und Insektenlarven (»Brachsenlöcher«). **F** Die gelblichen Eier werden in der Uferzone von den Laichschwärmen abgelegt und haften an den Wasserpflanzen. Brutdauer 3–12 Tage. Geschlechtsreife: ♂ und ♀ ab dem 3.–4. Lebensjahr.

Karpfen
Cyprinus carpio

30–70 (120) cm	Flüsse Teiche Seen	V–VII

M Seitlich etwas abgeflacht, mehr oder weniger hochrückig. Mund endständig, vorstülpbar, mit je 2 Barteln an der Oberlippe. Schwanzflosse 2zipfelig. Rücken und Flossen braungrün, Seiten silbrig, Bauch weißlich. Je nach Beschuppung unterscheidet man: »Schuppenkarpfen« (Stammform, vom Aussterben bedroht!), »Spiegelkarpfen«, »Zeilkarpfen«, »Lederkarpfen«. **V** Warme stehende und langsam fließende Gewässer mit Schlammgrund und starker Vegetation. Wichtigster Teichfisch!. **L** Steht tagsüber gern im Schutz der Uferböschung und wird erst abends aktiv. Ernährt sich von Bodentieren und Pflanzen. **F** ♂ mit schwachem Laichausschlag an Kopf und Brustflossen. Die Eier werden ratenweise, mit ca. 1 Woche Abstand, an Pflanzen der seichten Uferzone gelegt. Brutdauer 3–5 Tage. Geschlechtsreife: ♂ am Ende des 3., ♀ im 3.–4. Lebensjahr.

Feuersalamander

Salamandra salamandra

15–20 (28) cm	Feuchte Wälder	V–VIII

[M] Glänzend schwarzer Schwanzlurch mit breitem Kopf und dottergelben bis orangefarbenen Flecken, die auch zu Längsstreifen verschmelzen können. [V] Feuchte Wälder des Hügellandes, mit klaren, sauerstoffreichen Gewässern. [L] Tagsüber unter Laub, Steinen, in Erdlöchern, Baumstümpfen. Geht in der Dämmerung und nachts, nach warmem Regen auch tagsüber auf Nahrungssuche: Würmer, Nacktschnecken, Gliederfüßer. [F] Paarung im Sommer, an Land. Im ♀ entwickeln sich 20–70 Eier zu 4beinigen, 2,5 cm langen, kiemenbüscheltragenden Larven, die meist im März des kommenden Jahres im Flachwasser abgesetzt werden. Sie entwickeln sich innerhalb von 2–3 Monaten zu landlebenden Volltieren.

Bergmolch

Triturus alpestris

♀ bis 12 cm ♂ bis 8 cm	Lichte Wälder	III–V

[M] Gedrungener Molch mit dunkelgraubraun marmoriertem Rücken und ungeflecktem, orangefarbenem Bauch. Haut samtig, im Wasser körnig. ♂ zur Laichzeit mit 2 mm hoher, ungezackter, dunkelgefleckter Rückenleiste sowie blau und orange gefärbten Seiten und Schwanz. [V] Hügelige, lichte Wälder. Laichgewässer sind kleine, kalte Tümpel, Wassergräben, kleinere Stauseen, Wagenspuren, alle mit oder ohne Vegetation. [L] Nachtaktiv. Tagsüber lebt er meist versteckt unter feuchtem Laub, im Moos. Ernährt sich von Würmern, Schnecken und kleinen Kerbtieren. [F] Mitte März bis Mitte Mai legt das ♀ meist nachts 100–250 Eier einzeln in gefaltete Blättchen der Wasserpflanzen. Die Larven schlüpfen nach 2–3 Wochen. Bei dieser Art kann man häufiger auch Fälle von Neotenie (Geschlechtsreifwerden von Larven) beobachten.

Teichmolch

Triturus vulgaris

♀ bis 9,5 cm ♂ bis 11 cm	Wälder Parks	III–V

[M] Schlanker Schwanzlurch mit glatter, samtiger, zuweilen auch schwach körniger Haut. Rücken gelbbraun, Kehle und Bauch orange mit schwarzen Tupfen. ♂ zur Laichzeit mit welligem, an der Schwanzwurzel nicht unterbrochenem Kamm. [V] Lichte Wälder, Wald- und Feldränder, Parks, Gärten, Flußauen. Als Laichgewässer dienen seichte, pflanzenreiche Teiche, Tümpel, Wassergräben, auch Kies-, Sand- und Tongruben. [L] Nachtaktiv, bei feuchter Wärme auch tagaktiv. Führt ein heimliches Leben im Laub, unter und zwischen Steinen und Holz, meist in Wassernähe. Ernährt sich von Würmern, Schnecken, kleinen Kerbtieren. [F] Je nach Witterung im März bis Mai legt das ♀ 200–300 Eier einzeln in gefaltete Blättchen von Wasserpflanzen. Die Larven schlüpfen nach ca. 2 Wochen. Wie beim oben beschriebenen Bergmolch gibt es auch hier mitunter Neotenie.

Gelbbauchunke

Bombina variegata

G	bis 5 cm	Tümpel Pfützen	V–VI

M Rücken olivbräunlich, stachelig-warzig. Bauch auffällig blauschwarz-goldgelb gefleckt. Giftiges Hautsekret! Pupille herzförmig. ♂ zur Laichzeit mit hornigen Schwielen an Fingern und Zehen. **V** Vegetationsarme, sonnige Pfützen, Tümpel, Wagenspuren, Kiesgruben. **L** Meist tagaktiv. Taucht bei Störung unter und gräbt sich im Schlamm ein. Bei Gefahr an Land zeigt sie in »Schreckstellung« ihre auffällige Unterseite. Überwintert im Boden. Ruft von April bis August, v. a. abends, ihr typisches »unkunk«. Ernährt sich von Insektenlarven, Schnecken, Gliederfüßern. **F** Im Mai, bei günstigem Wetter sogar 2–3mal pro Jahr, legt das ♀ ca. 100 Eier in Klümpchen an Wasserpflanzen oder am Gewässerboden ab.

Kreuzkröte

Bufo calamita

G	bis 8 cm	Felder Kies-gruben	III–VI

M Rücken graubraun mit olivbraunen Flecken und rötlich getupften Warzen. Fast immer mit schwefelgelbem Rückenstrich. Bauch weißlich mit unregelmäßigen, dunklen Flecken. Pupille waagrecht. ♂ mit großer, kehlständiger Schallblase. Zur Laichzeit mit Brunftschwielen an Innen- und Oberseite der ersten 3 Finger. **V** Steinbrüche, Kiesgruben, Felder, Ruderalflächen. Laichgewässer sind flache, vegetationsarme/-lose Pfützen, Tümpel. **L** Überwiegend nachtaktiv. Tagsüber oft in Erdlöchern, Baumstümpfen, unter Steinen. Das knarrende »ärr-ärr ...« der ♂ ist bis zu 1 km weit hörbar. Mit ihren kurzen Beinen kann sie nicht hüpfen, sondern läuft – mitunter sehr rasch – auf allen Vieren. **F** Die 1–2 m langen Laichschnüre enthalten 3000–4000 Eier. Die Larven schlüpfen nach 4–6 Tagen und entwickeln sich innerhalb von 6–7 Wochen zu Kröten.

Erdkröte

Bufo bufo

♀ bis 15cm ♂ bis 8cm	Wälder Gebüsch	II–V

M Größte heimische Kröte. Rücken graubraun bis oliv, warzig, Unterseite heller. Pupille waagrecht. ♂ ohne Schallblase, zur Laichzeit mit schwärzlichen, hornigen Brunftschwielen an den ersten 3 Fingern. **V** Wald, Kulturland, Steinbrüche, Kiesgruben, Hecken, Ruinen. Laichgewässer sind Tümpel, Teiche und Weiher; auch Salzwasser. **L** Meist dämmerungs- und nachtaktiv, bei feuchtwarmer Witterung auch tagsüber auf Nahrungssuche: Würmer, Insekten, Spinnen, Nacktschnecken. Ruft leise »oak«. Überwintert in Erdhöhlen, unter Wurzeln, Holz und Steinen. **F** Oft weite Wanderungen zum angestammten Laichgewässer. Das ♀ verankert die 2–4reihigen, bis zu 5 m langen, gallertigen Laichschnüre mit bis zu 6000 Eiern an Wasserpflanzen. Nach 12–18 Tagen schlüpfen die Larven, die bis zur Umwandlung in die fertige Kröte 3–4 Monate benötigen.

Wasserfrosch

Rana esculenta

bis 12 cm	Seen Teiche	V–VI

M Die Farbe variiert in allen Grün- bis zu Brauntönen, mit schwärzlichen Flecken und gelbgrünen Rückenstreifen. Oberschenkel meist gelbbraun marmoriert. Kleiner Fersenhöcker an der Fußunterseite. 2 äußere, seitliche Schallblasen. **V** Im Uferbereich vieler Seen, Teiche, Tümpel mit gutem Pflanzenbewuchs, meist in Ufernähe. **L** Überwiegend tagaktiv, sonnt sich gerne am Ufer. Überwintert im Schlamm des Gewässerbodens. Ruft laut, oft im Chor: »krroak«. Schnappt die Beute (Insekten, Gliederfüßer, Schnecken, Würmer) oft im Sprung. **F** Das ♀ legt 600–1500 Eier in Laichklumpen ab, die auf den Gewässergrund sinken. Nach 5–8 Tagen schlüpfen die Larven, deren Umwandlung zum Frosch 2–3 Monate später beendet ist.

Grasfrosch

Rana temporaria

bis 10 cm	Wälder Wiesen	II–III

M Färbung sehr variabel: von gelblich über rot- bis schwarzbraun. Mehr oder minder stark dunkel gefleckt. Schallblasen sind, im Gegensatz zum oben beschriebenen Wasserfrosch, nicht ausstülpbar. ♂ zur Laichzeit mit aufgedunsener Haut und schwärzlichen Brunftschwielen am Daumen. **V** Feuchte Wälder, Wiesen, Riedgebiete, Heide und Moore. Laichgewässer sind fast alle stehenden oder langsam fließenden Gewässer. **L** Tag- und nachtaktiv. Gut ans Landleben angepaßt. Überwintert in der Erde oder im Schlamm des Gewässergrundes. Quakt unauffällig. Ernährt sich von Würmern, Schnecken, Insekten. **F** Die Art erscheint als erster Froschlurch im Jahr am Laichgewässer, mitunter nach Laichwanderungen. Das ♀ legt bis zu 3500 Eier in einem Laichballen ins flache Wasser ab, wo er an der Oberfläche schwimmt.

Laubfrosch

Hyla arborea

G	bis 5 cm	Gebüsch Schilf	III–V

M Kleinster heimischer Frosch. Färbung variabel: Grasgrün, gelblich, bräunlich, schwarzgrau, sehr selten sogar blau! Haut der Oberseite glatt, Bauch gekörnt. Kehlständige Schallblase. Finger und Zehen der langen Sprungbeine sind zu Haftscheiben erweitert. **V** Gebüschreiches Gelände, Waldränder, Schilf, Gras. Laichgewässer sind flache, sonnige Weiher, auch Kiesgruben, Gräben, Wagenspuren. **L** Obwohl überwiegend nachtaktiv, sonnt er sich tagsüber gern an Schilfhalmen oder auf Blättern. Typisch ist das laute, anhaltende »käkäkäkä …«, das die ♂ oft im Chor vortragen. Einziger heimischer Frosch, der dank seiner Haftscheiben klettern kann. Fängt überwiegend Fluginsekten. **F** Das ♀ legt Laichballen mit 150–300 Eiern ins Flachwasser, wo sie zu Boden sinken. Nach 3–4 Monaten verlassen die 1 cm kleinen Frösche das Wasser.

Zauneidechse

Lacerta agilis

18-20 cm	Trockene Orte	V-VI

[M] Kurzbeinige Bodeneidechse mit dickem Kopf. Rücken hellbraun mit dunklem Mittelstreifen und weiß-dunkelbraunen Flekken, die in Längsreihen daneben angeordnet sind. Die ♂ unterscheiden sich von den ♀ durch eine auffallende, zur Paarungszeit schillernde, Grünfärbung an Kopf und Seiten. [V] Trockene Böschungen, Hecken, Feldraine, Waldränder, Grasflächen, Mauern. [L] Unsere häufigste Eidechsenart ist tagaktiv und sehr wärmeliebend; sie sonnt sich gerne auf Steinen. Überwintert in kleinen Erdhöhlen und Spalten. Ernährt sich von Insekten, Würmern und Spinnen. [F] Die ♀ legen 5–14 weichschalige Eier in die durchwärmte Erde, aus denen nach etwa 8 Wochen die Jungeidechsen schlüpfen.

Waldeidechse

Lacerta vivipara

12-16 cm	Feuchte Wälder	III-VI

[M] Hell- bis dunkelbraune Eidechse mit etwas kürzeren Beinen als die anderer Eidechsenarten. [V] Feuchte Wälder, Wiesen, Moore. [L] Die etwas seltenere und recht scheue Eidechse ist tagaktiv. Sie ist ein ausgezeichneter Kletterer und steigt auf Mauern und bis hoch in Bäume. Ihr Wärmebedürfnis ist weitaus geringer als das der oben beschriebenen Zauneidechse. Sie kommt daher manchmal bereits im zeitigen Frühjahr aus ihrem Winterversteck hervor. In strengen Wintern, im hohen Norden, kann die Winterstarre jedoch auch 8–9 Monate dauern. Ernährt sich von Insekten, Würmern und Spinnen. [F] Je nach Witterung bringt das ♀ im April bis Juni 3–10 lebende Junge zur Welt. Die Möglichkeit des Lebendgebärens stellt eine gute Anpassung an die kältere Umgebung dar und ermöglicht den Jungtieren eine optimale Entwicklung.

Blindschleiche

Anguis fragilis

bis 50 cm	Feuchtes Gelände	IV-IX

[M] Glattschuppige, beinlose Echse; die Färbung reicht von hell- über kupfer- bis schwarzbraun. ♂ häufig heller als ♀, diese oft mit mehreren dunklen, zarten Längsstreifen. [V] Fast alle mäßig feuchten, gut bewachsenen Standorte. [L] Tag- und dämmerungsaktiv. Häufig liegt sie tagsüber unter Steinen versteckt. Sie geht v. a. morgens, abends oder nach Regen auf die Jagd nach Insekten, Spinnen, Asseln, Würmern, Schnecken. Zur Winterruhe ab Oktober finden sich meist mehrere Tiere in kleinen Erdhöhlen oder Baumstümpfen zusammen. Wie die Eidechsen vermag auch die Blindschleiche bei Gefahr ihren Schwanz abzuwerfen. [F] Kurz nach dem Erscheinen aus der Winterstarre im April findet die Paarung statt. Nach 12 Wochen Tragzeit gebärt dann das ♀ 8–25 Junge, die 4–9 cm lang und sofort nach der Geburt selbständig sind.

Schlingnatter

Coronella austriaca

G	60-80 cm	Lichte Wälder	V-VI

[M] Der ovale, flache Kopf ist recht klein. Die ♂ sind braun, die ♀ graubraun mit 2-4 Reihen dunkelbrauner Flecken auf dem Rücken. Glatte Schuppen, Pupille rund. [V] Lichte Wälder, Waldränder, Hecken, Böschungen, Holzschläge, Steinbrüche. [L] Ungiftig! Tagaktiv, führt jedoch eine sehr verborgene Lebensweise. Als Nahrung dienen andere Reptilien und Kleinsäuger, v.a. Mäuse. Typisch ist das Packen der Beute mit dem Maul und die sofortige Umschlingung (Name!), um die Beute zu erdrosseln. [F] Auch bei der Paarung umschlingt das ♂ das ♀ und hält es mit dem Maul fest. Im August/September bringt das ♀ 13-18 lebende Junge zur Welt, die sich kurz nach der Geburt häuten und dann stahlblau schillern.

Ringelnatter

Natrix natrix

G	bis 200 cm	am Wasser	IV-V IX-X

[M] Meist grau oder schwärzlich. Charakteristisch ist beidseitig je ein gelber Nackenfleck. [V] Meist in Wassernähe und im Wasser. [L] Ungiftig! Tagaktiv. Eine der häufigsten heimischen Schlangen überhaupt und völlig ungefährlich. Ernährt sich v.a. von Fröschen, Kröten, Molchen und Wasserinsekten. Zischt und züngelt bei Gefahr, gibt ein unangenehm duftendes Sekret aus der Analdrüse ab und stellt sich sogar tot. Beißt fast nie. Überwintert möglichst in Gewässernähe unter Steinen, in Felsspalten, Komposthaufen, etwa von Oktober bis März. [F] Die Paarung kann im Frühjahr (IV/V) und/oder im Herbst (IX/X) erfolgen. Zwischen Juni und September legt das ♀ 10-30 weichschalige, weiße Eier in Moos, Kompost- oder Fallaubhaufen. Nach 4-8 Wochen schlüpfen die 15-20 cm langen Jungen. Sie sind sofort nach dem Schlüpfen selbständig.

Kreuzotter

Vipera berus

G	bis 80 cm	Wald Heide	IV-VI

[M] Färbung variabel: ♂ meist grau, ♀ braun. Beide mit dunklem Zickzackband auf dem Rücken. Daneben gibt es auch einfarbig kupferrote (»Kupferotter«) und fast schwarze (»Höllenotter«) Individuen. Schuppen recht groß. Pupille senkrecht. [V] Wälder, Wald- und Feldränder, Heide, bewachsene Geröllhalden. [L] Giftig! Tag- und dämmerungsaktiv. Liebt eher kühlere Stellen, meidet die pralle Sonne. Überwintert in größeren Gruppen in feuchten Erdspalten, -höhlen, Baumstümpfen, meist von Ende September bis Anfang April. Jagt Mäuse, Vögel und Frösche. [F] Nach der Paarung im Mai/Juni bringt das ♀ im August/September 10-15 lebende Junge zur Welt, die bereits 15-20 cm lang sind. Ist der Sommer sehr kühl und kurz, werden die Jungen erst im darauffolgenden Sommer geboren. Das ♀ überwintert dann mit den Embryonen.

Haubentaucher

Podiceps cristatus

Stockente	TZ	1-2 IV-VII

M Größter heimischer Lappentaucher mit auffälligem, schwarzem, zweigeteiltem Schopf; Halskrause und Backenbart rostbraunschwarz; Oberseite braun, Unterseite weiß. **V** Größere und kleinere Gewässer mit Uferbewuchs, außerhalb der Brutzeit an großen Flüssen und Meeresküsten. **L** Schwimmt mit flachem Rücken und langem, geradem Hals; taucht ausdauernd. Ruft laut »köcköck ...« und »orr«. Nahrung v.a. kleine Fische, Krebse, Wasserinsekten. Zur Brutzeit reviergebunden, sonst in kleinen Gruppen. Auffällige Balz. **F** Nest schwimmend oder auf einer Unterlage im Wasser. ♀ und ♂ erbrüten in 27–29 Tagen 4 Junge, die ab dem ersten Tag schwimmen und tauchen, aber noch 10–11 Wochen von den Eltern geführt werden.

Schwarzhalstaucher

Podiceps nigricollis

G

> Drossel	TZ	1 V-VII

M Kopf, Hals und Rücken schwarz, Seiten rotbraun, Unterseite weiß. Kopfseite zur Brutzeit mit fächerförmigem, goldfarbenem Federbüschel. **V** Vegetationsreiche Teiche und Seen mit dichtem Uferbewuchs, oft zusammen mit Lachmöwen; im Winter auch an Brack- und Salzwasser. **L** Rufe ansteigend »puii«. Ernährt sich von Wasserinsekten und deren Larven, Mollusken, kaum von Fischen. **F** Im Gegensatz zu anderen Lappentauchern brütet der Schwarzhalstaucher selten einzeln, sondern meistens in kleinen Kolonien, häufig in der Nähe oder sogar innerhalb von Lachmöwenkolonien. Nest meist im dichten Röhricht, auf einer Unterlage oder schwimmend. 3–4 Junge werden in 20–21 Tagen von ♀ und ♂ erbrütet; sie verlassen sofort das Nest, werden in den ersten Tagen von den Eltern auf dem Rükken getragen, sind mit 4–5 Wochen selbständig.

Zwergtaucher

Podiceps ruficollis

Drossel	S	1-2 III-VII

M Kleinster europäischer Taucher von rundlicher Gestalt, mit kurzem Hals. Oberseite schwarzbraun, Oberkopf schwarz, Halsseiten rotbraun, Schnabelwinkel hell gelbgrün. Ruhekleid unauffällig graubraun. **V** Kleine, dicht bewachsene, stehende und langsam fließende Gewässer, Verlandungszonen großer Seen. Im Winter einzeln oder in kleinen Trupps auf offenen Gewässern, selbst mitten in der Stadt. **L** Lebt im Sommer meist sehr heimlich, versteckt sich geschickt in der Ufervegetation. Zur Brutzeit charakteristischer, langer Triller, der oft im Duett vorgetragen wird. Taucht sehr häufig, manchmal mit kleinem Kopfsprung. Ernährt sich von Insekten, deren Larven, Mollusken u.a. kleinen Wassertieren. **F** 5–6 Junge werden in 20–22 Tagen von ♀ und ♂ im gut in der Vegetation versteckten Wassernest erbrütet und mindestens 40 Tage von den Eltern geführt.

Graureiher
Ardea cinerea

G

< Storch	TZ	1 III–IX

[M] Oberseite grau, Unterseite weiß, Arm- und Handschwingen, Oberkopfseiten und 2 lange Nackenfedern schwarz. [V] Uferzonen aller Gewässer. [L] Hals wird im Flug wie bei allen Reihern S-förmig eingezogen, Beine lang ausgestreckt. Langsame, rudernde Flügelschläge. Ruft im Flug laut »kraik«. Jagt im Seichtwasser oder langsam schreitend auf Wiesen; die Beute (Weißfische, Amphibien, Kleinsäuger) wird durch rasches Zustoßen mit dem Schnabel gepackt. Steht oft ruhig mit eingezogenem Hals am Gewässerrand. [F] Koloniebrüter; in Reisignestern, die mit feinerem Material ausgelegt werden, meist auf hohen Bäumen. ♀ und ♂ erbrüten in 25–27 Tagen 4–5 Junge, die, mit 50 Tagen flügge, noch lange zum Nest zurückkehren.

Rohrdommel
Botaurus stellaris

G

> Bussard	TZ	1 IV–VII

[M] Kleiner, gelbbrauner Reiher mit schwarzer Gefiedermarmorierung. Oberkopf schwarz, Unterseite hellbraun mit dunklen Längsstreifen. [V] Große Schilf- und Rohrkolbenbestände. [L] Heimlicher, dämmerungs- und nachtaktiver Vogel, dessen seltsame, dunkle Rufe »u-pruh« weithin hörbar sind. Bei Störung und Gefahr unbewegliche, hochaufgerichtete »Pfahlstellung«, die selbst bei Nestjungen bereits zu beobachten ist. Klettert geschickt im Röhricht, meist mit sehr langsamen Schleichbewegungen. Fliegt nur niedrig über dem Schilf. Ernährt sich von Fischen, Amphibien, Wasserinsekten, Würmern. [F] Das Nest wird im Röhricht, meist etwas über dem Wasser angelegt. Das ♀ erbrütet in 25–26 Tagen 5–6 Junge, die bereits nach 15–20 Tagen neben dem Nest sitzen, aber erst im Alter von 50–55 Tagen flügge sind und v. a. vom ♀ geführt werden.

Weißstorch
Ciconia ciconia

G

bekannt	Z III–IX	1 IV–VII

[M] Großer, weißer Schreitvogel mit schwarzen Arm- und Handschwingen. Die langen Beine und der lange Schnabel sind rot. [V] Feuchte Niederungen mit Teichen, extensiv genutztes Grünland. Überwintert im tropischen Afrika und Südafrika. Dabei werden 2 verschiedene Zugwege eingeschlagen: Südwest-Route über Gibraltar nach Westafrika und Südost-Route über den Bosporus und Golf von Iskenderun nach Ost- und Südafrika. [L] Flug majestätisch, mit lang ausgestreckten Beinen und Hals. Segelflieger. Gesellig, kämpft aber ums Nest. Bei Erregung, v. a. am Nest lautes Schnabelklappern. Ernährt sich von Amphibien, Mäusen, Regenwürmern, Insekten und deren Larven. [F] Brütet bei uns auf Dächern in Ortschaften, sonst in Kolonien auf Bäumen. ♀ und ♂ erbrüten in 33–34 Tagen 3–5 Junge, die nach 55–60 Tagen selbständig sind. Beide Eltern füttern.

Höckerschwan
Cygnus olor

bekannt	S	1 IV–IX

[M] Unser größter Schwan ist schneeweiß mit leicht S-förmig gebogenem Hals und orangerotem Schnabel; ♂ mit schwarzem Schnabelhöcker. [V] Nährstoffreiche, stehende oder langsam fließende Gewässer, oft halbzahm auf Parkteichen. [L] Flug schwerfällig, geradeaus, Fluggeräusch metallisch schwingend. Ruf v.a. zur Brutzeit trompetend »kiorr«. Zur Abwehr von Angreifern ertönt ein lautes Zischen. Imponiert mit über den Rücken erhobenen Flügeln, auch gegenüber Menschen. Außerhalb der Brutzeit z.T. gesellig. Nahrung sind Sumpf- und Wasserpflanzen. [F] Meist Einzelbrüter. Nur das ♀ erbrütet in 35–41 Tagen 5–8 Junge, die schon am 1. Tag das Nest verlassen, aber bis zum Winter im Familienverband bleiben.

Graugans
Anser anser

< Schwan	Z/III–IX DZ/X–II	1 IV–VIII

[M] Die hellgraubraune Gans mit blaßroten Füßen und blaßorangefarbenem Schnabel ist die Stammutter unserer Hausgans. [V] Bei uns regelmäßiger Durchzügler; als Brutvogel nur sehr selten, z.T. ausgesetzt, an Binnengewässern mit guter Deckung. [L] Wie alle Gänse sehr gesellig, fliegt meist in Keil- oder Linienformation. Im Streckenflug schwach pfeifendes Fluggeräusch. Nahrungssuche (Land- und Wasserpflanzen) auf Wiesen und Weiden, im Wasser. Ruft gerne, meist 2–7silbig »gaga …«. [F] Graugänse führen eine Dauerehe. Das ♀ erbrütet im gut im Röhricht versteckten Nest in 27–29 Tagen 4–9 Junge. Die Nestflüchter, die von ♀ und ♂ aufgezogen werden, sind nach 50–60 Tagen selbständig, bleiben jedoch bis zum nächsten Frühjahr in der Familie. Sie ziehen mit den Eltern ins Winterquartier und werden erst zur Brutzeit vom ♂ vertrieben.

Kanadagans
Branta canadensis

> Graugans	Z/III–IX DZ/X–II	1 IV–VIII

[M] Unsere größte heimische Gans wurde aus Nordamerika eingebürgert. Oberseite graubraun, Bauch weiß, Brust hellgrau bis bräunlich, Hals, Kopf, Schwanz, Schnabel und Füße schwarz. Von der Kehle bis hinter die Augen zieht sich ein weißer Fleck. [V] Regelmäßiger Wintergast an den Küsten, als Brutvogel an Binnenseen meist halbzahm. [L] Gesellig. Ruft laut trompetend »ahong«. Nahrungssuche auf Grünflächen, auch im Seichtwasser: Gräser, Klee, Sämereien, Jungsaat, im Sommer auch Insekten, Würmer und Weichtiere. [F] Wie die Graugans führen auch Kanadagänse eine lebenslange Ehe. Das Bodennest wird gerne auf Inseln angelegt; häufig wird kolonieweise gebrütet. Das ♀ erbrütet in 28–30 Tagen 5–6 Junge. Die Nestflüchter werden von den Eltern geführt, sind nach 9 Wochen flugfähig, bleiben jedoch bis zur nächsten Brutperiode in der Familie.

Krickente
Anas crecca

G	Taube	Z/III–IX DZ/IX–III	1 IV–VIII

[M] Kleinste heimische Gründelente. ♂ im Brutkleid: Kopf dunkelbraun mit breitem, bogig in den Nacken reichenden, gelb eingefaßtem, grünem Seitenstreifen. Brust cremefarben, dunkel getupft, Rücken und Flanken grau, weißer Schulterlängsstreif. Flügelspiegel schwarzgrün, vorne breit hell abgesetzt. Im Ruhekleid so wie das dunkelbraun gefleckte, hellbraune ♀. [V] Stehende Flachwässer, Schlick- und Schlammflächen, Heide- und Moorseen. [L] Während der Brutzeit heimlich, sonst in Trupps. Die ♂ rufen melodisch »glik« (Name!), die ♀ quaken hell »gägä ...«. Nahrung tierisch und pflanzlich. [F] Gut verstecktes Bodennest in Wassernähe. Saisonehe. Das ♀ erbrütet allein in 21–23 Tagen 8–11 Junge und führt sie 25–30 Tage.

Stockente
Anas platyrhynchos

bekannt	S	1 III–VII

[M] Häufigste, größte Gründelente. ♂ im Brutkleid: Körper grau mit heller Unterseite, Kopf grün, weißer Halsring, dunkelbraune Brust. Die beiden mittleren, blaugrün schimmernden, schwarzen Schwanzfedern sind aufgerollt. Blauer Flügelspiegel ist vorne und hinten schwarzweiß eingefaßt. Im Ruhekleid wie ♀ bräunlich mit dunkler Streifenfleckung. [V] Stehende und langsam fließende Gewässer, in Parks oft halbzahm. [L] Stammutter der Hausente. ♂ ruft gedämpft »rähb« mit Grunzpfiff »fihb«; ♀ quaken laut eine abfallende Rufreihe »waak-waak ...« Nahrung pflanzlich und tierisch: Wasser-, Landpflanzen, Sämereien, Insekten und deren Larven, kleine Krebse, Mollusken; auch Brot und Abfälle. [F] Saisonehe. Nest am Boden oder auf Bäumen, Mauern usw. in unterschiedlicher Entfernung zum Wasser. Das ♀ erbrütet in 25–30 Tagen 7–11 Junge, führt sie 50–60 Tage.

Spießente
Anas acuta

G	< Stockente	Z/IV–VIII DZ/IX–IV	1 IV–VII

[M] Schlank, mit langem, dünnem Hals. ♂ im Brutkleid grau mit dunkelbraunem Kopf, weißem Hals. Unterseite weiß, Unterschwanzdecken schwarz. Schwanz lang und spitz ausgezogen. Im Ruhekleid unauffällig bräunlich wie ♀. [V] Bei uns als Brutvogel sehr selten, als Wintergast und Durchzügler v.a. an der Küste, im Watt und an großen Binnenseen. Weitstreckenzieher! Brütet an großen stehenden Gewässern. [L] Gründelente, meist einzeln unter anderen Gründelenten. Schwanz wird beim Schwimmen schräg nach oben gehalten. Stimme leise, unauffällig. Nahrung pflanzlich und tierisch, ähnlich vielseitig wie bei der oben beschriebenen Stockente. [F] Saisonehe. Im gut in dichter Vegetation versteckten Bodennest erbrütet das ♀ in 22–24 Tagen 7–12 Junge, die mit 40–45 Tagen flügge sind. Die Jungen werden in dieser Zeit vom ♀ alleine geführt.

Kolbenente

Netta rufina

G

Stockente	TZ	1 V–VIII

[M] ♂ im Brutkleid: Dicker, fuchsroter Kopf mit hellerem Oberkopf. Brust, Bauch und Unterschwanzdecken schwarz. Flanken weiß, Rücken und Flügel braun, weißer Schulterstreif. Weißer Flügelvorderrand und breite weiße Flügelbinde (Flug!). Schnabel rot. Im Ruhekleid ähnlich dem braunen ♀ mit dunkelbraunem Oberkopf und schwarzbraunem Schnabel mit hellrotem Band an der Spitze. [V] Nährstoffreiche Flachgewässer mit reichlich Ufervegetation. [L] Tauchente, die auch oft gründelt. ♂ ruft kurzes, lautes »bät«, eingebettet in leise Triller. Fast nur zur Brutzeit zu hören. Als Nahrung dienen v.a. Wasserpflanzen. [F] Saisonehe. Nur das ♀ erbrütet im Bodennest in 26–28 Tagen 8–11 Junge, die 45–55 Tage geführt werden.

Tafelente

Aythya ferina

< Stockente	TZ	1 IV–VIII

[M] Kräftige Tauchente mit hohem Kopf. ♂ im Brutkleid: Kopf und Hals schokoladenbraun, Rücken und Flanken silbergrau, Brust und Schwanz schwarz. Der schwarze Schnabel trägt in der Hälfte eine breite, hellgraublaue Binde. Im Ruhekleid weniger kontrastreich. ♀ variabel braun, Schnabelbinde nur sehr schmal. [V] Nahrungsreiche Binnengewässer mit gut ausgebildeter Ufervegetation. [L] Sehr gesellig, im Winter häufig zusammen mit Reiherenten. Rufe außerhalb der Balzzeit nur selten zu hören und auch da nur wenig auffällig. Taucht nach Wasserpflanzen und -tieren. [F] Saisonehe. Das wassernahe Bodennest wird in der dichten Ufervegetation gut versteckt. Das ♀ erbrütet in 24–28 Tagen 5–12 Junge, die ca. 50 Tage geführt werden; häufig zusammen mit Jungen der unten beschriebenen Reiherente (»Kindergarten«).

Reiherente

Aythya fuligula

< Stockente	TZ	1 V–IX

[M] Kleine, gedrungene Tauchente. ♂ im Brutkleid mit schwarzem Körper und weißen Flanken und Bauch. Kopf mit herabhängendem Federschopf (Name!). Breites weißes Flügelband (Flug!). Im Ruhekleid ähnlich dem dunkelbraunen ♀ (keine oder nur sehr kurze Haube!) mit grauen Flanken. [V] Stehende oder langsam fließende Gewässer. In Parks oft halbzahm. [L] Häufig in großen Trupps, v.a. im Winter zusammen mit Tafelenten. Flug schnell und wendig. ♂ ruft bei Balz »bück-bück«, ♀ im Flug »krrr«. Außerhalb der Brutzeit meist stumm. Nahrung v.a. kleine Wassertiere (Mollusken, insbesondere die Wandermuschel *Dreissena polymorpha*, S. 212), auch wenige Wasserpflanzen. [F] Saisonehe. Gut verstecktes Bodennest (auch in Höhlen) am Wasser oder im Röhricht. Nur das ♀ erbrütet in 23–24 Tagen 6–11 Junge und führt sie 45–50 Tage.

Rotmilan

Milvus milvus

G	> Bussard	Z III–IX	1 IV–VII

M Der rostrote, schlanke Greif mit grauem Kopf ist etwas größer und kontrastreicher als der Schwarzmilan, Schwanz und Flügel sind länger. Der Schwanz ist tief gegabelt (»Gabelweihe«). **V** Große Laubwälder des Tieflandes und der Mittelgebirge. Überwintert im nördlichen Mittelmeerraum. **L** Flug mit weichen, tiefausholenden Flügelschlägen und auffälligen seitlichen Steuerbewegungen des Schwanzes. Gedehnte, pfeifende Rufe »wiüü«. Nahrung sind kleine Nager, Fische, Aas und Abfälle. **F** Der Horst steht meist hoch (7–30 m) in Bäumen. Das ♀ erbrütet in 28–30 Tagen 2–3 Junge, die nach 45–50 Tagen den Horst verlassen, während der nächsten Wochen jedoch noch zeitweilig zu ihm zurückkehren.

Rohrweihe

Circus aerugineus

G	Bussard	Z III–X	1 V–VIII

M Schlanker und schmalflügeliger als Bussard. Die Flügel werden beim Segeln und Gleiten (wie bei allen Weihen) V-förmig nach oben gehalten. Beim ♂ Unterseite hellrotbraun, Vorderkörper gestrichelt, Rücken und Oberflügel braun, sonst hellgrau. ♀ (Foto) wie Junge dunkelbraun mit weißlichem Oberkopf, Schultern und Flügelvorderkante. **V** Feuchtgebiete. Überwintert im Mittelmeerraum und südlich der Sahara. **L** Fliegt meist niedrig über dem Boden. ♂ ruft bei der Balz im »Singflug« hell-nasal »quiä«. Nahrung sind kleine Säuger, Vögel, zur Brutzeit auch Eier und Jungvögel. **F** Das Bodennest wird meist im dichten Röhricht oder zwischen anderen Sumpfpflanzen angelegt. Das ♀ erbrütet in 31–36 Tagen 3–7 Junge, die nach 38–40 Tagen das Nest verlassen, noch 14 Tage in Horstnähe bleiben und dann 2–3 Wochen später den Eltern folgen.

Habicht

Accipiter gentilis

G	♀ Bussard ♂ Krähe	S, Str	1 III–VI

M Oberseite schiefergrau bis braungrau, Kopfplatte dunkel, weißer Überaugenstreif. Unterseite weiß, fein schwarz quergebändert. Junge Habichte (»Rothabicht«) sind oben dunkel- bis rötlichbraun und kräftig dunkelbraun längsgefleckt. Vom Bussard ist er im Flug durch den langen Schwanz und kurze, breite Flügel unterschieden. **V** Wälder, Busch- und Heckenlandschaften. **L** Im zeitigen Frühjahr Flugspiele und Schauflüge mit gespreiztem Unterschwanz, sonst wechselt Streckenflug mit Gleitflug ab. Segelt auch gerne. Beutefang erfolgt meist aus der Deckung als Überraschungsangriff, Anflug oft niedrig über dem Boden. Als Beute dienen v.a. Vögel und Säuger. **F** Horst auf hohen Waldbäumen. V.a. das ♀ erbrütet in 35–42 Tagen die 2–5 Jungen, die den Horst nach 36–40 Tagen verlassen, aber erst mit 70 Tagen selbständig sind.

Sperber

Accipiter nisus

G

♀ >/♂ < Turmfalke	TZ	1 IV–VIII

M Wie der umseitig beschriebene Habicht, nur kleiner, mit meist gerade abgeschnittenem Schwanz. ♂ (Foto) oben blaugrau, unten weiß mit fein rötlichbrauner Querbänderung (»Sperberung«). ♀ oben mehr graubraun, weiße Unterseite dunkelbraun gesperbert. **V** Strukturreiche Landschaft mit Wäldern, Hecken und Büschen. Überwintert vom südlichen Nordeuropa bis Südafrika. **L** Flug und Beutefang ähnlich dem des Habichts. Der hohe, durchdringende Alarm vieler Kleinvögel (»Hassen«) verrät die Anwesenheit des Sperbers. Bei Störungen am Horst ruft er anhaltend »gigigi ...«. **F** Nest auf jungen bis mittelalten Bäumen. Das ♀ brütet 24–30 Tage; die 4–6 Jungen fliegen den Eltern ab dem 35. Tag bettelnd entgegen.

Mäusebussard

Buteo buteo

> Krähe	S	1 III–VI

M Häufigster heimischer Greifvogel mit rundem Kopf, kurzem Hals, breiten Schwingen und kurzem Stoß, der bei Spreizung abgerundet ist und 10–12 Querbinden mit breiter Endbinde aufweist. Färbung sehr variabel von schwarzbraun bis fast weiß. Dunkle Tiere häufig mit hellem Brustschild. **V** Offenes Kulturland, Felder, Wiesen, Wälder, kleine Gehölze. **L** Segelt im Aufwind über seinem Revier. Zeigt im Ruderflug schnelle, flache Flügelschläge; rüttelt auch. Sein hohes, langgezogenes, miauendes »hijäh« ist das ganze Jahr über zu hören. Ansitzjäger, v.a. auf Wühlmäuse (bei uns Feldmäuse) und andere Kleinsäuger, Jungvögel, Reptilien, Amphibien, Insekten. Nimmt auch tote Tiere und Aas. **F** Umfangreicher Horst hoch in Einzelbäumen der Feldmark oder des Waldrandes. ♀ und ♂ erbrüten beide in 33–35 Tagen 2–3 Junge, die nach 40–50 Tagen ausfliegen.

Turmfalke

Falco tinnunculus

Taube	Z, Str	1 IV–VII

M Neben dem Bussard unser häufigster heimischer Greif, mit langem, dunkel quergebändertem Stoß. Oberseite des ♂ rotbraun, schwach gefleckt, Oberkopf, Hinterrücken und Schwanz grau. ♀ (Foto) und Jungvögel oben rotbraun, stark dunkel gefleckt und quergebändert. **V** Tiefland bis Hochgebirge, sehr anpassungsfähig. Brütet in Felsen, Steinbrüchen, Städten, Ruinen, jagt über offenem Kulturland. Überwintert in ganz Mitteleuropa. **L** Typisch ist der Rüttelflug (Fliegen vor Ort), wobei er nach Beute, (Kleinsäuger, -vögel, Reptilien, Insekten) ausschaut. Jagt auch vom Ansitz aus oder – seltener – im Flug. Seine hohen Rufe »kikiki ...« sind häufig zu hören. **F** Wie alle Falken legt das ♀ die Eier in Felsnischen, Mauerlöcher, alte Krähen- und Elsternnester; es erbrütet in 21–27 Tagen 4–6 Junge, die nach 28–32 Tagen das Nest verlassen.

Rebhuhn

Perdix perdix

G	Taube	S	1 IV–VII

[M] Gedrungenes Feldhuhn mit kurzem, rostrotem Schwanz. Kopf orangegelb, Vorderkörper hellgrau, Flanken rostrot gebändert. Brustmitte mit dunkelbraunem, hufeisenförmigem Fleck. [V] Ursprünglich Steppenvogel, heute Kulturfolger auf Heide- und Ackerland mit genügend Deckung. [L] Rennt sehr schnell, fliegt mit hartem Flügelburren auf. Reviergesang des ♂ ist ein knarrendes »kirreck«, das auch in der Dunkelheit zu hören ist. Nahrung sind Sämereien, Knospen, in den ersten Lebenswochen v. a. Kleintiere. [F] In der flachen, mit trockenen Halmen und Blättern ausgelegten Nestmulde erbrütet das ♀ in 25 Tagen 10–20 Junge, die mit 5 Wochen selbständig sind, aber über Winter bei der Familie bleiben.

Wachtel

Coturnix coturnix

G	Star	Z IV–X	1(–2) V–IX

[M] Unser kleinster europäischer Hühnervogel ist rundlich und sehr kurzschwänzig. Das erdbraune Gefieder ist an Rücken und Flanken gelblich gestreift. Kopf und Kehle des ♂ mit dunkler Zeichnung, Kehle des ♀ weiß. [V] Kultur- und Ödland mit geschlossener Krautschicht. Zieht als einzige europäische Hühnerart im Winter fort; überwintert vom Mittelmeerraum bis ins tropische Afrika. [L] Lebt sehr heimlich, ist eher zu hören als zu sehen. Charakteristisch ist der Revierruf (»Wachtelschlag«) des ♂ »pick-wer-ick«. Als Nahrung dienen v. a. Sämereien, auch Insekten. [F] Wie bei allen Hühner scharrt auch hier das ♀ eine flache Bodenmulde, die mit wenig trockenem Nistmaterial ausgelegt wird. Das ♀ erbrütet in 18–20 Tagen 7–14 Junge, die nach 19 Tagen voll flugfähig und im Alter von 4–7 Wochen selbständig sind. Bis dahin werden sie vom ♀ geführt.

Fasan

Phasianus colchicus

> Rebhuhn	S	1 IV–IX

[M] Größer, hochbeiniger und langschwänziger als das oben beschriebene Rebhuhn, ist der aus Asien eingeführte Fasan der auffälligste Vogel unserer Kulturlandschaft. Gefieder des ♂ braun bis kupfer mit schwarzen Säumen. Kopf grün-blau, mit roter, häutiger Gesichtsmaske, Ohrfedern verlängert. ♀ und Junge braun mit heller und dunkler Musterung. [V] Kultur- und Ödland mit genügend Deckung. [L] Häufig auf Wiesen und Feldern zu sehen. Dem charakteristischen, lauten Revierruf des ♂ »göögöck« folgt oft ein dumpfes Flügelburren. Der Fasan ernährt sich v. a. von Sämereien, Früchten, grünen Pflanzenteilen, in den ersten Lebenswochen von Kleintieren. [F] Die flache Nestmulde ist gut durch Büsche oder Schilf gedeckt. Das ♀ erbrütet in 23–24 Tagen 8–12 Junge, die nach 10–12 Tagen flugfähig, aber bis zu 70–80 Tage vom ♀ abhängig sind.

Wasserralle
Rallus aquaticus

G

> Drossel	TZ	1-2 IV–VIII

[M] Oberseite olivbraun, Kopfseiten, Kehle, Hals und Brust schiefergrau, Flanken schwarzweiß gestreift. Charakteristisch ist der lange, etwas gebogene, rote Schnabel. [V] Dichte, hohe Schilfbestände an Flüssen und Seen. [L] Sehr heimlich, läuft in geduckter Haltung, ist daher kaum zu beobachten; klettert gut in Ästen und Sträuchern. Häufigster Ruf ist ein grunzend-kreischendes »Ferkelquieken«. Wippt bei Erregung ruckweise mit hochgestelltem Schwanz. Nahrung sind Insekten, kleine Schnecken, Würmer. [F] Das tiefe Napfnest ist sehr gut im Schilf versteckt. ♀ und ♂ erbrüten in 19–22 Tagen 6–11 Junge, die das Nest nach einigen Tagen verlassen, nach 7–8 Wochen flügge sind, sich von den Eltern aber bereits vorher trennen.

Teichhuhn
Gallinula chloropus

Taube	TZ	2-3 IV–VIII

[M] Oberseite olivbraun, Kopf, Hals und Unterseite grauschwarz, Flanke mit weißem unterbrochenem Längsband. Rotes, häutiges Stirnschild mit gelber Schnabelspitze, Füße grün mit rotgelbem Fersenring. [V] Ufer und Verlandungszonen stehender und langsam fließender Gewässer, Lehm- und Kiesgruben, Dorfteiche, Parkgewässer. [L] Nickt beim Schwimmen mit dem Kopf und zuckt mit dem gestelzten Schwanz, läuft auf dem Land, klettert geschickt in bodennaher Vegetation. Häufigster Ruf ist ein gurgelndes »kürrk«, das bei Erregung gereiht und bei größerer Störung in ein scharfes »kirreck« oder »kickick …« übergeht. Ernährt sich von Samen und Früchten der Sumpf- und Wasserpflanzen, Insekten u.a. Kleintieren. [F] Das Nest ist gut im Uferbewuchs versteckt. ♀ und ♂ erbrüten beide in 19–22 Tagen 5–11 Junge, die mit ca. 35 Tagen flügge sind.

Bläßhuhn
Fulica atra

< Stockente	TZ	1 IV–VIII

[M] Schwarzgraue Ralle mit schwarzem Kopf, leuchtend weißem Stirnschild und Schnabel. [V] Stehende und langsam fließende Gewässer mit Uferdeckung, Altwässer, Kiesgruben, Tümpel, Dorf- und Parkteiche. [L] Schwimmt mit ständigem Kopfnicken, taucht mit kleinem Kopfsprung. Vor dem Start langes Laufen auf der Wasseroberfläche mit lautem Flügelklatschen. ♂ ruft »tsk« oder »tp«, ♀ laut bellend »köw«. Ernährt sich von Schilf, Wasserpflanzen, Mollusken, Insekten und deren Larven, organischen Abfällen. [F] Das umfangreiche Napfnest aus trockenen Halmen und Blättern steht meist in der Ufervegetation am oder im Wasser. Häufig führt ein Schilfsteg vom Wasser zum Nestrand. 5–10 Junge werden von ♀ und ♂ in 23–25 Tagen erbrütet, verlassen das Nest erst nach einigen Tagen, sind mit etwa 8 Wochen flügge, werden noch lange von ♀ und ♂ gefüttert.

Kiebitz
Vanellus vanellus

Taube	TZ	1 III–VII

[M] Brust und Kehle schwarz, Rücken braungrau mit grünviolettem Metallschimmer, Unterseite weiß. Oberkopffedern zu spitzer Haube verlängert. Schwingen schwarz, Schwanz weiß mit breiter schwarzer Endbinde. Füße rötlich. Flügel im Flug gerundet. [V] Flaches, niedrig bewachsenes Feuchtland, Äcker. [L] Außerhalb der Brutzeit meist in Schwärmen. Flug lappig, unstet, mit plötzlichen Schwenks und Aufsteigen. Auffällige Bodenbalz und Ausdrucksflüge. Häufigster Ruf ist ein klagendes »kchiuwitt«, das im Revierflug vorgetragen wird. Als Nahrung dienen v.a. kleine Bodentiere. [F] In einer flachen, mit trockenen Halmen ausgelegten Bodenmulde erbrüten ♀ und ♂ in 26–29 Tagen 4 Junge, die mit 35–40 Tagen flügge sind.

Flußregenpfeifer
Charadrius dubius

< Drossel	Z III–X	1 IV–VII

[M] Oberseite erdbraun, Unterseite weiß. Schwarzes Stirnband, meist durch weißen Saum vom braunen Kopf getrennt. Gelber Augenring. Schwarzer Schnabel mit kleinem, rotgelbem Fleck an der Basis. Füße fleischfarben. [V] Schotter-, Kies-, Sandufer und -inseln der Flüsse, Kies- und Sandgruben. Überwintert südlich der Sahara. [L] Außerhalb der Brutzeit gesellig. Trippelt schnell mit plötzlichen Stops. Häufigster Ruf ein abwärts gerichtetes »piu«; Fledermausartiger Singflug über dem Revier mit heiserem »griä-griä …«. Nahrung kleine Bodentiere, v.a. Insekten. [F] Brütet meist in Wassernähe. In der flachen Nestmulde zwischen Steinen und Sand sind die grau-schwarz gesprenkelten Eier bestens getarnt. ♀ und ♂ erbrüten in 22–28 Tagen 4 Junge, die mit 24–29 Tagen flügge sind und so lange von den Eltern gefüttert werden.

Bekassine
Gallinago gallinago

G	Drossel	Z III–IX	1 IV–VII

[M] Oberseite braun mit schwarzen und gelblichen Längsstreifen, Kopf mit 2 dunkelbraunen Längsstreifen. Hals und Brust braun gestrichelt. Unterseite weiß. Schnabel lang und gerade. [V] Sümpfe, Moore, feuchte Wiesen mit dichter, nicht zu hoher Vegetation. Überwintert in Süd- und Westeuropa. [L] Sehr gut getarnt. Drückt sich in der Vegetation, fliegt oft erst unmittelbar vor dem Beobachter in reißendem Flug ab. Typisch ist das »Meckern« der »Himmelsziege« im Flug, das durch Abspreizen der beiden äußeren Steuerfedern am Schwanz zustandekommt (Instrumentallaut). ♀ und ♂ rufen am Boden und im Flug »tükje«. Bohrt im weichen Boden nach Tieren. [F] Das Nest ist in der dichten Bodenvegetation sehr gut versteckt. Das ♀ erbrütet in 18–20 Tagen 4 Junge, die mindestens 20 Tage von beiden Eltern geführt werden und erst nach 4 Wochen flügge sind.

Brachvogel

Numenius arquata

G			
G	> Krähe	Z III-X	1 IV-VIII

M Größter heimischer Watvogel mit langem, abwärts gebogenem Schnabel. Gefieder graubraun mit hellen Zeichnungen. Hinterrücken im Flug keilförmig weiß. **V** Offene Flächen v.a. Streuwiesen. Beim Durchzug auf Watt, Schlick, Ödländern. **L** Außerhalb der Brutzeit sehr gesellig. Fliegt verhalten, ruhig. Flötenrufe »tlüih« und der stimmungsvolle Gesang mit immer leiser werdenden Trillern werden im wellenförmigen Reviermarkierungsflug vorgetragen. Ernährt sich von Regenwürmern, Insekten und deren Larven, Mollusken, Krebsen, Beeren und auch Pflanzentrieben. **F** In einer einfachen, mit trockenen Halmen ausgelegten Bodenmulde erbrütet vorwiegend das ♀ in 27–30 Tagen 4 Junge, die mit 5 Wochen flügge sind.

Rotschenkel

Tringa totanus

G	> Drossel	TZ	1 IV-VII

M Oberseite im Brutkleid braun mit dunkler Fleckung, im Ruhekleid einheitlicher gefärbt. Unterseite weißlich, undeutlich gefleckt. Im Flug weißer Bürzel und Hinterrücken, breiter weißer Flügelhinterrand. Schnabel schwarz mit rötlicher Basis, Füße leuchtend rot (Name!). **V** Küstennahe Grasländer, Feuchtgebiete mit Seichtwasser. Überwintert an den Mittelmeer- und Atlantikküsten Europas und Afrikas. **L** Außerhalb der Brutzeit in kleineren Trupps. Sitzt zur Brutzeit gerne auf Warten im Revier. Ruft vor dem Auffliegen lang »tüt«; der Fluggesang ist ein Jodeln »dahidldahidl ...«. Charakteristischer Alarmruf »tschip«. Nahrung v.a. Kleintiere des Bodens und Flachwassers (kleine Würmer, Krebse, Mollusken, Insekten). **F** Das Bodennest ist meistens gut in der Vegetation versteckt. ♀ und ♂ erbrüten in ca. 22–29 Tagen 4 Junge, die mit 30–35 Tagen flügge sind.

Flußuferläufer

Actitis hypoleuca

G	< Drossel	Z/IV-IX DZ/IV-V u. VII-X	1 V-VIII

M Oberseite braungrau, Unterseite weiß. Im Flug breite weiße Flügelbinde, schmaler weißer Flügelhinterrand und weiße Schwanzseiten. **V** Ufer urwüchsiger Bäche und Flüsse, meist nur noch im Gebirge. Beim Durchzug an Binnengewässern. Überwintert in Südeuropa bis Südafrika. **L** Fliegt dicht über dem Wasser mit ruckenden Flügelschlägen, dazwischen Gleitflugstrecken mit gewölbten, nach unten weisenden Flügeln. Sitzt gern leicht erhöht über dem Wasser. Läuft schnell, hält dann mit auffälligem Körper- und Schwanzwippen. Ruft im Sitzen und im Abflug hell »hididi«. Ernährt sich von Wasserspinnen und Bodeninsekten sowie von kleinen Krebstieren und Regenwürmern, die er geschickt fängt. **F** Das gut versteckte Bodennest liegt meist in Flußnähe. ♀ und ♂ erbrüten in etwa 21 Tagen 4 Junge, die 26–28 Tage geführt werden.

Sturmmöwe

Larus canus

> Lachmöwe	S	1 V–VII

M Mittelgroße, weiße Möwe mit bläulich-grauem Rücken und Oberflügel. Flügelspitze schwarz mit weißem Fleck auf den beiden äußeren Handschwingen. Kopf weiß, Schnabel und Beine grünlich. Im Ruhekleid sind Kopf und Nacken fein dunkel gestrichelt, Schnabel und Beine grau. **V** An Küsten, vereinzelt im Binnenland. Im Winter regelmäßig im Binnenland. **L** Ruft gellend »kiä«. Mischt sich unter Lachmöwen. Folgt gerne den Schiffen. Nahrung v.a. Wattwürmer, Regenwürmer, Insekten, Fische, Kleinnager, Pflanzenreste, Abfälle. **F** Saisonehe. Koloniebrüter auf Landzungen, Uferstreifen, in Sümpfen. ♀ und ♂ erbrüten in 23–28 Tagen 3 Junge, die mit 28–33 Tagen flügge und noch einige Tage später selbständig sind.

Lachmöwe

Larus ridibundus

Taube	TZ	1 IV–VII

M Kleinste heimische Möwe. Oberseite hellgrau, Unterseite, Bürzel und Schwanz weiß. Gesicht zur Brutzeit schokoladenbraun, Schnabel und Füße korallrot. Flügel schlank, spitz, mit weißer Vorderkante. **V** Küste und Binnengewässer mit flachen, bewachsenen Ufern. **L** Fast ganzjährig gesellig. Als Kulturfolger auch in Städten. Das quärrende »kwäarr« ist v.a. in der Brutzeit zu hören. Ernährt sich tierisch und pflanzlich (boden- und wasserbewohnende Insekten und deren Larven, Regenwürmer, Ringelwürmer, kleine Krebstiere und auch Mäuse), auch von Abfällen und Aas. Ist häufig zusammen mit der oben beschriebenen Sturmmöwe an Kläranlagen, Müllkippen und auf frisch gepflügten Feldern anzutreffen. **F** Große Brutkolonien. ♀ und ♂ erbrüten in 20–25 Tagen 3 Junge, die mit 26–28 Tagen flügge, mit 35 Tagen selbständig sind.

Flußseeschwalbe

Sterna hirundo

G	< Lachmöwe	Z IV–X	1–2 IV–VII

M Oberseite hellgrau, Unterseite weiß, Schnabel orangerot mit schwarzer Spitze. Lange rote Beine, langer, tiefgegabelter Schwanz. **V** An Flach- und Wattküsten, vereinzelt im Binnenland an naturnahen Flußläufen, auf Inseln in Seen. Überwintert auf der Südhalbkugel. **L** Schwimmt kaum auf dem Wasser, läuft nicht gerne an Land. Fliegt mit weitausholenden Flügelschlägen. Suchflug mit senkrecht nach unten gehaltenem Schnabel; gewandter Stoßtaucher. Erbeutet als Nahrung v.a. kleine Fische, Krebse, Insektenlarven. Stimmfühlungsruf »kick«. **F** Geselliger Koloniebrüter, nimmt auch künstliche Brutplattformen an. Das Nest ist eine einfache, flache Bodenmulde auf Sand, Kies oder Gras. Hier erbrüten ♀ und ♂ in 20–26 Tagen 3 Junge, die mit 23–27 Tagen flügge sind. Sie bleiben aber noch einige Wochen in der Familie und werden von den Eltern gefüttert.

Hohltaube

Columba oenas

G

Haustaube	TZ III–X	2–3 IV–IX

[M] Blaugrau mit 2 glänzend-grünen Halsflecken. Weiße Abzeichen an Flügel und Bürzel fehlen. [V] Laub- und Mischwälder mit Altholzbeständen, Parkanlagen, Alleen. Teilzieher, überwintert hauptsächlich im Mittelmeergebiet. [L] Häufig Flügelklatschen beim Abflug und Ausdrucksflug. Die dumpfe, 2–4silbige Strophe ist nicht weit zu hören und nur schwer zu orten. Außerhalb der Brutzeit oft mit anderen Tauben zur Nahrungssuche auf Feldern. Ernährt sich v. a. von Sämereien, Früchten, Kleintieren des Bodens. [F] Höhlenbrüter. Stark an natürliche Baum- und Schwarzspechthöhlen gebunden, nimmt mitunter geeignete Nistkästen. ♀ und ♂ erbrüten in 16–18 Tagen 2 Junge, die nach 20–30 Tagen flügge sind.

Ringeltaube

Columba palumbus

> Haustaube	TZ III–X	2–3 IV–X

[M] Größte heimische Taube. Graublau, mit auffälligem weißem Halsfleck. Langer Schwanz mit schwarzer Endbinde. Breites weißes Flügelband im Flug. [V] Wälder und Parks, als Kulturfolger auch in Städten. Teilzieher, überwintert im Mittelmeerraum. [L] Die gurrende, 5–6silbige Strophe mit Betonung der 2. Silbe »ru-kuu-ku, ru-ku« ist weithin hörbar. Abflug und Balzflug werden wie bei allen Tauben häufig mit lautem Flügelklatschen verbunden. Scheu, nur in Städten manchmal vertraut. Außerhalb der Brutzeit oft in großen Schwärmen zur Nahrungssuche auf Äckern und Wiesen. Nimmt Sämereien, Bucheckern, Eicheln, Gräser, Blätter, Beeren und andere Früchte. [F] Festes, dünnes Reisignest auf Bäumen, in dem man oft von unten 2 weiße Eier durchschimmern sieht. ♀ und ♂ erbrüten in 16–17 Tagen die Jungen, die nach 28–32 Tagen das Nest verlassen.

Türkentaube

Streptopelia decaocto

< Haustaube	S, Str	2–5 III–X

[M] Hellgraubraune Taube mit langem Schwanz. Das charakteristische schwarze Halsband ist weiß eingesäumt. [V] Bäuerliches Kulturland, Dörfer, Städte. [L] Ausgesprochener Kulturfolger, seit der Mitte dieses Jahrhunderts in fast ganz Europa verbreitet. Unverkennbar ist ihr 3silbiger Ruf »ru-kuu-ku«, mit betonter 2. Silbe. Gesellig, übernachtet v. a. außerhalb der Brutzeit an Gemeinschaftsschlafplätzen. Auch zur Nahrungssuche (Früchte, Samen) erscheint sie an günstigen Plätzen wie Getreidesilos, Geflügelhöfen oder Tierparks oft in großen Scharen. [F] Baut ein einfaches, flaches Nest auf Bäume und Sträucher oder auf Mauervorsprünge an Gebäuden (vereinzelt sogar Winterbruten!). Beide Eltern erbrüten in 14–17 Tagen 2 Junge, die sie – wie alle Tauben – zunächst mit selbstgebildeter Kropfmilch füttern. Nach 18–21 Tagen verlassen die Jungen das Nest.

Kuckuck
Cuculus canorus

< Haustaube	Z IV–IX	Eiablage V–VI

[M] Langschwänziger, graublauer Vogel mit gesperberter weißer Unterseite. Vom ähnlichen Sperber im Flug durch die spitzen Flügel und flachen Flügelschläge unterschieden. [V] Laubwälder und Parklandschaften. Überwintert in Afrika südlich des Äquators. [L] Sehr scheu. Im Mai und Juni ruft er – auch nachts – halb gedeckt oder im Flug sein bekanntes »ku-ku«. Ernährt sich v.a. von Insekten (Schmetterlingsraupen!). [F] Unser einziger europäischer Brutparasit. Das ♀ legt je 1 Ei in das Nest eines Singvogels. Das Junge schlüpft nach 11–13 Tagen und wirft dann Eier und Jungvögel der Wirtsvogelart aus dem Nest. Es wird 19–24 Tage von den Wirtseltern im Nest und schließlich noch bis zu 2 Wochen nach dem Ausfliegen gefüttert.

Mauersegler
Apus apus

> Schwalbe	Z V–VIII	1 V–VII

[M] Rauchschwarzer Segler mit langen, sichelförmigen Flügeln, kurzem, gegabeltem Schwanz und winzigen Füßen. [V] Dörfer und Städte. Überwintert im tropischen Afrika. [L] Extrem an ein Leben im Flug angepaßt. Rasante Flüge mit raschen Flügelschlägen und Gleitflugstrecken; um Gebäude oft scharenweise Flugjagden mit schrillem Geschrei. Bei uns meist vom 1. Mai bis 31. Juli zu hören und zu beobachten. Ernährt sich von in der Luft erjagten Insekten. [F] Baut sein Nest aus mit Speichel verklebtem Nistmaterial in Mauerspalten, Gebäude, unter Dachziegel. ♀ und ♂ erbrüten in 18–20 Tagen 2–3 Junge und füttern sie mit Insekten aus dem Kehlsack. Bei ungünstigem Wetter können die Jungen bis zu 9 Tage hungern (»Hungerschlaf« bei gesenkter Körpertemperatur) und leben dann von ihren Fettreserven. Nach 5–8 Wochen – je nach Witterung – fliegen sie aus.

Schleiereule
Tyto alba

G

> Krähe	S	1–3 III–VII

[M] Helle, langbeinige Eule ohne Federohren mit herzförmigem weißem Schleier und kleinen dunklen Augen. Färbung variabel: Neben Tieren mit hell gelbbrauner Oberseite mit Tropfenflecken und fast weißer Unterseite gibt es dunklere Tiere mit graubrauner, tropfenfleckiger Oberseite und gelbbrauner, tropfenfleckiger Unterseite (Foto). [V] Waldarme Siedlungsgebiete. [L] Nachtaktiv. Lebt tagsüber versteckt. »Revierruf« des ♂ ist ein charakteristisches, heiseres Kreischen, das im Flug tremoliert. Typisch ist auch das nächtliche »Schnarchen« der Jungvögel. Nahrung v.a. Feldmäuse, auch Spitzmäuse. [F] Brütet in Kirchtürmen, Dachböden, Scheunen sowie künstlichen Nisthöhlen. Die 4–7 Eier liegen auf einer Schicht alter, zerfallener Gewölle. Das ♀ brütet 30–40 Tage, die Jungen sind nach etwa 60 Tagen flügge und nach 10 Wochen selbständig.

Steinkauz

Athene noctua

G

< Taube	S	1 IV–VI

M Oberseite dunkelbraun, dicht weiß gefleckt und gebändert. Unterseite hell, breit dunkelbraun gestreift. Kurzer Schwanz mit mehreren hellen, schmalen Querbinden. Große, gelbe Augen. **V** Offenes Gelände mit niedriger Vegetation, v.a. Kopfweiden und Streuobstwiesen. **L** Dämmerungs- und tagaktiv. Meist territorial. Knickst häufig. Im Frühjahr hört man das nasale, deutlich ansteigende »guhg« des ♂. Beute (v.a. Mäuse) wird im Suchflug oder von einer Warte aus am Boden geschlagen. **F** Er baut sein Nest meist in Baumhöhlen, Mauernischen, Scheunen und speziellen Nistkästen. Das ♀ erbrütet in 25–30 Tagen 3–5 Junge, die die Höhle mit 35 Tagen verlassen, aber erst nach über 45 Tagen voll flugfähig sind.

Waldkauz

Strix aluco

< Bussard	S	1 III–VI

M Unsere häufigste heimische Eule kommt in 2 Farbvarianten vor: braun und grau. Die etwas hellere Unterseite ist genauso kräftig dunkel längsgefleckt und schwach quergebändert wie die Oberseite. Keine Federohren. **V** Lichte Wälder, Gehölze, Parks mit ausreichendem Höhlenangebot. **L** Dämmerungs- und nachtaktiv. Ganzjährig territorial. Im Frühjahr und Herbst bringen ♀ und ♂ im Flug oder im Sitzen das langgezogene, tremolierende »hu-u, hu-u-u-u« als Revier- und Balzgesang. Tagsüber versteckt, jagt in der Dämmerung und nachts Kleinsäuger, -vögel und Amphibien. **F** Nistet in Baum- und Felshöhlen, Mauerlöchern und geeigneten Kästen. Das ♀ erbrütet in 28–30 Tagen 3–5 Junge, die mit 30–35 Tagen – flugunfähig – das Nest verlassen (Ästlinge), erst mit 7 Wochen flügge und dann mit 10 Wochen selbständig werden.

Waldohreule

Asio otus

Krähe	S, Str	1 III–VI

M Viel schlanker als der Waldkauz, mit langen, anlegbaren Federohren und orangefarbenen Augen. Oberseite dunkelbraun, rindenfarbig marmoriert, die rostgelbliche Unterseite kräftig dunkel längsgestreift und fein quergebändert. **V** Jagt über Wiesen, Mooren, Feldern, brütet in kleinen Baumgruppen, Feldgehölzen, an Waldrändern. **L** Dämmerungs- und nachtaktiv. Zur Brutzeit territorial, außerhalb der Brutzeit recht gesellig. ♂ trägt Reviergesang – ein dumpfes, weittragendes »huh« – im Sitzen oder im Flug vor. Als Nahrung dienen Kleinsäuger, v.a. Mäuse. **F** Die 4–5 weißen Eier werden überwiegend in alte Krähen- und Elsternnester, aber auch Greifvogelhorste, Taubennester und Eichhörnchenkobel gelegt. Das ♀ brütet 27–28 Tage. Nach 23–26 Tagen verlassen die Jungen noch flugunfähig das Nest (Ästlinge) und sind mit 33–35 Tagen flügge.

59

Wendehals

Jynx torquilla

G			
G	> Sperling	Z IV–IX	1–2 V–VIII

[M] Schlanker, rindenfarbiger Specht mit zartem Schnabel und langem Schwanz ohne Stützfunktion. [V] Feldgehölze, Auwälder, Parks, Obstgärten. Überwintert im tropischen Afrika. [L] Durch das rindenfarbige Gefieder hervorragend getarnt, verrät sich aber durch die nasalen »kjä-kjä-kjä«-Rufe, die von ♀ und ♂ einzeln oder im Duett vorgetragen werden. Klaubt mit seiner klebrigen Zunge Ameisen und -puppen aus deren Bauten und vom Boden. [F] Brütet in natürlichen Baum-, alten Spechthöhlen oder Nistkästen, aus denen er frühere Bewohner (Eier, Jungvögel) oft rigoros hinauswirft. ♀ und ♂ erbrüten in 12–14 Tagen 5–11 Junge, die nach 20–22 Tagen das Nest verlassen, aber noch mindestens 1 Woche zusammenbleiben.

Grauspecht

Picus canus

< Krähe	S, Str	1 V–VII

[M] Graugrüner Specht, ähnlich dem unten beschriebenen Grünspecht: Kopf und Hals grau, der schmale Bartstreif schwarz. Nur das ♂ hat einen roten Stirnfleck. [V] Laubmischwälder, Auwälder, Feldgehölze, Parks, Streuobstwiesen, Gärten. [L] Charakteristisch ist sein melancholisches »kü-kü-kü …«, das in der Tonhöhe deutlich absinkt und zum Ende hin langsamer wird. Im Gegensatz zum unten beschriebenen Grünspecht trommelt der Grauspecht: schneller und kürzer als der umseitig beschriebene Schwarzspecht, jedoch länger als der ebenfalls dort vorgestellte Buntspecht. Als Nahrung dienen Ameisen, Insekten, im Winter auch Sämereien. [F] Zimmert seine Bruthöhle niedrig in Laubbäume oder besiedelt alte Spechtlöcher. Beide Eltern erbrüten in 14–17 Tagen 5–9 Junge, die von ♀ und ♂ gefüttert werden und nach 23–25 Tagen die Bruthöhle verlassen.

Grünspecht

Picus viridis

< Krähe	S, Str	1 IV–VII

[M] Ähnlich dem oben beschriebenen Grauspecht: Oberseite olivgrün, Unterseite graugrünlich, Scheitel, beim ♂ auch Nacken rot. Bartstreif beim ♀ schwarz, beim ♂ rot mit schwarzem Rand. [V] Laubmischwälder, Feldgehölze, Streuobstwiesen, Parks. [L] Scheu und ungesellig wie alle Spechte. Streicht bei Annäherung schnell in Deckung ab, macht sich nur durch seine laute, lachende »klüklüklü …«-Strophe bemerkbar. Trommelt, im Gegensatz zu anderen Spechten, nur selten. Sucht wie der Grauspecht seine Nahrung (Ameisen, Insekten, Beeren) am Boden. Ameisen holt er mit der langen, mit Widerhaken besetzten Zunge aus deren Bauten. [F] Höhlenbrüter in selbstgezimmerten oder bereits vorhandenen Baumhöhlen. ♀ und ♂ erbrüten in 15–17 Tagen 5–8 Junge, die nach 18–21 Tagen die Bruthöhle verlassen, aber noch 3–7 Wochen zusammenbleiben.

Schwarzspecht

Dryocopus martius

Krähe	S, Str	1 IV–VI

M Unser größter europäischer Specht ist schwarz. Beim ♂ reicht die rote Kopfplatte vom Schnabel bis zum Hinterkopf, beim ♀ ist nur der Hinterkopf rot. **V** Große, zusammenhängende Misch- und Nadelwälder mit ausreichend altem Baumbestand. **L** Fliegt schwerfällig, nicht wellenförmig wie andere Spechte. Typisch sind die Flugrufe »krrü-krrü …«, der Erregungsruf »kliööh«, sowie eine kehlige Strophe »kwoi-kwih-kwih-kwikwikwi …« zur Brutzeit. Ernährt sich von Ameisen und deren Entwicklungsstadien und anderen Insekten. **F** Zimmert seine Bruthöhle v.a. in Buchen, auch Kiefern und ist einer der wichtigsten Höhlenbauer des Waldes. V.a. das ♂ erbrütet in 12–14 Tagen 4–5 Junge, die nach 24–28 Tagen ausfliegen.

Buntspecht

Picoides major

Drossel	S	1 IV–VII

M Schwarzweißer Specht mit rotem Nacken (beim ♂) und rotem Unterschwanz. **V** Laub- und Nadelwälder, Feldgehölze, Parks, Gärten. **L** Selten am Boden, meist an Baumstämmen oder Masten zu beobachten. Das ganze Jahr über kann man sein helles »kick« hören. Statt zu singen, hämmert er mit seinem harten Schnabel schnelle Trommelwirbel auf einen als Resonanzboden dienenden Ast oder Pfahl. Das Trommeln entwickelte sich wohl aus dem Klopfen bei der Nahrungssuche und hat ähnliche Funktion wie der Gesang der Singvögel. Als Nahrung dienen im Sommer Insekten, im Winter fettreiche Samen. Koniferenzapfen werden in sog. »Spechtschmieden« bearbeitet und die Samen herausgeholt. **F** Die Bruthöhle wird v.a. in Weichhölzern angelegt. V.a. das ♂ erbrütet in 10–13 Tagen 4–7 Junge, die nach 20–28 Tagen die Höhle verlassen.

Kleinspecht

Picoides minor

Sperling	S, Str	1 V–VII

M Kleinster europäischer Specht. Rücken schwarzweiß gebändert, ohne weiße Schulterflecke. ♂ mit roter, ♀ mit weißer Stirnplatte. Weiße Unterseite ohne Rot. **V** Laub- und Mischwälder, Auwälder, Parks, Hausgärten. **L** Das ganze Jahr über kann man die turmfalkenähnliche Rufreihe »kikiki …« hören. ♀ und ♂ erzeugen gleichmäßige, helle Trommelwirbel, die man gut von denen anderer Spechtarten unterscheiden kann. Ernährt sich im Sommer v.a. von kleinen Insekten (Blattläuse!), die von Ästen und Blättern abgelesen werden; im Winter sucht er unter der Rinde nach überwinternden Insekten. Nur in Ausnahmefällen nimmt er fettreiche Samen an Futterstellen. **F** Der zarte Specht baut seine Bruthöhlen nur in weichem, morschem oder totem Holz. V.a. das ♂ erbrütet in 10–12 Tagen 4–5 Junge, die nach 19–21 Tagen die Höhle verlassen.

Haubenlerche

Galerida cristata

Sperling	S	2 IV–VI

[M] Eine lange Kopfhaube, ein kurzer Schwanz und eine sandbraune, schwach gestreifte Oberseite kennzeichnen den bei uns nicht häufigen Vogel. Auffallend sind auch die gelbbraunen Schwanzaußenfedern. [V] Haubenlerchen wechseln ständig ihre Lebensräume. Sie bevorzugen trockenes Grasland, sind jedoch auch an Feld- und Straßenrändern heimisch. [L] Der Vogel sitzt und singt sehr gerne am Boden; gelegentlich wird der Gesang auch von einer niederen Warte aus oder seltener im Flug vorgetragen. [F] In der Regel wird ein gut getarntes Bodennest gebaut. Manchmal werden auch Böschungen und Steinmauern als Nistplatz angenommen. Nach 12–14 Tagen Brutzeit schlüpfen 3–5 Junge, die Nestlingszeit dauert 9–11 Tage.

Feldlerche

Alauda arvensis

> Sperling	TZ	2 IV–VI

[M] Kopf mit kurzem, abgerundeten Schopf. Oberseite braun, Brust dunkel gestreift, die Schwanzaußenkanten weiß. Der kleineren Heidelerche, *Lullula arborea* (**G**) fehlen die weißen Schwanzkanten; deutliche, weiße Überaugenstreifen kennzeichnen den Kopf. [V] Man kann Feldlerchen in allen offenen Landschaften beobachten. [L] Der Vogel läuft schnell und geduckt. Der Gesang wird beim Auffliegen und im stehenden Rüttelflug vorgetragen. Ein solcher sog. Singflug ersetzt in der offenen, baumlosen Landschaft den Gesang von einer hohen Warte aus und dient v. a. der Reviermarkierung. Danach folgt ein gleitender Sinkflug (oft auch mit Gesang) oder ein jähes Herabfallen. Hin und wieder auch sehr leiser Bodengesang. [F] Im Bodennest schlüpfen nach 10–14 Tagen 3–5 Junge. Von beiden Eltern gefüttert, verlassen sie das Nest nach 14–18 Tagen.

Rauchschwalbe

Hirundo rustica

Sperling	Z IV–X	2 V–VII

[M] Die Art kennzeichnen lange Schwanzspieße, eine metallisch glänzende, dunkelblaue Oberseite und eine rahmgelbe Unterseite. Kehle und Stirn sind rotbraun, den Übergang zur Brust bildet ein metallisch blaues Kropfband. [V] Rauchschwalben fliegen im offenen Kulturland, in Dörfern und Randbezirken von Städten. Sie bevorzugen Gewässernähe. [L] Im schnellen, oft segelnden Flug werden Fluginsekten erbeutet. Die Vögel fliegen dabei oft tief in Boden- oder Gewässernähe. Gerne sitzen sie auf Drähten oder Dächern. Im Herbst bleiben sie meist etwas länger bei uns als die Mehlschwalben. [F] In Ställen und anderen Gebäuden mit Einflugmöglichkeiten wird ein napfförmiges Lehmnest meist an die Wandoberkante geklebt. Nach 15 Tagen Brutzeit schlüpfen 4–6 Junge, die von beiden Eltern ca. 3 Wochen gefüttert werden.

Mehlschwalbe

Delichon urbica

< Sperling	Z VI–X	2 VI–VIII

M Die mehlweiße Unterseite und der kennzeichnende, weiße Bürzel kontrastieren stark zur blauschwarzen Oberseite. Der Schwanz ist schwach gegabelt. Die in Sand- und Lehmwänden nistende Uferschwalbe, *Riparia riparia* (**G**) unterscheidet sich von der Art durch eine braune Oberseite und ein braunes Brustband. **V** Die Vögel sind in Dörfern, in Kleinstädten und in den Alpen anzutreffen. **L** In flatterndem Flug werden – oft in großer Höhe – Insekten gejagt. Im Vergleich zur Rauchschwalbe ist ihr Flug deutlich langsamer. **F** Das kugelrunde Lehmnest wird unter Dachrinnen, Hausvorsprünge oder an Felsen angeklebt. In 14–16 Tagen werden 3–6 Eier von beiden Eltern ausgebrütet. Die Jungvögel bleiben 20–30 Tage im Nest.

Baumpieper

Anthus trivialis

Sperling	Z IV–X	2 V–VII

M Die Oberseite des schwer bestimmbaren Vogels ist braun mit schwärzlichen Streifen. Im Brustbereich der rahmfarbenen Unterseite sind kräftige, schwarze Streifen, die auch die Flanken markieren. Auffallend sind auch der gelbliche Überaugenstreif und die rötlichen Beine. Eine sichere Bestimmung im Freiland ist eigentlich nur am Gesang möglich. **V** Baumpieper bewohnen v.a. Waldränder, Lichtungen und Hänge mit Baum- und Buschbestand. **L** Kennzeichnend für den Vogel ist sein kurzer Singflug, der von einer hohen Warte – meist eine Baumspitze – zum Boden führt. Baumpieper sitzen auffallend häufig auf Baumspitzen. Ihre Nahrung besteht in erster Linie aus kleinen Insekten, die am Boden aufgelesen werden. **F** Gut versteckt im Gras wird am Boden ein Nest gebaut. Brutzeit 12–14 Tage, Nestlingszeit 12–13 Tage.

Wiesenpieper

Anthus pratensis

Sperling	TZ	2 IV–VII

M Vom oben beschriebenen Baumpieper unterscheidet sich diese Art neben dem Gesang durch die olivfarbene Oberseite, die hellere Brust, die bräunlichen Beine und den weißlichen Überaugenstreif. Orientiert man sich nicht am Gesang, besteht Verwechslungsmöglichkeit mit Baum- und Wasserpieper. **V** Der Wiesenpieper bevorzugt offene Feuchtbiotope, wie Moore, Sümpfe und Ödland. **L** Im Gegensatz zum Baumpieper sitzt der Wiesenpieper gerne in Bodennähe und nur selten auf Bäumen. Sein Singflug beginnt in der Regel am Boden. Als Nahrung werden überwiegend Insekten, gelegentlich Sämereien aufgenommen. **F** Meist zwischen Grasbüscheln versteckt, werden im gut getarnten Bodennest 4–5 Eier gelegt. Nach etwa 14tägiger Brutzeit schlüpfen die Jungen und verlassen nach weiteren 10–14 Tagen das Nest ohne Flugfähigkeit.

Schafstelze
Motacilla flava

Sperling	Z III–X	1 V–VI

[M] Der schlanke, langschwänzige Vogel ist mit seiner leuchtend gelben Unterseite sehr auffallend. Von der ebenfalls gelbbäuchigen Gebirgsstelze, *Motacilla cinerea*, unterscheidet ihn der olivgrüne Rücken (bei der Gebirgsstelze blaugrau!). Kinn und Überaugenstreif weiß. Auffallend ist das häufige Schwanzwippen. In Europa kommen verschiedene Unterarten der Schafstelze vor. [V] Lebensräume der Art sind Ufer von Fließgewässern, Sümpfe, Moore und Heiden. [L] Die Vögel suchen mit schnellem Trippelgang den Boden nach Kleingetier ab. Teilweise werden Insekten auch in kurzem, flattendem Flug erhascht. [F] Im offenen Gelände wird ein Bodennest gebaut. 5–6 Eier, Brutzeit ca. 14 Tage, Nestlingszeit 10–13 Tage.

Bachstelze
Motacilla alba

Sperling	Z II–XI	2 IV–VI

[M] Die Bachstelze ist die bekannteste einheimische Stelze. Im Brutkleid sind Kopf, Kehle, Brust und Nacken schwarz gefärbt. Stirn, Wangen und Bauch sind weiß, der Rücken grau. Nach der Brut sind Kehle und Brust weiß, letztere mit schwarzem Band. [V] Bachstelzen leben am Wasser oder in weiterer Gewässernähe. Bevorzugt wird waldfreie Kulturlandschaft. [L] Die Vögel suchen v.a. am Boden nach Insekten. Sie bewegen sich dabei schnell trippelnd und wippen dazu oft mit dem Schwanz. Ihr Flug ist durch eine stark wellige Flugbahn gekennzeichnet. In milderen Klimabereichen Mitteleuropas kommen regelmäßig Überwinterungen vor. [F] In der Wahl des Nistplatzes sind die Stelzen nicht sehr wählerisch. In Halbhöhlen oder Löchern von Gebäuden, Bäumen o.ä. werden in 12–14 Tagen 5–6 Eier ausgebrütet. Nestlingszeit 13–16 Tage.

Zaunkönig
Troglodytes troglodytes

< Sperling	S	2 IV–VII

[M] Mit seiner rundlichen Gestalt, den großen Augen und dem aufgestellten Stummelschwanz wirkt der kleine, quicklebendige Vogel recht possierlich. Die Färbung ist dunkelbraun, an den Flügeln, den Flanken und am Schwanz erkennt man dunkle Querbänder. [V] Dichte, schattige und feuchte Dickichte in Wäldern, Parks und Gärten. [L] Durchstöbert das Unterholz nach Insekten und anderen Kerbtieren. Seine blitzschnelle und huschende Fortbewegung macht eine längere Beobachtung fast unmöglich. Bei Erregung knickst er auffallend häufig. Gesang laut und schmetternd. Die kleinen Vögel sind in kalten Wintern bei uns teilweise gefährdet. Zum Schutz vor nächtlicher Kälte suchen sie gerne gemeinschaftliche Übernachtungsplätze auf. [F] Im kugelförmigen, in Bodennähe versteckten Nest werden 5–7 Junge aufgezogen. Brut- und Nestlingszeit 14–18 Tage.

Heckenbraunelle

Prunella modularis

< Sperling	TZ	2 IV–VII

[M] Die dunkelbraune Oberseite geht im Halsbereich in Schiefergrau über. Mit Ausnahme des braunen Scheitels und der braunen Ohrregion ist der gesamte Kopf grau. Die Unterseite ist ebenfalls schiefergrau, die Flanken dunkel gestreift. [V] Man begegnet der Art in Gärten, Laub- und Mischwäldern, Parks und Gebüschen. [L] Heckenbraunellen bewegen sich langsam und ausschließlich im Schutz von Unterholz und Gebüsch. Sie sind sehr scheu und – mit Ausnahme der Brutzeit – ungesellig. Kennzeichnend ist häufiges Flügelzucken. Der Gesang wird meist von hoher Warte vorgetragen. [F] Die 4–5 Jungen schlüpfen nach 14tägiger Brutzeit in einem gut versteckten Nest in Bodennähe von Dickichten. Nestlingszeit 12–14 Tage.

Rotkehlchen

Erithacus rubecula

< Sperling	TZ	2 IV–VII

[M] Der insgesamt rundlich wirkende Vogel ist durch seine rote Vorderbrust und Gesicht kaum zu verwechseln. Rücken olivbraun, Bauch weißlich, die rotbraunen Beine wirken sehr lang. Die Augen des dämmerungsaktiven Vogels sind recht groß. [V] Wie die Nachtigall kommt auch das Rotkehlchen in sehr unterholzreichen Wäldern vor. [L] Die Art ist hin und wieder auf der Nahrungssuche im Unterholz zu beobachten. Immer wieder mit Schwanz und Flügel zuckend, sucht das Rotkehlchen den Boden nach Kleingetier ab. Im Herbst und Winter ernährt es sich auch teilweise von Beeren. Der perlende Gesang wird häufig in der Dämmerung vorgetragen. Selbst bei völliger Dunkelheit beginnen Rotkehlchen vereinzelt zu singen. [F] Nest in Halbhöhlen, Wurzelnischen, Mauerlöchern und Bodenvertiefungen. 5–7 Eier, Brutzeit 14 Tage, Nestlingszeit 12–15 Tage.

Nachtigall

Luscinia megarhynchos

> Sperling	Z IV–X	1 V–VI

[M] Der Vogel hat eine einfarbig braune Oberseite und eine weißlich-braune Unterseite; Schwanz rotbraun. Der zum Verwechseln ähnliche Sprosser, *Luscinia luscinia* (**G**) unterscheidet sich von der Nachtigall durch die etwas dunklere Farbe und die braun gewölkte Brust. Man bezeichnet Nachtigall und Sprosser als sog. Geschwisterarten, wobei die Ähnlichkeit hier bis zum Gesang geht. [V] Dichte, unterholzreiche Wälder sind ideale Lebensräume für die Nachtigall. [L] In aufrechter Haltung durchstöbert der Vogel den Boden des Unterholzes. Insekten, Spinnen und anderes Kleingetier dienen als Nahrung, auch Beeren. Der berühmte Gesang wird bei Tag und bei Nacht vorgetragen. Der Vogel sitzt dabei im Unterholz oder auf der Spitze eines Busches. [F] Das Nest steht am Boden oder in der Krautschicht. 4–6 Eier, Brutzeit 13 Tage, Nestlingszeit 12 Tage.

Gartenrotschwanz

Phoenicurus phoenicurus

Sperling	Z IV–X	2 V–VII

M Beim ♂ sind Gesicht und Kehle schwarz, die Stirn weiß. Die Oberseite ist grau, Brust und Flanken sind rostrot. Das ♀ ist oben graubraun, unten gelbbraun. Beide haben rostroten Bürzel und Schwanz. **V** Wälder, Waldränder, Parks und Gärten. Bevorzugt die Nähe menschlicher Siedlungen und gilt demnach als Kulturfolger. **L** Der Vogel ist ein Ansitzjäger; sehr häufig kann man ihn beobachten, wie er, z.B. von einem Zaunpfahl aus, fliegende oder am Boden laufende Insekten fängt. Typisch für beide Rotschwanz-Arten ist häufiges Schwanzzittern und Knicksen. **F** Das Nest wird in Halbhöhlen, wie Baum-, Fels- und Mauerlöchern, angelegt. 5–7 Eier werden in 12–14 Tagen ausgebrütet; Nestlingszeit 13–16 Tage.

Hausrotschwanz

Phoenicurus ochruros

Sperling	Z III–XI	2 IV–VI

M Das ♂ dieser Art ist rußschwarz mit weißem Flügelspiegel, Bürzel und Schwanz sind rostrot. Das ♀ ist unscheinbar dunkel graubraun; Schwanz und Bürzel sind ebenfalls rostrot. **V** Hausrotschwänze sind in Städten, Dörfern, an Felshängen und in Weinbergen anzutreffen. Ursprünglich sind sie Felsenbewohner. **L** Meist fällt der Vogel auf, wenn er sein gepreßt wirkendes Liedchen von einem Hausgiebel oder einer Dachrinne aus vorträgt. In den Gesangspausen zeigt er das typische Schwanzzittern und Knicksen. Im Gegensatz zum oben beschriebenen Gartenrotschwanz ist diese Art ein Kurzstreckenzieher, der den Winter in West- und Südeuropa verbringt und z.T. in milden Gebieten auch bei uns überwintert. **F** Als Nistgelegenheit werden alle Halbhöhlen ausgenutzt. 4–6 Eier, Brut- und Nestlingszeit ca. 14 Tage.

Steinschmätzer

Oenanthe oenanthe

G	Sperling	Z III–X	1 V–VI

M Der wenig bekannte Vogel ist im ♂ Geschlecht recht auffallend gefärbt. Bürzel und Schwanzseiten weiß; Schwanzende und Schwanzmitte schwarz. Im Brutkleid hat das ♂ einen blaugrauen Rücken, schwarze Binden durch das Auge und eine rahmgelbe Unterseite. Im Ruhekleid ist es rahmfarben bräunlich und ähnelt dann dem ♀. **V** Der Vogel bewohnt Moore, Brachflächen, Felsen und Dünen. **L** Auf der Suche nach Insekten, Spinnen, Schnecken und anderem Kleingetier huschen Steinschmätzer rastlos durch ihr Revier, bleiben dabei immer in Bodennähe. Typisch sind Knicksen und langsames Schwanzschlagen. Der schwatzende Gesang wird meist von etwas erhöhter Warte in Bodennähe vorgetragen. **F** Das Nest wird in Erdlöchern, Kaninchenbauten oder auch Steinhaufen versteckt. 4–6 Eier, Brut- und Nestlingszeit 14 Tage.

Braunkehlchen

Saxicola rubetra

G

< Sperling	Z IV–X	1 V–VI

[M] Der stark im Bestand bedrohte Vogel wirkt untersetzt und kurzschwänzig. Beim ♂ Oberseite, Wangen und Scheitel stark gestreift. Ohrregion nach oben und unten durch einen weißen Überaugenstreif bzw. Kehlstreif begrenzt. Kehle, Brust und Flanken sind kräftig rahmgelb. Das ♀ ist heller mit gelblichem Augenstreif. Das nah verwandte Schwarzkehlchen, *Saxicola torquata* (**G**) unterscheidet sich durch schwarzen Kopf und Kehle und breite, weiße Halsflecken. [V] Wiesen, Sümpfe und andere offene Geländeformen. [L] Der Vogel sitzt gern auf Halmen oder Zäunen, wippt mit den Flügeln und Schwanz; er ernährt sich von Insekten. [F] Baut ein Bodennest; das Gelege besteht aus 4–7 Eiern. Brut- und Nestlingszeit 13–15 Tage.

Amsel

Turdus merula

bekannt	S	2-3 III–VII

[M] Das ♂ dieser allbekannten Art ist schwarz; Schnabel und Augenring sind leuchtend orangegelb; ♀ dunkelbraun mit etwas hellerer Unterseite; Kehlbereich leicht gefleckt; Schnabel braun. [V] Amseln sind in Wäldern, Gärten und Parks anzutreffen. [L] Die Vögel suchen sehr häufig auf dem Boden hüpfend nach Nahrung. Diese besteht z.B. aus Regenwürmern, die mit großem Kraftaufwand aus dem Boden gezogen werden, aber auch aus Insekten und Früchten. Morgens und abends singen Amseln gern von hoher Warte. Neben den Individuen, die bei uns überwintern, gibt es auch solche, die als Teilzieher nach Süd- und Westeuropa sowie Nordafrika abwandern. Unsere Standvögel sind im Winter v.a. auf Baum- und Strauchfrüchte angewiesen. [F] Nest in Hecken, Büschen und Mauernischen; 4–7 Eier, Brut- und Nestlingszeit ca. 14 Tage.

Wacholderdrossel

Turdus pilaris

> Amsel	Z III–IX	1-2 IV–VI

[M] Kopf und Bürzel dieser Drossel sind hellgrau, der Rücken ist kastanienbraun. Kehle und Brust sind rostgelb, schwarz gefleckt und gestreift; der Bauch ist einfarbig hell. [V] Die Wacholderdrossel ist ein typischer Vogel der offenen Kulturlandschaft mit Büschen, Bäumen und angrenzendem Wald. [L] Man kann die Vögel meist gesellig bei der Nahrungssuche beobachten. Wiesen, Weiden und Waldränder werden nach Kleingetier abgesucht. Bei Störung fliegt der Schwarm mit lautem Schackern ab. Im Spätsommer werden Beeren und Früchte als Nahrung bevorzugt. Die bei uns im Winter zu beobachtenden Wacholderdrosseln sind Gäste aus Osteuropa. Unsere Brutvögel ziehen im Herbst nach West- und Südeuropa ab. [F] Die Brut erfolgt in Kolonien, meist auf höheren Bäumen. 4–6 Junge, Brut- und Nestlingszeit ca. 14 Tage.

Singdrossel

Turdus philomelos

< Amsel	Z II–IX	2 IV–VI

[M] Von den hier beschriebenen Drosseln ist die Singdrossel am kleinsten. Der braune Rücken steht in Kontrast zur gelblich-rahmfarbenen Brust, die mit kleinen, schwarzen Flecken übersät ist. Der Bauch ist weiß. [V] Die Art bewohnt Parks und Wälder, z.T. auch große Gärten. [L] Wie bei allen Drosseln wird die Nahrung am Boden gesucht. Sehr geräuschvoll wird dabei Laub umhergeschleudert, um Würmer, Schnecken und anderes Kleingetier aufzustöbern. Im Herbst wird die Nahrung durch Beeren und Früchte bereichert. Der Gesang wird meist von einer Baumspitze vorgetragen. [F] In Bäumen oder Büschen wird ein kunstvolles Nest gebaut, in dem das ♀ in ca. 14 Tagen 4–6 Eier ausbrütet. Nestlingszeit 12–16 Tage.

Misteldrossel

Turdus viscivorus

> Amsel	Z II–IX	1 III–V

[M] Die größte einheimische Drossel hat eine graubraune Oberseite und eine gelblich-weiße Unterseite mit dichter, schwarzbrauner Fleckung. Die Spitzen der Schwanzaußenfedern sind weißlich. [V] Die Misteldrossel bevorzugt geschlossene Waldgebiete. Zunehmend ist sie auch in größeren Parkanlagen und Feldgehölzen anzutreffen. [L] Der Vogel fällt am Boden bei der Nahrungssuche durch seine sehr aufrechte Haltung auf. Meist wird die Nahrung (Würmer, Kerbtiere) auf Waldlichtungen und Waldrandwiesen gesucht. Im Herbst werden Beeren bevorzugt; meist erfolgt die Nahrungssuche in dieser Jahreszeit auch in kleinen Trupps. Als typische Kurzstreckenzieher überwintern Misteldrosseln v.a. im Mittelmeerraum und in Westeuropa. [F] Das Nest wird meist in Astgabeln von Bäumen angelegt. 4–6 Eier. Brut- und Nestlingszeit 14 Tage.

Feldschwirl

Locustella naevia

< Sperling	Z IV–X	2 V–VII

[M] Auffallendes Kennzeichen dieses Vogels ist die olivbraune, deutlich gestreifte Oberseite. Im Gegensatz dazu ist die gelblich-weiße Unterseite nur schwach gestrichelt. Schwanz stark gerundet; Beine rötlich braun. [V] Bewohnt den Unterwuchs in Sümpfen, Auwäldern und Heiden. Manchmal ist die Art auch in Fichtenschonungen anzutreffen. [L] Die sehr heimliche Lebensweise läßt eine direkte Beobachtung kaum zu. Der Vogel fliegt nur ungern; üblicherweise schlüpft er durch die Bodenvegetation. Gesang ist ein monotones Schwirren eines Tones, welches häufig über eine Minute gehalten wird. Auch nachts singen diese Vögel, wobei hier die »Schwirrdauer« noch erstaunlichere Längen annimmt; man hat mehrere Minuten gemessen. [F] Im bodennahen Nest werden 4–6 Jungvögel in 13–15 Tagen ausgebrütet; Nestlingszeit 10–12 Tage.

Teichrohrsänger
Acrocephalus scirpaceus

< Sperling	Z IV–X	1 V–VI

M Der Vogel ist oben einfarbig braun, an der Unterseite weißlich mit gelbbräunlichen Flanken. Vom verwandten Drosselrohrsänger, *Acrocephalus arundinaceus* (**G**) unterscheidet er sich in erster Linie durch die geringere Größe und den kaum ausgeprägten Überaugenstreif. Das sicherste Bestimmungskriterium ist der unterschiedliche Gesang. **V** Beide Arten sind Bewohner der Schilfregion an Gewässern. **L** Meist sitzt der Vogel an Schilfhalmen, an denen er auch gut klettert. Ausdauernder Gesang mit oft wiederholten, krächzenden Lauten. **F** Nistet in lockeren Kolonien. Das Nest mit 3–5 Eiern wird an senkrechten Halmen befestigt. Brut- und Nestlingszeit 11–12 Tage. Teichrohrsänger und Drosselrohrsänger sind häufige Kuckuckswirte.

Sumpfrohrsänger
Acrocephalus palustris

< Sperling	Z V–IX	1 VI–VII

M Von den oben beschriebenen Rohrsängern nur schwer zu unterscheiden. Rücken hier olivbraun, Beine fleischfarben. **V** Im Gegensatz zu Teich- und Drosselrohrsänger ist diese Art kein Röhrichtbewohner, sondern v.a. in wassernaher Staudenvegetation heimisch. Auch Felder und Gebüsche in Wassernähe werden akzeptiert. **L** In dichter Deckung sucht der Vogel nach Insekten. Auch sein wohltönender Gesang wird von versteckter Warte aus vorgetragen. Unter allen einheimischen Singvogelarten hat der Sumpfrohrsänger das größte Imitationstalent. Ca. 200 andere Vögel werden von ihm in Einzellauten nachgeahmt; darunter sind naturgemäß viele afrikanische Arten, die er im Winterquartier zu hören bekommt. **F** Sumpfrohrsänger bauen Hängenester, die an Halmen oder Stengeln befestigt werden. Nach 12 Tagen schlüpfen 3–5 Junge; Nestlingszeit 10–14 Tage.

Gelbspötter
Hippolais icterina

< Sperling	Z V–IX	1 V–VI

M Der kräftige Spötter hat eine grüngraue Oberseite mit, nicht immer deutlichem, hellem Fleck auf den Flügeln. Die Unterseite ist gelblich, die Beine sind blaugrau. Der recht lange Schnabel ist oben dunkler als unten. Mit den Rohrsängern ist der Gelbspötter recht nah verwandt. **V** Der Art begegnet man in unterholzreichen Wäldern, Gärten und Parks. **L** In den dichten Laubkronen seines Reviers werden Insekten gejagt. Sein Gesang besteht aus abwechslungsreichen Motiven, die immer wieder auch Gesangsteile anderer Singvögel enthalten (Name!). Die Aufenthaltsdauer dieses Vogels bei uns ist mit 3–4 Monaten sehr kurz. **F** Im oberen Bereich von Büschen und kleineren Bäumen wird ein Napfnest in Astgabeln aufgehängt. Das Gelege enthält 4–5 Eier, die in 12–14 Tagen ausgebrütet werden. Nestlingszeit 13–14 Tage.

Klappergrasmücke

Sylvia curruca

< Sperling	Z IV–X	1–2 V–VI

[M] Der Vogel ist relativ kurzschwänzig und hat eine graue Oberseite, die sich im Ohrbereich fast zu Schwarz intensiviert. Die Unterseite ist cremeweiß. [V] Man findet Klappergrasmücken in Wäldern, Parks und Gärten, aber auch in Buschrainen des offenen Geländes. [L] Der recht heimliche Vogel ist nur schwer zu entdecken, da er nur selten das schützende Dickicht verläßt, das er nach Insekten durchsucht. Meist ist seine Anwesenheit nur durch den klappernden Gesang oder durch ein leises »Schwätzen« zu bemerken. [F] Das Nest wird meistens in Bodennähe, selten über Mannshöhe, angelegt. In dichter Dekkung brüten beide Partner in 11–15 Tagen 3–5 Eier aus. Die Nestlingszeit beträgt 10–15 Tage.

Mönchsgrasmücke

Sylvia atricapilla

< Sperling	Z III–XI	1–2 IV–VI

[M] Der Name der Art leitet sich von der einer Mönchshaube gleichenden, schwarzen Kopfplatte des ♂ ab. Beim ♀ ist diese rotbraun. Oberseite bei beiden Geschlechtern graubraun, Kopfseiten und Unterseite grau. Beim ♀ ist die Unterseite bräunlich. [V] Mönchsgrasmücken benötigen dichtes Unterholz; sie bewohnen Wälder, Parks und Gärten. [L] Obwohl recht häufig, ist die Art, wie auch die anderen Grasmücken, nur schwer zu beobachten. Ihre Anwesenheit im Unterholz, das sie nach Insekten absucht, macht sich dem Kenner eher durch den zwitschernden, z.T. flötenden Gesang deutlich. Im Herbst bereichern Beeren die Nahrung dieses Insektenfressers. Das Winterquartier der Art reicht vom Mittelmeerraum bis in das tropische Afrika südlich der Sahara. [F] Nest in Bodennähe; 4–6 Eier, Brutzeit 10–15 Tage, Nestlingszeit 10–14 Tage.

Gartengrasmücke

Sylvia borin

< Sperling	Z IV–X	1–2 V–VII

[M] Der Vogel ist einfarbig grau, an der Unterseite hell. Bezeichnende Merkmale fehlen bei dieser Grasmücke völlig. Die auffallendere Dorngrasmücke, *Sylvia communis*, hingegen hat rostfarbene Flügel, einen langen Schwanz mit weißen Außenfedern, eine graue (♂) bzw. bräunliche (♀) Kopfkappe und eine weiße Kehle. [V] Man findet die Gartengrasmücke im Unterholz der Wälder und in buschreichem Freiland. [L] Meist verrät nur der Gesang – ein sehr langes, volltönendes Flöten – den heimlichen Vogel. Die häufigen Wiederholungen der langen Strophen machen die Gartengrasmücke zu einem unserer dominierendsten Sänger. Im Herbst nimmt der ansonsten typische Insektenfresser auch Beeren zu sich. [F] Nistet in Büschen, Gestrüpp und Hecken. Das bodennahe Nest enthält 3–5 Eier; Brutzeit 11–16 Tage, Nestlingszeit 9–12 Tage.

Zilpzalp

Phylloscopus collybita

< Sperling	Z III–X	1–2 IV–VII

M Dieser Laubsänger hat eine olivbraune Oberseite und eine sehr helle, oft gelbliche Unterseite. Die Beine sind schwärzlich, ein Überaugenstreif ist angedeutet. Der äußerst ähnliche Fitislaubsänger, *Phylloscopus trochilus*, unterscheidet sich durch sein gelblicheres Gefieder und die helleren Beine. **V** Die Art lebt in lichten, unterholzreichen Wäldern, in Gärten und Parks. **L** Der Vogel ist meist rastlos im Unterholz unterwegs, um Insekten, Spinnen und andere Kerbtiere aufzustöbern. Das unregelmäßig vorgetragene »Zilp zalp zilp zalp . . .« hat zur Namensgebung geführt. **F** In Hecken, Dickichten und Feldgehölzen wird in Bodennähe ein backofenförmiges Nest mit seitlichem Eingang gebaut. 4–6 Eier, Brut- und Nestlingszeit 13–15 Tage.

Waldlaubsänger

Phylloscopus sibilatrix

< Sperling	Z	1 V–VI

M Am Kopf dieser Art fallen der gelbe Überaugenstreif und die leuchtend gelbe Kehle auf. Auch die Brust ist gelb, geht dann aber in einen weißen Bauch über. Die Oberseite ist gelblichgrün, der Schwanz relativ kurz. **V** Der Waldlaubsänger ist ein typischer Bewohner hochstämmiger, lichter Laub- und Mischwälder; v. a. ältere Buchenwälder werden bevorzugt. **L** In seinem Lebensraum ist der Waldlaubsänger ein recht häufiger Vogel. Seine unverkennbare Schwirrstrophe »sib-sib-sib-sirr« wird von einem Ast im unteren Kronenbereich vorgetragen oder nicht selten beim horizontalen Singflug von Ast zu Ast. Daneben reiht er auch gelegentlich seinen charakteristischen Ruf »düh« zu einer gedehnten Flötenstrophe. **F** In einem rundlichen Backofennest am Boden brütet das ♀ in 13–14 Tagen 5–7 Eier aus; die Jungen bleiben 11–12 Tage im Nest.

Wintergoldhähnchen

Regulus regulus

< Sperling	TZ	2 V–VII

M Beide bei uns heimischen Goldhähnchen sind die kleinsten heimischen Vögel. Das Wintergoldhähnchen ist vom Sommergoldhähnchen, *Regulus ignicapillus*, durch den fehlenden Überaugenstreif zu unterscheiden. Auffallend ist beim Sommergoldhähnchen auch der schwarze Strich durch das Auge und der kräftiger orangefarbene Scheitel beim ♂. Oberseite olivgrün, Unterseite weißlich grau (Sommergoldhähnchen heller!). Der Scheitel ist beim ♂ gelb mit etwas orange, beim ♀ ausschließlich gelb und etwas schmäler. **V** Bewohnen Nadel- und Mischwälder. **L** Bei der Jagd nach kleinen Insekten betätigen sich Goldhähnchen als geschickte Turnkünstler, sind jedoch nur schwer zu beobachten. Gesang ein leises »Sih-sih-sih« mit unterschiedlicher Tonhöhe. **F** In einem Hängenest werden in 14–17 Tagen 8–11 Eier ausgebrütet; Nestlingszeit 18–21 Tage.

Grauschnäpper

Muscicapa striata

< Sperling	Z IV–IX	1 V–VI

[M] Gefiederfarbe unscheinbar aschgrau. Scheitel, Kehle und Brust sind dunkelgrau gestreift. Auffallend ist die aufrechte Körperhaltung und das häufige Flügel- und Schwanzzucken. [V] Die Art ist in Gärten, Parks, an Waldrändern und in lichten Laubwäldern anzutreffen. [L] Der recht ungesellige Vogel ist gegenüber dem Menschen meist nicht sehr scheu. Von einem freien Sitzplatz (Fangwarte) aus macht er Jagd auf fliegende Insekten, wobei er immer wieder zu seinem Platz zurückkehrt. [F] Das Nest wird an oder in Gebäuden angelegt. Oft dienen Dachvorsprünge, Mauerlöcher oder Wandbewuchs als Versteck. Das Gelege enthält 4–6 Eier; die Jungen schlüpfen nach 12–15 Tagen und bleiben dieselbe Zeit im Nest.

Trauerschnäpper

Ficedula hypoleuca

< Sperling	Z IV–IX	1 V–VI

[M] Im Brutkleid sind beim ♂ Kopf und Oberseite schwarz bis graubraun. Stirn, Unterseite, Flügelfleck und Schwanzseiten sind weiß. Das ♂ im Ruhekleid ähnelt dem ♀, das durch eine olivbraune Oberseite und eine rahmweiße Bauchseite charakterisiert ist. [V] Der Trauerschnäpper lebt in Laub- und Mischwäldern, aber auch in Parks, Gärten und Feldgehölzen. Er ist recht standorttreu; trotz der großen Distanz zum Winterquartier im tropischen Afrika kehrt er oft exakt an seinen Geburtsort zurück. [L] Wie der oben beschriebene Grauschnäpper ist auch diese Art ein Ansitzjäger. Oft werden Insekten aber auch am Boden aufgelesen. Im Spätsommer wird die Nahrung auch durch Beeren bereichert. [F] Trauerschnäpper nisten bei uns überwiegend in Nistkästen, aber auch in Baumhöhlen. Nach 12–17 Tagen schlüpfen 4–7 Junge, die 13–16 Tage im Nest bleiben.

Schwanzmeise

Aegithalos caudatus

< Sperling	S	1–2 III–VI

[M] Die unverkennbare Art ist durch ihren extrem langen, gestuften Schwanz und das schwarz-weiß-rosarote Gefieder gekennzeichnet. Es gibt 2 Rassen. [V] Schwanzmeisen sind in unterholzreichen Laub- und Mischwäldern, in Parks und Obstgärten heimisch. [L] Die Vögel turnen bei der Suche nach Insekten v.a. in den Spitzenbereichen der Zweige und sind deshalb oft gut zu beobachten. Der lange Schwanz bildet hierbei eine wichtige Balancierhilfe. Häufig nehmen Schwanzmeisen ihre Nahrung auf, während sie nur mit einem Bein kopfab an einem Ästchen hängen. Das geringe Körpergewicht und die langen Beine begünstigen diese Lebensweise. Die Art bildet nach der Brut kleine Trupps. [F] Das eiförmige, kunstvoll verflochtene Nest wird in Zweigen aufgehängt. Im Innern schlüpfen nach 12–14 Tagen 8–12 Junge; Nestlingszeit 14–18 Tage.

Sumpfmeise
Parus palustris

< Sperling	S	1 IV–VI

[M] Kopfplatte, Nacken und der Kinnbereich sind bei dieser Meise glänzend schwarz gefärbt. Wangen und Unterseite grauweiß, im Flankenbereich bräunlich getönt. Der Rücken ist graubraun. Die Art ist leicht mit der selteneren Weidenmeise zu verwechseln. [V] Bewohnt Laubwälder, Parks, Gärten und Hecken. [L] Auf der Jagd nach Insekten durchstreift die Sumpfmeise den Baum- und Buschbestand ihres Lebensraums. Immer wieder läßt sie ihre »Pistja«-Rufe oder ihren klapperenden Gesang hören. Im Winter schließen sich die Vögel meist zu zweit Meisenschwärmen an. [F] Als Nistplatz werden Baumhöhlen, selten auch Nistkästen genutzt. Das ♀ brütet in 13–17 Tagen 6–10 Eier aus. Nestlingszeit 16–21 Tage.

Blaumeise
Parus caeruleus

< Sperling	S	1 IV–VI

[M] Unter den Meisen ist die Blaumeise unverwechselbar. Scheitel, Schwanz und Flügel hellblau, die Unterseite gelb. Über dem weißen Wangenfleck zieht ein schwarzer Strich durch das Auge. Der Rücken ist grünlich. [V] Man findet Blaumeisen in Laub- und Mischwäldern, sehr häufig in Gärten, Parks und Feldgehölzen. [L] Diese Meise ist ein artistischer Turner, der auf der Suche nach Insekten oft auch kopfunter an Zweigen hängt. Sie frißt auch kleine Sämereien. Im Winter ist sie fast immer in gemischten Meisenschwärmen anzutreffen. Sofern es sich um größere Blaumeisenschwärme handelt, sind es in der Regel nordische Vögel, die im Winter in unsere Breiten einwandern. [F] Die 7–13 Eier werden in Spechthöhlen oder Nistkästen vom ♀ in 12–16 Tagen ausgebrütet. Es wird dabei vom ♂ mit Nahrung versorgt. Nestlingszeit 15–20 Tage.

Haubenmeise
Parus cristatus

< Sperling	S	1–2 III–VII

[M] Typisch für diese Meise ist die schwarzweiß gesprenkelte Kopfhaube. Kopfseiten weiß; ein schwarzer Strich zieht durch das Auge, der innerhalb der weißen Wange nach unten abknickt. Oben ist der Vogel graubraun, unten weiß mit rahmfarbenen Flanken. [V] Der Lebensraum der Haubenmeise beschränkt sich auf Nadel- und Mischwälder. In Gärten und Parks selten. [L] Man kann den Vogel oft bei der Nahrungssuche an Baumstämmen beobachten. Sorgfältig wird die Rinde nach kleinen Insekten abgesucht. Im Vergleich zu anderen Meisen ist diese Art nicht sehr gesellig. [F] In morschen Bäumen oder Baumstrünken wird häufig eine Höhle selbst gezimmert. Nistkästen werden jedoch ebenfalls angenommen. Das Gelege besteht aus 5–9 Eiern, die 15–18 Tage bebrütet werden. Die Jungen bleiben 18–21 Tage im Nest.

Kohlmeise

Parus major

Sperling	S	1 III–V

[M] Unter den einheimischen Meisen ist diese Art die größte und bekannteste. Am glänzend schwarzen Kopf heben sich die weißen Wangen deutlich ab. Die gelbe Unterseite wird durch einen schwarzen Mittelstreifen zweigeteilt; der Rücken ist grünlich, Flügel und Schwanz sind blaugrau. [V] Neben allen Waldtypen bewohnt die Kohlmeise v.a. menschennahe Lebensräume wie Gärten und Parks. Am Futterhaus ist sie deshalb die am häufigsten zu beobachtende Meise. [L] Auf der Suche nach Insekten und Sämereien turnt sie geschickt an den Zweigen, kommt aber auch häufig auf den Boden. [F] In Baumhöhlen oder auch Nistkästen schlüpfen nach 10–14tägiger Brutzeit 6–12 Junge; Nestlingszeit 15–22 Tage.

Tannenmeise

Parus ater

< Sperling	S	2 III–VII

[M] Der schwarze Kopf mit den weißen Wangen ähnelt der Kopffärbung bei der Kohlmeise, allerdings zeigt der Nacken hier einen weißen Fleck. Unterseite weißlich mit rahmfarbenen Flanken, Oberseite olivgrau mit doppelter weißer Flügelbinde. Sie ist bei uns die kleinste Meisenart. [V] Bevorzugt werden Nadel- und Mischwälder; außerhalb der Brutzeit auch in Gärten und Parks. [L] Die Tannenmeise sucht Rinde und Blätter nach kleinen Insekten ab. Wie die anderen Meisen zeigt sie ein beachtliches Klettergeschick. Sehr häufig schließt sie sich bereits im Spätsommer gemischten Meisenschwärmen an, die im Winter auch von nordischen Tannenmeisen verstärkt werden. [F] Als Nistplatz wird meist eine bodennahe Baumhöhle oder auch ein Erdloch gewählt. Nach 14–18 Tagen Brutzeit schlüpfen 6–10 Junge, die 18–20 Tage im Nest bleiben.

Kleiber

Sitta europaea

Sperling	S	1 IV–VI

[M] Schnabel kräftig und spitz; Scheitel und Oberseite blaugrau, Unterseite rahmgelb mit kastanienbraunen Flanken. Über den weißen Wangen läuft ein schwarzer Streifen durch das Auge. [V] Kleiber bewohnen Laub- und Mischwälder, Gärten und Parks. Sie sind sehr ungesellig. [L] Kennzeichnendes Verhaltensmerkmal ist die Fähigkeit, auch mit dem Kopf voran stammabwärts oder an der Unterseite waagerechter Äste zu klettern. Die langzehigen Füße sind an die kletternde Lebensweise hervorragend angepaßt. Der Schwanz wird nicht als Stütze benutzt. Der Vogel ist ein häufiger Besucher am Futterhaus; klopft mit dem Schnabel Nüsse und Sämereien auf. [F] Nistet in verlassenen Spechthöhlen, deren Eingang mit Lehm auf einen kleineren Durchmesser zugeklebt wird (Name!). 5–9 Eier, Brutzeit 14–18 Tage, Nestlingszeit ca. 24 Tage.

Gartenbaumläufer

Certhia brachydactyla

< Sperling	S	1 IV–VI

M Vom nah verwandten Waldbaumläufer, *Certhia familiaris*, ist diese Art nur schwer zu unterscheiden. Beide zeichnen sich durch einen langen gebogenen Schnabel aus. Oberseite braun, Flankenbereich beim Gartenbaumläufer deutlich brauner als beim Waldbaumläufer. Weißer Überaugenstreif beim Waldbaumläufer deutlicher. **V** Wälder, Parks und Gärten mit großen Bäumen. Meidet allerdings dichte Wälder. **L** Klettert in kleinen Sprüngen und meist spiralig an Stämmen hoch. Der Schwanz bildet dabei eine wichtige Stütze. Mit dem spitzen Schnabel sucht er Rindenspalten nach Insekten ab. **F** Nistet hinter abstehender Rinde, in Baumspalten oder Nistkästen. 5–7 Eier, Brut- und Nestlingszeit ca. 15 Tage.

Neuntöter

Lanius collurio

G

> Sperling	Z IV–IX	1 V–VII

M ♂ und ♀ sind bei diesem Würger deutlich am Gefieder unterscheidbar: Beim ♂ sind Rücken und Flügel rotbraun, Kopf, Nacken und Bürzel sind bläulich hellgrau; das Grau des Kopfes wird vom Weiß der Kehle durch eine von der Schnabelwurzel bis zur Ohrregion ziehende Binde getrennt. Das ♀ ist oberseits matt rötlich-braun, am Bauch und an den Flanken cremefarben mit bräunlichen Halbmondflecken. **V** Neuntöter findet man in offener Buschlandschaft mit Trockenrasen und an Waldrändern. **L** Der Vogel sitzt gern auf den Spitzen von Dornhecken. Auffallend sind die kreisenden Schwanzbewegungen. Als Nahrung dienen größere Insekten, aber auch Mäuse, kleinere Reptilien oder Frösche, die zur Vorratshaltung an Stacheln oder Dornen aufgespießt werden (Name!). **F** Nest in Dornbüschen; das ♀ brütet 14–16 Tage auf den 4–6 Eiern, Nestlingszeit 12–16 Tage.

Star

Sturnus vulgaris

< Amsel	Z, TZ II–IX	1-2 IV–VI

M Der knapp amselgroße Vogel hat ein glänzend schwarzes Gefieder. Je nach Lichteinfall tritt ein bronzegrüner oder purpurfarbener Schimmer auf. Schwanz kurz, Schnabel lang und sehr spitz. Letzterer ist im Frühjahr gelb, im Herbst wird er dunkelbraun. Im Spätherbst fällt die weiße Tüpfelung des Gefieders auf. **V** Die Art bewohnt Kulturland, Wälder, Gärten, Parks und Feldgehölze. **L** Stare treten oft in Schwärmen auf, die v.a. im Herbst tausende Vögel umfassen können. Die Nahrung (Kerbtiere, Würmer) wird am Boden gesucht; die Vögel schreiten dabei. Gesang variantenreich, schwätzend mit einzelnen Pfiffen und vielen Imitationen von Geräuschen und anderen Vogelstimmen. **F** Als Höhlenbrüter nehmen die Vögel Spechthöhlen, Nistkästen und Mauernischen an. 4–6 Eier, Brutzeit 13–15 Tage, Nestlingszeit ca. 3 Wochen.

Haussperling

Passer domesticus

bekannt	S	2-3 IV-VIII

[M] Der allbekannte Spatz ist im ♂ Geschlecht durch eine dunkelgraue Kopfplatte und einen dunkelbraunen Nacken, eine schwarze Kehle und weiße Wangen gekennzeichnet. Oberseite und Flügel sind braun. Das ♀ ist graubraun und ohne auffallende Merkmale. [V] Kommt ausschließlich in der Nähe menschlicher Siedlungen vor. [L] Spatzen sind gesellige Vögel, die das ganze Jahr über in kleinen Schwärmen auftreten. Ihr unaufhörliches Schilpen gehört zum Klangbild jedes Dorfplatzes. Sie nehmen pflanzliche Nahrung und Insekten zu sich. [F] Als Brutplätze werden Mauerlöcher, Spalten unter Dachrinnen, Gebäudenischen u.a. genutzt. 4–6 Eier, Brutdauer 11–13 Tage, Nestlingszeit 13–16 Tage. Beide Partner brüten und füttern.

Feldsperling

Passer montanus

bekannt	S	2 IV-VIII

[M] Im Gegensatz zum oben beschriebenen Haussperling sind hier beide Geschlechter gleich gefärbt. Vom Haussperling unterscheiden diese Art die dunkelbraune Kopfplatte und die dunklen »Ohrenschützer« im Bereich der weißen Wangen. Auffallend ist auch der weiße, am Nacken nicht ganz geschlossene Halsring. [V] Feldsperlinge bevorzugen Feldgehölze in der Nähe menschlicher Siedlungen, sind stellenweise auch in Dörfern anzutreffen. [L] Die in Trupps herumstreunenden Vögel suchen in Hecken, auf freiem Feld und z.T. an Waldrändern nach Insekten, Sämereien, Knospen und anderer pflanzlicher Nahrung. Die Tschilp-Laute sind kürzer und weicher als beim Haussperling. [F] Höhlenbrüter; Nest in Baumhöhlen, Felsspalten, Mauerlöchern, Nistkästen. Das Gelege besteht aus 4–6 Eiern, die in 11–14 Tagen ausgebrütet werden. Nestlingszeit ca. 2 Wochen.

Girlitz

Serinus serinus

< Sperling	Z III-X	2 IV-VII

[M] Wichtigste Merkmale dieses kleinen Vogels sind der kleine, kegelförmige Schnabel und der gelbe Bürzel. Oberseite und Flanken dunkelbraun gestreift. Kehle und Brust beim ♂ gelb, beim ♀ grüngelb bis grau. Girlitze werden manchmal mit dem auf S.366 beschriebenen Zeisig verwechselt. [V] Girlitze sind in Parkanlagen, Gärten, an Waldrändern und in offener Kulturlandschaft heimisch. [L] Oft fällt der Vogel auf, wenn er von hoher Warte sein lang andauerndes, sirrendes Lied vorträgt. Hin und wieder kann man ihn auch beim Singflug – ein senkrechtes Aufsteigen mit kreisenden Abwärtsbahnen – beobachten. Als Nahrung dienen in erster Linie kleinere Sämereien, daneben aber auch Insekten. [F] In dichtem Gebüsch oder in Bäumen wird ein Napfnest gebaut. Das Gelege enthält 3–5 Eier; Brut- und Nestlingszeit ca. 14 Tage.

Buchfink

Fringilla coelebs

Sperling	TZ	1-2 IV-VII

M Beide Geschlechter sind beim wohl bekanntesten Fink durch eine doppelte weiße Flügelbinde und durch weiße äußere Steuerfedern gekennzeichnet. Das ♂ ist unten und im Gesicht rotbraun, oben kastanienbraun; Oberkopf und Nacken sind blau. Das ♀ ist an den entsprechenden Stellen olivgrau bis braungrau. **V** Alle Lebensräume mit Baum- und Buschbestand. **L** Auf der Suche nach Sämereien ist der Fink oft am Boden anzutreffen. Während der Brutzeit besteht die Nahrung überwiegend aus Insekten. Sein schmetternder Gesang spielt im Vogelkonzert eine dominierende Rolle. **F** Das Napfnest wird in 2–10 m Höhe gebaut. Nach 12–13tägiger Brutzeit schlüpfen 4–6 Junge; Nestlingszeit 12–15 Tage.

Bergfink

Fringilla montifringilla

Sperling	Z X–IV	-

M Brust und Schulterfleck des ♂ sind orangefarben; Kopf, Nacken und Vorderrücken im Winter bräunlich, im Frühjahr und Sommer schwarz. Das ♀ ist blasser mit braungeflecktem Rükken und aschgrauen Halsseiten. Beide Geschlechter haben einen weißen Bürzel. **V** In Buchenwäldern mit reichlicher Mast, aber auch in Gärten, Parks und auf Wiesen und Äckern anzutreffen. **L** Der nordeuropäische Vogel tritt bei uns nur als Wintergast auf, z.T. in riesigen Schwärmen. Sommeraufenthalt und Brut sind extrem selten. Die Vögel ernähren sich bei uns v.a. von Bucheckern und Knospen. Die Anzahl der bei uns einwandernden Individuen ist abhängig von der Intensität des Winters in der Heimat. Auch das Nahrungsangebot scheint eine Rolle zu spielen. **F** In der nordischen Heimat wird das Nest in Birken gebaut. 5–7 Eier, Brut- und Nestlingszeit 11–13 Tage.

Grünling

Carduelis chloris

Sperling	S	2-3 IV-VIII

M Das ♂ ist insgesamt olivgrün, am Bürzel gelbgrün. An den Flügeln und am Schwanz fallen die gelben Flügelspiegel bzw. die gelben Schwanzsäume besonders gut auf. Das ♀ ist matter, eher graugrün gefärbt. Der helle Schnabel ist sehr kräftig. **V** Den bekannten Vogel findet man in Gärten, Parks und an Waldrändern; z.T. kann man von typischen Stadtvögeln sprechen. **L** Grünfinken sind im Winter häufige Gäste am Futterhaus und dort wegen ihrer Unverträglichkeit nicht sehr beliebt. Der kanarienähnliche Trillergesang wird von hoher Warte oder im fledermausartigen Balzflug vorgetragen. Als Nahrung dienen den Grünfinken verschiedene, auch größere Sämereien und – v.a. in der Brutzeit – Insekten. **F** Im gut in Büschen versteckten Nest brütet das ♀ in 12–15 Tagen 4–6 Junge aus. Sie werden 14–17 Tage im Nest gefüttert.

Stieglitz
Carduelis carduelis

< Sperling	TZ	1-2 V-VIII

[M] Auffallendste Merkmale dieses recht bunten Vogels sind die schwarz-gelb gezeichneten Flügel und der schwarz-weiße Kopf mit der roten Gesichtsmaske. Der Rücken ist braun, im Bürzelbereich weiß. [V] Stieglitze sind im offenen Kulturland, in Parks, Gärten und Obstgärten heimisch. [L] Der Vogel klettert bei der Suche nach Sämereien geschickt an Stauden und Zweigen; v.a. Distelsamen werden sehr gerne gefressen, woraus sich auch der Beiname Distelfink ableitet. Außerhalb der Brutzeit werden kleine Schwärme gebildet, um die Nahrungssuche zu optimieren. [F] Nest hoch in Bäumen oder Büschen im Spitzenbereich der Zweige. 4–6 Eier werden in 12–14 Tagen ausgebrütet. Nestlingszeit ca. 2 Wochen.

Zeisig
Carduelis spinus

< Sperling	TZ	1-2 III-VI

[M] Das ♂ ist olivgrün mit schwarzem Kinn und Scheitel. Bürzel, Flügelbinden und ein Streif hinter dem Auge sind leuchtend gelb. Wie auch beim insgesamt graueren ♀ sind Rücken und Flanken dunkel gestreift. [V] Nadelwälder, Birken- und Erlengehölze, Parks und Gärten. [L] Die Art brütet in unseren Breiten relativ selten. Häufiger kann man den Vogel im Winter beobachten; meist bilden sich kleine Schwärme, die v.a. Erlenwälder nach Sämereien absuchen. Auch kleine Insekten werden v.a. während der Brutzeit nicht verschmäht. Der Vogel zwitschert fast unentwegt; seinen Gesang trägt er meist von höherer Warte vor oder im schmetterlingsartig flatternden Singflug. [F] Das Nest mit 3–5 Eiern wird im oberen Bereich von Fichten angelegt. Die Jungen schlüpfen nach 12–14 Tagen und verlassen das Nest nach derselben Zeit.

Hänfling
Carduelis cannabina

< Sperling	TZ	2 IV-VII

[M] Stirn und Brust des ♂ sind im Brutkleid leuchtend rot. Der Rücken ist kastanienbraun, Schwingen und Schwanz sind weiß gesäumt. Unterseits gelbbraun, dunkel gestreift. Außerhalb der Brutzeit ist der ganze Kopf grau, die Brust weniger rot. Dem ♀ fehlen rote Gefiederbereiche. [V] Hänflinge bevorzugen offenes Gelände mit Buschbestand; hin und wieder kann man sie auch in Gärten und an Waldrändern beobachten. [L] Der gesellige Vogel bildet außerhalb der Brutzeit meist kleine Schwärme zur Nahrungssuche. Er sammelt sehr gerne Sämereien an Stauden oder anderen krautigen Pflanzen und braucht deshalb die typischen »Unkräuter«. Sein variantenreiches Lied mit pfeifenden und nasalen Lauten wird meist von erhöhter Warte aus vorgetragen. [F] In dichten Hecken oder Büschen wird ein Nest mit 4–6 Eiern angelegt. Brut- und Nestlingszeit 12–15 Tage.

Gimpel, Dompfaff

Pyrrhula pyrrhula

Sperling	S	1-2 IV-VII

M ♂ und ♀ sind bei dieser Art deutlich zu unterscheiden: Die Unterseite des ♂ ist leuchtend rot, die des ♀ rotbraun. Beide Geschlechter haben eine schwarze Kopfkappe, einen grauen Rücken, weißen Bürzel und schwarzen Schwanz. Die Flügel sind schwarz mit weißer Binde. **V** Gimpel sind in Wäldern, Parks, Gärten und im Buschgelände anzutreffen. **L** Die recht heimlichen Vögel bilden das ganze Jahr über feste Paare, die auch fast immer gemeinsam unterwegs sind. Als Lautäußerung ist meist ein einfacher Pfeifton zu hören; der einfache Gesang besteht nur aus aneinandergereihten pfeifenden Tönen. **F** Das Nest wird in dichten Fichten oder Hecken angelegt. 4–6 Eier, Brutzeit 12–14 Tage, Nestlingszeit 12–16 Tage.

Goldammer

Emberiza citrinella

Sperling	TZ	2 IV-VII

M Kopf und Unterseite des ♂ sind leuchtend zitronengelb. Die Oberseite ist braun mit deutlicher Streifung, die auch die Flanken mit einbezieht. Am dunklen Schwanz fallen beim Fliegen die weißen Außenränder auf. Das ♀ ist insgesamt weniger gelb. **V** Goldammern sind typische Vögel der buschbestandenen Feldflur. Die Intensivierung der Landwirtschaft macht den Vögeln allerdings zunehmend zu schaffen. **L** In der Brutzeit sind Goldammern sehr reviertreu, im Winter schließen sie sich gern gemischten Vogelschwärmen an. Sie ernähren sich von einer ausgewogenen Mischkost aus Sämereien und Insekten. Der hübsche Gesang wird meist von hoher Warte aus vorgetragen. **F** Der Vogel nistet in Bodennähe in Gebüschen, aber auch in Schonungen und an Waldrändern. 3–5 Eier; Brut- und Nestlingszeit ca. 2 Wochen.

Rohrammer

Emberiza schoeniclus

Sperling	TZ	2 IV-VII

M Im Brutkleid sind beim ♂ Kopf und Kehle schwarz und durch einen weißen Halsring vom dunkelbraunen Rücken abgegrenzt. Die Unterseite ist grauweiß mit schwarz gefleckten Flanken. Im Ruhekleid ist der Halsring nicht erkennbar. Beim ♀ Kopf braun, schwarzweißer Bartstreif und gelbbraune Unterseite. **V** Rohrammern bewohnen Röhrichte, Gewässerränder mit Buschbestand und Feuchtwiesen. Auf dem Zug kann man sie auch im Kulturland sehen. **L** Die Vögel sitzen gerne an Schilfhalmen. Oft kann man das ♂ beobachten, wie es, schräg am Halm sitzend, seinen variablen Gesang vorträgt. Rohrammern ernähren sich bevorzugt von Grassamen; im Sommer dazu von kleinen Insekten, Schnecken und Würmern. **F** Nest am Boden oder in niedrigem Gebüsch. Die 4–6 Jungen schlüpfen nach 12–14 Tagen, Nestlingszeit ca. 2 Wochen.

Eichelhäher

Garrulus glandarius

< Krähe	S, Str	1 IV–VI

[M] Rötlichbrauner Rabenvogel mit schwarzem Schwanz, weißem Bürzel, blauweiß gebändertem Flügelbug, weißem Flügelfeld, schwarzweißem Scheitel sowie schwarzem Bartstreif. [V] Wälder aller Art. [L] Zur Brutzeit heimlich, sonst recht gesellig. Auffällig sein rätschender Warnruf. Flug wirkt unbeholfen. Die Nahrung ist sehr vielseitig, neben tierischer Beute (Insekten, -larven, Kerbtiere, Schnecken, Eier, Jungvögel und Mäuse) werden v.a. im Herbst Eicheln, Bucheckern und Nüsse gesammelt und als Wintervorrat zwischen Laub, Wurzeln oder in der Erde versteckt. [F] Nest meist gut versteckt in Büschen und Bäumen, beide Partner erbrüten in 16–17 Tagen 5–6 Junge, die nach 19–20 Tagen das Nest verlassen.

Elster

Pica pica

< Krähe	S	1 IV–VI

[M] Charakteristisch sind das metallisch schimmernde, schwarzweiße Gefieder und der lange, gestufte Schwanz. [V] Offenes Kulturland mit einzelnen Bäumen, Büschen, Hecken, Waldränder, Dörfer, Städte. [L] Läuft viel am Boden, bewegt sich geschickt im Geäst, der Flug wirkt etwas unbeholfen. Der Gesang ist wie bei anderen Rabenvögeln ein leises, krächzendes Schwätzen. Kennzeichnend ist der laute, tschackernde Ruf. Ernährt sich sehr vielseitig: Insekten, -larven, Spinnen, Schnekken, Würmer, Amphibien, Kleinsäuger, Eier und Jungvögel, Früchte, Sämereien, Abfälle und Aas. Wie alle Rabenvögel sehr intelligent. Trotz aller Anpassungen an den Menschen ist die Elster ihm gegenüber sehr scheu und vorsichtig geblieben. [F] Überdachtes Reisignest meist hoch in Bäumen, ♀ erbrütet in 17–18 Tagen 5–8 Junge, die nach 22–28 Tagen ausfliegen.

Dohle

Corvus monedula

< Krähe	S, Str	1 IV–VI

[M] Nacken und Ohrdecken grau, Unterseite dunkelgrau, sonst schwarz, Auge hellgrau. [V] Alte Gehölze, Felsen, Ruinen, Siedlungen. Im Winter oft in großen Trupps, zusammen mit Saatkrähen, auf Feldern. [L] Fast immer gesellig. Flugbild taubenartig. Ruft laut und hell »kjak« und »kau«. Der Gesang ist ein leises, variables Schwätzen mit vielen Imitationen. Gemeinschaftliche Nahrungssuche am Boden. Allesfresser: v.a. Insekten und -larven, Würmer, Schnecken, Nestlinge, Vogeleier, Körner, weiche Früchte und Abfälle. Die Paare halten lebenslang zusammen. [F] Koloniebrüter, in alten Gemäuern, Kirchtürmen, Gehölzen mit genügend Höhlen (Schwarzspechthöhlen!). Nimmt auch geeignete Nistkästen. Überwiegend das ♀ erbrütet in 17–18 Tagen 3–6 Junge, die nach 28–32 Tagen das Nest verlassen und nach 35–36 Tagen voll flugfähig sind.

Saatkrähe
Corvus frugilegus

G

Raben-krähe	S, Str	1 III–V

M Charakteristisch sind die helle, nackte Schnabelwurzel der Altvögel und die abstehenden »Pluderhosen«. Gefieder blauschillernd schwarz. **V** Offenes Kulturland mit einzelnen Wäldchen oder Parks. **L** Fast stets gesellig, v.a. im Winter in großen Schwärmen (Zuwanderer aus dem Osten). Übernachtet gerne an Gemeinschaftsschlafplätzen. Ruft tiefer und rauher als die Rabenkrähe »krah«. Ernährt sich von Insekten, Würmern und Schnecken sowie pflanzlichen Abfällen und keimenden Körnern. **F** Koloniebrüter. Die Nester stehen meist hoch in einzelnen Baumgruppen, auch mitten in Städten. Das ♂ erbrütet in 17–20 Tagen 3–6 Junge, die nach 29–35 Tagen ausfliegen, aber noch lange Zeit in der Kolonie bleiben.

Aaskrähe
Corvus corone

bekannt	S, Str	1 III–V

M Die Art tritt in 2 Unterarten auf: im Westen die schwarze Rabenkrähe (*Corvus corone corone*, Foto) mit dem kräftigen Schnabel und dem stets befiedertem Gesicht, und im Osten die Nebelkrähe (*Corvus corone cornix*) mit grauem Nacken, Rükken und grauer Unterseite. Beide Unterarten vertreten sich geographisch, lediglich auf einer Linie Fehmarn-Elbe-Alpen gibt es eine schmale Mischzone, wo beide zusammen vorkommen. **V** Offene Kulturlandschaft, Waldränder, Parks, Städte. **L** Während der Brutzeit paarweise, recht heimlich, sonst häufig in großen Schwärmen. Bekannt sind die heiseren »kräh«-Rufe. Allesfresser: tierische und pflanzliche Nahrung, Aas und Abfälle; während der Brutzeit auch Eier und Jungvögel. **F** Einzelbrüter. Großes Nest in der Krone alter Bäume. Das ♀ erbrütet in 18–20 Tagen 4–6 Junge, die nach 4–5 Wochen ausfliegen.

Kolkrabe
Corvus corax

G

> Krähe	S	1 II–V

M Unser größter schwarzer Rabenvogel mit mächtigem schwarzem Schnabel und keilförmigem Schwanz. **V** Alpentäler, Wälder des Tieflandes. **L** Segelt im Aufwind, vollführt bei der Balz akrobatische Flugspiele. Ruft tief »grog« und »kark«, daneben metallisch »klong«. Der Gesang ist ein leises, variables Schwätzen mit Imitationen. Sehr intelligenter Rabenvogel! Allesfresser: krankes Jungwild, Kleinsäuger, Reptilien, Insekten und deren Larven, Früchte, Aas und Abfälle. Die Paare bleiben ganzjährig (vielleicht lebenslang?) zusammen. Daneben gibt es Trupps nichtbrütender »Junggesellen«, die häufig große Schwärme (z.B. an Futterstellen, Müllkippen) bilden können. **F** Nest meist auf geschütztem Felssims, aber auch auf Bäumen. Das ♀ erbrütet in 20–21 Tagen 4–6 Junge, die nach 5–6 Wochen ausfliegen, aber weiterhin im Familienverband bleiben.

Waldspitzmaus

Sorex araneus

< Hausmaus	Wälder Garten	IV–XII

M Oberseite schwarzbraun, Bauch gelblich- bis weißlichgrau. Flanken hellbraun. Ohr klein, im Fell fast ganz versteckt. **V** Feuchte Wälder, Wiesen, Hecken, Moore, Parks, Gärten. **L** Tag- und nachtaktiv. Läuft und klettert flink, schwimmt sehr gut. Lebt in selbstgegrabenen, aber auch in alten Wühlmausgängen. Zwitschert schrill. Nahrung sind Regenwürmer, Schnecken, Insekten, -larven, Spinnen, kleine tote Wirbeltiere (auch Spitzmäuse!). **F** Kugeliges Nest aus Blättern, Moos und Gras, meist unter Baumstämmen. Tragzeit 13–20 Tage. 3–4 Würfe jährlich mit 4–10 nackten, blinden Jungen. Augenöffnen mit 13–21 Tagen, Säugezeit 21–23 Tage, dann selbständig. Mit 3–4 Monaten geschlechtsreif.

Maulwurf

Talpa europaea

> Hausmaus	Wiesen Gärten	III–VIII

M Körper walzenförmig; große, seitlich gerichtete Vorderfüße (»Grabschaufeln«) mit langen Krallen. Fell samtig weich, Oberseite glänzend grauschwarz, unten etwas heller. Schnauze rüsselartig, Augen winzig, Ohrmuscheln fehlen, Schwanz kurz. **V** Wiesen, Gärten, Felder, Laubwald. **L** V.a. tagaktiv. Einzelgänger. Gräbt weitverzweigte Gänge, wirft die Erde zu »Maulwurfshügeln« auf. Schwimmt sehr gut. Piepst, zwitschert oder zischt. Kein Winterschlaf. Nahrung sind v.a. Regenwürmer, die er mit gezieltem Biß lähmt (Nahrungsvorrat!), Insekten, -larven, Tausendfüßler, Schnecken. **F** Nestkammer unter großem Maulwurfshügel; Nest aus trockenen Blättern und Moos. Tragzeit 4 Wochen. 1(–2) Würfe jährlich mit (2–)3–4(–6) Jungen. Augenöffnen nach 22 Tagen, Säugezeit 5 Wochen, dann selbständig. Geschlechtsreif im nächsten Jahr.

Igel

Erinaceus europaeus

bekannt	Wälder Felder Gärten	IV–VIII

M Plumper Körper, Schnauze spitz, Ohren kurz, rund, Augen klein. Körper mit dunkelbraunen, an Basis und Spitze gelblichen Stacheln besetzt. **V** Trockene, buschreiche Wälder, Felder, Gärten, Parks. **L** V.a. dämmerungs- und nachtaktiv. Klettert geschickt, läuft schnell, schwimmt gut. Rollt sich bei Gefahr zu einer Stachelkugel zusammen. Schnarcht, schmatzt und pfeift. Ruht tagsüber in großem Nest aus Gras, Blättern, Moos, meist im Gestrüpp oder Kompost. Nahrung sind Insekten sowie andere Kerbtiere, Regenwürmer, Schnecken, Kleinsäuger, Beeren, Obst. Winterschlaf von X–IV, wird bei frostfreiem Wetter zur Nahrungssuche unterbrochen. **F** Jährlich 1–2 Würfe mit je 2–10 blinden und weichstacheligen Jungen. Augenöffnen mit 14–18 Tagen, Säugezeit etwa 18–20 Tage, dann selbständig mit 40–45 Tagen. Oft noch im 1. Jahr geschlechtsreif.

Große Hufeisennase

Rhinolophus ferrum-equinum

G

> Schwalbe	Wälder Busch-land	IV–VIII

[M] Oberseite hell rötlich bis schiefergrau, Unterseite gelblich bis grauweiß. Fell dicht, weich. Ohren groß, stark zugespitzt. Hufeisenförmiger Nasenaufsatz (Name!) zur Ultraschallortung. [V] Lichte Wälder, Gehölze, buschreiche Landschaften. [L] Nachtaktiv. Schläft tagsüber in Felshöhlen, Bergwerkstollen, Ruinen, Kellern, Dachböden. Fliegt niedrig (0,5–3 m), schmetterlingsähnlich. Winterschlaf in frostfreien Felshöhlen, Stollen, Kellern von IX–IV. Schreit laut und tief. Jagt Nachtschmetterlinge, Käfer. [F] Paarung im Herbst und auch im zeitigen Frühjahr. Tragzeit 10–11 Wochen, 1(–2) nackte, blinde Junge. Augenöffnen nach etwa 1 Woche, flugfähig mit 3–4 Wochen, selbständig dann mit 2 Monaten. Im kommenden Jahr geschlechtsreif.

Mausohr

Myotis myotis

G

> Schwalbe	Dörfer Parks Kulturland	IV–VIII

[M] Eine der größten heimischen Fledermäuse. Oberseite graubraun, Unterseite grauweiß. Fell kurzhaarig. Flughaut und die großen Ohren rauchgrau. Ohrdeckel zugespitzt. [V] Bäuerliche Kulturlandschaft, Ortschaften, lichte Wälder. [L] Jagt im Dunkeln. Fliegt langsam, mit weitausholenden Flügelschlägen, in 5–8 m Höhe. Sommerquartier in zugluftfreien, dunklen Dachstühlen, Winterschlaf einzeln oder gesellig in frostfreien Felshöhlen, Stollen und Kellern. Wandert zum Winterquartier bis 250 km. Schreit laut. Nahrung v.a. Nachtschmetterlinge, Käfer. Erkennt Beute – wie alle Fledermäuse – am Fluggeräusch oder mittels Ultraschallortung (Echolot). Hindernisse werden nur durch Echolot umgangen. [F] Paarung im Herbst und im Frühjahr. Tragzeit 60–70 Tage, meist nur 1 Junges im Juni. Flugfähig mit 40–50 Tagen, mit etwa 2 Monaten selbständig.

Abendsegler

Nyctalus noctula

G

> Schwalbe	Wälder Siedlun-gen	IV–IX

[M] Gedrungene, große Fledermaus mit breiten, abgerundeten Ohren. Ohrdeckel pilzförmig. Fell kurz, glänzend, oberseits charakteristisch rotbraun, unten gelbbraun. Intensiver Moschusgeruch! [V] Dörfer, Städte, Feldgehölze, lichte Laub- und Mischwälder. [L] Fliegt oft schon vor Sonnenuntergang, meist in 5–25 m Höhe. Jagt gern zusammen mit Schwalben und Mauerseglern. Nahrung sind v.a. Fluginsekten. Sommerquartier in Baumhöhlen, Mauerspalten, Dachböden, Nistkästen; Winterschlaf von X–IV in Baumhöhlen, Dachstühlen, oft bis zu 1000 Tiere in dichten Trauben hängend. Sehr ortstreu. Wanderungen zum Winterquartier bis 1500 km. Rufe schrill, durchdringend. [F] Paarung im Herbst und Frühjahr. Meist 2 Junge im Mai/Juni. Augenöffnen mit 9 Tagen, ab dem 12. Tag völlig behaart, mit 4–6 Wochen flugfähig und dann mit 9 Wochen selbständig.

Eichhörnchen
Sciurus vulgaris

bekannt	Wälder Parks	XII–X

[M] Oberseite rotbraun, graurot, braun bis schwarz, Unterseite weiß. Schwanz buschig, Ohren im Winter mit langen Haarbüscheln. [V] Wälder, Parks, Gärten. [L] V. a. tagaktiv. Lebt auf Bäumen, klettert (auch kopfabwärts) und springt sehr gut. Baut Kugelnester (Kobel) aus Zweigen, Gras, Moos, bewohnt auch Baumhöhlen, alte Krähen- und Elsternnester. Kein Winterschlaf! Ruft bei Erregung »tjuk-tjuk-tjuk ...«. Sammelt Laub- und Nadelbaumsamen (Vorräte!), Beeren, Pilze, Rinde, Knospen, Kerbtiere, Eier, Jungvögel. [F] Paarung ab XII–VII, Wurfzeit II–VIII, Tragzeit 38 Tage. Jährlich 1–2 Würfe mit je 2–5 nackten, blinden Jungen. Augenöffnen nach 4 Wochen, Säugezeit 9–12 Wochen. Geschlechtsreif ab Ende 1. Jahr.

Siebenschläfer
Glis glis

< Eichhörnchen	Wälder Parks	VI–X

[M] Oberseite bräunlichgrau, silbrig glänzend, Unterseite scharf abgesetzt weiß. Augen groß mit dunklem Augenring. Ohr klein, rundlich. Schwanz buschig. Unser größter Bilch. [V] Laub- und Mischwald, Parks, Gärten. [L] Dämmerungs- und nachtaktiv. Lebt in Familien. Klettert und springt sehr gut. Wohnt in Baumhöhlen, Felsspalten, Vogelnistkästen, selten in Gebäuden (Speisekammer!). Fiept und pfeift. Winterschlaf von X–V in selbstgegrabenen Erdhöhlen. Legt manchmal Sommervorrat, aber keine Wintervorräte an. Nahrung sind Blätter, Knospen, Rinde, Maitriebe, Eicheln, Bucheckern, Nüsse, Beeren, Obst, bisweilen auch Insekten, Vogeleier, Jungvögel. [F] Paarung VI–IX, Tragzeit 30–32 Tage. 1 Wurf jährlich mit 4–6(–11) Jungen. Augenöffnen mit 21–23 Tagen, Säugezeit 4–5 Wochen, selbständig mit 8 Wochen. Mit 1 Jahr geschlechtsreif.

Haselmaus
Muscardinus avellanarius

Hausmaus	Wälder Gebüsch	IV–X

[M] Unser kleinster Bilch. Große Augen, Ohren rundlich, Schwanz dicht behaart. Oberseite gelblich bis orangebraun, Bauch heller, Brust und Kehle weiß. [V] Laub-, Misch- und Auwälder mit viel Unterholz und beerentragenden Sträuchern. Nicht an Haselnuß gebunden! [L] Dämmerungs- und nachtaktiv, wenig gesellig. Klettert, springt und läuft sehr gut und schnell. Baut kunstvolles Kugelnest aus Gras, Laub, Moos in Höhlungen oder freistehend. Winterschlaf von X–IV. Bei Störung intensives hohes Pfeifen, sonst leises Zirpen. Nahrung sind Sämereien, Him-, Brombeeren, Baumfrüchte, Insekten. [F] Paarung IV–X, Tragzeit 22–24 Tage, 1–2 Würfe (VI–VIII) mit 3–5(–9) Jungen. Augenöffnen mit 16–18 Tagen, Säugezeit 4 Wochen und mit 5–6 Wochen selbständig. Nach dem ersten Winterschlaf sind die jungen Haselmäuse geschlechtsreif.

Hamster

Cricetus cricetus

G	Eich-hörnchen	Felder	IV-VIII

[M] Oberseite gelbbraun, Gesicht, Schultern und Vorderflanken weißfleckig, Unterseite schwarz. Augen klein, Ohren rund, geräumige Backentaschen. [V] Steppe, bei uns Kulturfolger in Klee-, Luzerne-, Rüben- und Getreidefeldern. [L] Nacht- und dämmerungsaktiv, Einzelgänger. Läuft, springt, schwimmt gut. Gräbt weites Gangsystem mit mehreren Eingängen, Vorratskammern, Nest- und Kotkammer. Quiekt und zirpt. Winterschlaf X–III, wird gelegentlich zur Nahrungsaufnahme (v.a. vegetarisch) unterbrochen. [F] Paarung IV–VII, Tragzeit 17–20 Tage, 2–3 Würfe mit je 4–12 nackten, blinden Jungen. Augenöffnen nach 14 Tagen, Säugezeit 18 Tage, mit 25 Tagen dann selbständig. Ab 10 Wochen geschlechtsreif.

Feldmaus

Microtus arvalis

> Hausmaus	Wiesen Felder	III–X

[M] Oberseite gelblich-braungrau, Unterseite gelblichgrau. Augen klein, Ohren kurz, innen dicht fein behaart. Schwanz kurz. Fell glatt, kurzhaarig. [V] Felder, Äcker, Wiesen, Böschungen. [L] Tag- und nachtaktiv, gesellig. Klettert und springt kaum, schwimmt gut. Quiekt hell. Gräbt weite Gangsysteme mit vielen Öffnungen, im Winter auch oberirdische Gänge unter Schnee. Legt am Eingang und in den Gängen oft Futter ab: Kräuter, Gras, Getreide, Feldfrüchte, Sämereien. Nimmt gelegentlich auch Baumrinde und Insekten. [F] Kugeliges, meist unterirdisches Nest aus trockenem Gras. Pflanzt sich, je nach Witterung, fast ganzjährig fort, meist jedoch III–X. Tragzeit 16–24 Tage. Jährlich 3–6 Würfe mit je 2–10 nackten, blinden Jungen. Augenöffnen mit 9–10 Tagen, Säugezeit 12 Tage, mit 3 Wochen selbständig. ♀ mit 12, ♂ ab 28 Tagen geschlechtsreif.

Waldmaus

Apodemus sylvaticus

Hausmaus	Wälder Felder Gärten	IV–X

[M] Oberseite gelblich-graubraun, Bauch weißgrau, Flanken gelblich. Augen und Ohren groß, Schwanz fast so lang wie der Körper. [V] Laub- und Mischwälder, Feldgehölze, Hecken, Böschungen, Felder, Parks, Gärten. [L] Dämmerungs- und nachtaktiv. Läuft und klettert schnell und gewandt, springt bis 80 cm weit. Wenig gesellig. Gräbt tiefe Gänge mit einem schrägen und einem senkrechten Ausgang, legt Nest- und Vorratskammer an. Lebt aber auch in alten Wühlmaus- und Maulwurfsgängen. Piepst hell. Nahrung sind v.a. Kräuter- und Gräsersamen, Knospen, Beeren, Früchte, Pilze, Insekten, Würmer, Schnecken. [F] Paarung IV–X, Tragzeit 23 Tage. Jährlich meist 3(–4) Würfe mit je 3–9 nackten und blinden Jungen. Augenöffnen nach 12–14 Tagen, Säugezeit 14–15 Tage, mit 21 Tagen selbständig. Mit 8 Wochen geschlechtsreif.

Bisamratte

Ondatra zibethicus

> Hamster	Gewässer	III–IX

M Unsere größte Wühlmaus. Oben kastanien- bis schwarzbraun, unten hellbraun bis -grau. Ohren rund, ragen kaum aus dem Fell. Schwanz seitlich zusammengedrückt, kaum behaart. Hinterfüße groß, mit Schwimmborsten und -häuten. Starker Moschusgeruch! **V** Teiche, Seen, Kanäle, Bäche, Flüsse, Sümpfe. **L** V.a. Dämmerungs- und nachtaktiv. Schwimmt und taucht sehr gut. Baut bis 1 m hohe Schilfburgen (Eingang unter Wasser!); gräbt Gänge in Steilufer, Dämme und Deiche. Pfeift kurz. Nahrung sind v.a. Wasserpflanzen. **F** Paarung III–IX, Tragzeit 30 Tage. 2(–3) Würfe mit je (2–) 4–5 (–8) nackten, blinden Jungen. Augenöffnen mit 10–14 Tagen, Säugezeit 18 Tage. ♀ mit 5 Monaten geschlechtsreif.

Feldhase

Lepus capensis

bekannt	Felder Wiesen	I–X

M Oben gelbbraun bis braungrau, Flanken, Kehle, Brust rostgelb, Bauch weiß. Schwanz kurz, oben schwarz, unten weiß. Ohren lang, Ohrspitze schwarz. Kopf länglich, Augen groß, gelbbraun. Hinterbeine viel länger als Vorderbeine. **V** Wiesen, Felder, Wälder, Dünen. **L** Meist dämmerungsaktiv. Springt und schwimmt gut, läuft schnell über weite Strecken, schlägt Haken. Trommelt bei Erregung mit den Vorderfüßen. Scharrt flache Mulden (Sassen) als Ruheplatz. Nahrung sind Kräuter, Gräser, Früchte, Pilze, Knospen, Kleintiere, Aas. **F** Paarung I–VIII, Tragzeit 42–44 Tage, Setzzeit III-X. Häufig »Überfruchtung«, d.h. erneutes Trächtigwerden vor dem Setzen. 3–4 Würfe mit je 2–4 sehenden, behaarten, fast lauffähigen Jungen (»Nestflüchter«). Säugezeit 3 Wochen, selbständig dann mit etwa 3–4 Wochen. Geschlechtsreif Ende des 1. Jahres.

Wildkaninchen

Oryctolagus cuniculus

< Feldhase	Felder Heide Parks	II–XI

M Oben sandfarben, graubraun, grau oder schwarz, unten weißlichgrau. Kopf rund, Augen groß, braun. Ohren aufrecht, kürzer als der Kopf. Hinterbeine kaum länger als Vorderbeine. **V** Felder, Heide, Gärten, Parks. **L** Stammform unserer Hauskaninchen (»Stallhasen«). V.a. dämmerungsaktiv. Lebt in selbstgegrabenen Erdbauen in Familien bis zu 25 Tieren. Hoppelt, springt, schlägt Haken, rennt nur kurze Strecken. Klopft bei Gefahr mit den Hinterläufen. Nahrung sind Kräuter, Wurzeln, Feldfrüchte, Beeren, Pilze, Knospen, Rinde. **F** Paarung II–XI, Tragzeit 28–31 Tage. 4–6 Würfe mit 1–15 nackten, blinden Jungen (»Nesthocker«), in einem unterirdischen Wurfnest aus Gras und Bauchwolle der Mutter. Augenöffnen nach 10 Tagen, Säugezeit 3 Wochen, selbständig mit 4–5 Wochen. Geschlechtsreif mit 3–4 Monaten, ausgewachsen mit 8–10 Monaten.

Dachs
Meles meles

G

Fuchs	Wälder	II–X

M Plump, kurzbeinig. Oben grau, Bauch und Beine dunkelgrau bis schwarz. Rücken mit schwarzem Aalstrich. Kopf flach, schwarzweiße Gesichtsmaske. Augen, Ohren klein. Schwanz kurz. **V** Laub-, Mischwald, Steppe, Sümpfe. **L** Nacht- und dämmerungsaktiv. Gräbt Erdbaue mit mehreren Eingängen, übernimmt auch Fuchs- und Kaninchenbaue. Lebt paarweise, in Dauerehe. Kein echter Winterschlaf. Warnruf quiekend. Allesfresser: Regenwürmer, Schnecken, Kleinsäuger, Gelege, Jungvögel, Aas, Früchte, Pilze, Wurzeln. **F** Paarung II–X, Tragzeit 7–13 Monate, Wurfzeit I–V des Folgejahres. 1 Wurf mit 3–5 nackten Jungen. Augenöffnen nach 12 Tagen, Säugezeit 2 Monate, selbständig nach 6 Monaten. Geschlechtsreif im 2. Jahr.

Hermelin, Wiesel
Mustela erminea

> Ratte	Wälder Felder Gärten	II–VIII

M Schlank, kurze Beine, runde, stehende Ohren. Sommerkleid: Rücken braun, Bauch scharf abgesetzt weiß, Schwanzende schwarz. Winterkleid: bis auf die schwarze Schwanzspitze weiß. **V** Wälder, Steppe, bäuerliche Kulturlandschaft, Parks, Gärten. **L** Nachtaktiv, im Sommer auch tag- und dämmerungsaktiv. Sehr neugierig. Klettert, springt, schwimmt gut. Bewohnt kleine Höhlen, alte Schermausbaue. Nest mit Laub und Gras ausgekleidet. Bei Gefahr durchdringendes Keckern und Schreien. Nahrung sind v. a. Nagetiere bis Kaninchengröße und andere kleine Wirbeltiere. **F** Paarung II–VIII, Tragzeit 7 Wochen bis 9 Monate, Wurfzeit IV/V. 1 Wurf mit (3–)5–6(–12) weiß behaarten Jungen. Augenöffnen mit 6 Wochen, Säugezeit 7 Wochen, nach 3 Monaten ausgefärbt, mit etwa 4–5 Monaten dann selbständig. Geschlechtsreif mit ca. 2 Jahren.

Mauswiesel
Mustela nivalis

< Ratte	Wälder Felder Gärten	III–VIII

M Schlank, kurzbeinig. Hals lang, Ohren rund. Rücken rot- bis graubraun, Bauch und Beininnenseiten gelblichweiß, Übergang oft gezackt. Schwanz ohne (!) schwarze Spitze. **V** Wälder, deckungsreiche Kulturlandschaft, Gärten, Siedlungen. **L** Vorwiegend dämmerungs- und tagaktiv. Überwiegend Einzelgänger; Jungtiere jagen z. T. noch im Verband der Mutterfamilie. Klettert und schwimmt gut. Lager in kleinen Erd- oder Baumhöhlen, die zur Jungenaufzucht mit Blättern ausgepolstert werden. Jagt Mäuse, Ratten und andere kleine Wirbeltiere bis Kaninchengröße. Bei Angst kurzes, schrilles Kreischen. **F** Paarung III–VIII, Tragzeit mindestens 5 Wochen. 1–3 Würfe mit 3–9(–12) nackten, blinden Jungen. Augenöffnen mit 4 Wochen, Säugezeit 5–6 Wochen, selbständig mit 3–4 Monaten, bald darauf Trennung von der Mutter. Geschlechtsreif mit 6–12 Monaten.

Baummarder

Martes martes

< Katze	Wälder Parks	II–VIII

[M] Seidenweiches, kastanienbraunes Fell, Kehle und Vorderbrust goldgelb. Schwanz lang, buschig. [V] Ausgesprochenes Waldtier, gelegentlich auch in Parks und Gärten. [L] Meist nachtaktiv. Klettert (auch kopfabwärts!) und springt ausgezeichnet. Ruht tagsüber in Eichhörnchenkobeln, Krähennestern, Baumhöhlen. Jagt v. a. Rötel-, Wühl-, Spitzmäuse, andere Kleinsäuger bis Kaninchengröße, Vögel bis Hühnergröße, nimmt auch Früchte und Eier. Alarmruf ist ein tiefes »öff«. [F] Paarung II oder VI–VIII. Tragzeit 2–10 Monate, Wurfzeit IV. Meist (2–)3–5(–7) Junge. Augenöffnen nach 4 Wochen, Säugezeit 6–8 Wochen. Mit 3 Monaten selbständig; die Jungmarder bleiben bis zum Herbst in der Mutterfamilie. Geschlechtsreif mit ca. 2 Jahren.

Steinmarder

Martes foina

< Katze	Fels Gärten Gebäude	II–VIII

[M] Plumper, kurzbeiniger als der oben beschriebene Baummarder. Graubraun mit weißem Kehl- und Brustfleck. [V] Felsiges, locker bewachsenes Gelände mit vielen Verstecken, Gärten, Siedlungen. [L] Nachtaktiv. Klettert nicht so gut wie Baummarder. Bewohnt Höhlen und Spalten aller Art, auch in Gebäuden. Lautäußerungen ähnlich Baummarder. Nahrung sind v. a. Kleinsäuger bis Kaninchengröße, Vögel bis Hühnergröße, Früchte, Eier, Abfälle. In Städten als »Automarder« (zerbeißt Gummileitungen und -dichtungen) aktiv. [F] Paarung II oder VI–VIII, Tragzeit 2–9 Monate, Wurfzeit IV, nach verzögerter Tragezeit erst des folgenden Jahres. Meist 3–5 nackte, blinde Junge. Augenöffnen nach 5 Wochen, Säugezeit 6–8 Wochen; selbständig mit etwa 3 Monaten. Die Jungtiere bleiben meist bis zum Herbst in der Familie. Geschlechtsreif mit ca. 2 Jahren.

Rotfuchs

Vulpes vulpes

> Katze	Wälder Felder	I–V

[M] Oberseite rotbraun, Kehle, Bauch, Beininnenseiten weißlich. Färbung variabel: »Brandfuchs«, »Kohlfuchs« mit dunkler bis schwarzer Unterseite, »Kreuzfuchs« mit dunklem Schulterkreuz, »Birkenfuchs« hell. Schwanz buschig mit weißer Spitze. [V] Wälder, Parklandschaften, buschreiche Feldflur. [L] Dämmerungs- und nachtaktiv, Junge spielen tagsüber vor dem Erdbau. Sieht, hört und riecht sehr gut. V. a. in der Paarungszeit weit hörbares »hau«. Jagt Wirbeltiere bis Hasen- und Gänsegröße, v. a. aber Mäuse, nimmt auch Früchte. Gilt als Hauptüberträger des Tollwuterregers. [F] Paarung (Ranzzeit) I–II, Tragzeit ca. 50 Tage, Wurfzeit III/IV. 3–5(–12) grauwollige, blinde Junge. Augenöffnen in der 2. Woche, Säugezeit bis 4 Wochen (Jungfüchse verlassen erstmals den Bau), mit 3–4 Monaten selbständig. Mit 9 Monaten geschlechtsreif.

Rothirsch

Cervus elaphus

bekannt	große Wälder	IX–X V–VI

M Größtes, heimisches Schalenwild. Im Sommer rötlichbraun, im Winter graubraun, Spiegel rötlich bis gelblich. Jugendfärbung rotbraun mit weißen Flecken. Geweihe der ♂ in Form und Größe je nach Alter verschieden. **V** Große Wälder. **L** V. a. dämmerungsaktiv. Meist in Rudeln (♂, Mütter mit Jungen), alte ♂ auch Einzelgänger. Läuft, springt, schwimmt, sieht, hört und riecht gut. Geweihabwurf II–IV, Fegezeit bis Ende VIII. Zur Brunftzeit »Röhren« der ♂. Nahrung sind Gräser, Kräuter, Triebe, Rinde, Pilze, Früchte. **F** Paarung (Brunftzeit) IX/X, Tragzeit knapp 8 Monate, Setzzeit V/VI. Meist nur 1 Junges, mit offenen Augen. Säugezeit 3–4 Monate, selbständig mit etwa 1 Jahr. Geschlechtsreif im 2.–3. Jahr.

Reh

Capreolus capreolus

bekannt	Wälder Felder	VII–VIII XI–XII V–VI

M Im Sommer rostbraun mit gelblichem Spiegel, im Winter graubraun mit weißem Spiegel. Jungtiere mit weißer Fleckung, die bis zum Herbst verschwindet. Geweih des Bocks unten wulstig, stark geperlt, mit bis zu 3 Enden pro Stange. Geweihabwurf X/XI, Neuansatz I, Fegezeit IV. **V** Wälder, Felder, Wiesen. **L** V. a. dämmerungsaktiv. Einzeln, paarweise oder in der Mutterfamilie (Sprung). Hört, läuft, springt, schwimmt sehr gut. Zur Brunftzeit ausgeprägtes Territorialverhalten. Kurzes Bellen als Warn- oder Drohlaut. Nahrung sind Kräuter, Gras, Triebe, Früchte, Pilze. **F** Paarung VII/VIII oder XI/XII (Nachbrunft). Nach Befruchtung im Sommer erfolgt eine sog. Eiruhe; eigentliche Tragzeit also nur 6 Monate. Setzzeit V/VI. Meist 1–2 Junge mit offenen Augen, Säugezeit 2–3 Monate, selbständig Ende des 1. Lebensjahres. Geschlechtsreif im 2. Jahr.

Wildschwein

Sus scrofa

bekannt	Wälder	XI–I III–IV

M Behaarung borstig, schwarzbraun. Kopf keilförmig, Schwanz mit Endquaste. Keiler (♂) mit großen, gebogenen Eckzähnen (Hauer). Fell der Jungen (Frischlinge) braun-cremefarben längsgestreift. Stammform unseres Hausschweines. **V** Laub- und Mischwälder. **L** Tag- und nachtaktiv. Tiere in Rotten (Familienverbänden), alte Keiler meist Einzelgänger. Schwimmt und läuft ausdauernd, hört gut, riecht ausgezeichnet. Durchwühlt den Boden mit der Schnauze nach Wurzeln, Knollen, Früchten, Insektenlarven, Würmern, Schnecken, nimmt auch Eier, Aas. Quiekt und grunzt. **F** Paarung (Rauschzeit) XI–I, Tragzeit 4–5 Monate, Wurfzeit III/IV. Meist 1 Wurf, manchmal 2 (in südlichen Gebieten). Je Wurf 3–12 Junge mit offenen Augen, Säugezeit 3 Monate, Fellstreifung verschwindet im 3. Monat. Selbständig mit 6 Monaten. Geschlechtsreif mit 9–18 Monaten.

Register

Deutsche Namen

Wissenschaftliche Namen

Bildnachweis

Arndt 347 u, 375 u;
Beck 287 m;
Bellmann 159 u, 171 o, 187 u, 193 u, 217 u, 225 u, 227 o, 229 u, 233 o, 245 o, 247 o, 247 u, 251 u, 267 o, 273 m, 275 m, 277 m, 277 u, 291 m;
Beyer 359 m, 363 o;
Danegger 235 o, 257 u, 301 u, 307 u, 333 m, 357 o, 357 m, 365 m, 365 u, 369 o;
Daudt 72 or, 205 m, 243 m, 261 o, 293 u;
Diedrich 95 o, 139 m, 145 m, 311 u, 321 o, 341 m, 343 u, 351 m, 351 u, 365 o, 371 o, 373 u;
Eisenbeiß 37 o, 37 m, 41 o, 77 o, 113 u, 229 o, 251 o, 271 o, 275 o, 305 u;
Eisenreich: alle hier nicht einzeln aufgeführten Fotos;
Gerhardt 19–35 (alle)
Handel 67 u, 70 ol, 71 ml, 73 ol, 73 mr, 73 ur, 74 ol, 75 ol, 75 mr, 75 ur, 259 o;
Jahns 37 u;
König 119 u, 225 o, 235 m, 247 m, 255 o, 299 o, 299 u, 381 o;
Labhardt 39 u, 175 o, 261 m, 387 u;
Lange 383 m;
Limbrunner 215 o, 217 o, 257 o, 291 o, 307 o, 309 alle, 311 m, 321 u, 325 o, 335 u, 337 m, 339 u, 347 o, 349 o, 355 u, 359 u, 361 m, 371 u, 375 m, 377 alle, 379 m;
Maier 311 o;
Meyers 303 o, 307 m;
Moosrainer 327 u, 331 o, 343 o, 349 u, 351 o, 367 o, 367 m;
Pfletschinger/Angermayer 113 o, 219 u, 221 u, 223 o, 223 m, 231 alle, 235 u, 239 m, 243 u, 245 m, 249 o, 249 u, 251 m, 253 o, 253 m, 255 m, 255 u, 263 m, 265 o, 269 u, 273 u, 279 u, 281 m, 281 u, 295 o;
Pforr 41 m, 70 ul, 71 ur, 72 ml, 73 ml, 79 m, 81 m, 93 o, 103 m, 109 m, 115 u, 149 m, 151 o, 161 o, 167 m, 177 m, 213 o, 219 o, 225 m, 227 u, 237 u, 281 o, 293 m, 303 u, 315 m, 319 m, 327 m, 353 m, 375 o, 381 m, 389 m;
Plucinski 301 o, 301 m, 317 m, 319 u, 325 u, 329 u, 333 u, 359 o, 367 u;
Pott 39 o, 71 or, 72 ol, 87 u, 101 u, 111 u, 135 u, 147 o, 149 u, 201 o, 203 m, 207 u, 213 m, 213 u, 287 o, 345 m, 363 m, 389 o;
Quedens 313 m, 321 m, 323 m, 335 m, 337 u, 353 u, 363 u, 371 m, 387 m;
Reinhardt 47 o, 49 u, 63 m, 65 m, 70 or, 72 ul, 72 ur, 81 u, 99 m, 105 m, 147 u, 153 u, 173 m, 191 o, 197 u, 209 m, 249 m, 289 o, 389 u;
Reinhardt/Angermayer 87 m, 285 u, 289 m, 385 o, 387 o;
Ruckstuhl 223 u, 263 u, 269 m, 379 o;
Schmidt 361 u, 369 m;
Schrempp 39 m, 43 o, 43 m, 45 m, 53 o, 71 mr, 74 ul, 105 u, 139 o, 191 m, 193 o, 195 u, 197 m, 239 o, 241 o, 329 m, 355 m, 385 u;
Synatzschke 73 ul, 237 m, 239 u, 313 o, 383 o;
Trötschel 305 o, 319 o, 327 o, 341 u;
Wernicke 305 m, 323 o, 323 u;
Wolfstetter 41 u, 43 u, 72 mr, 103 o, 165 m, 199 m, 203 u;
Wothe 59 m, 77 u, 91 m, 97 u, 125 m, 127 o, 137 m, 145 o, 187 m, 215 m, 215 u, 229 m, 253 u, 297 u, 339 m, 349 m, 369 u;
Zeininger 53 u, 74 or, 107 o, 107 m, 131 m, 237 o, 273 o, 283 alle, 285 o, 285 m, 287 u, 289 u, 291 u, 295 u, 297 m, 299 m, 303 m, 313 u, 315 o, 317 o, 325 m, 329 o, 331 m, 331 u, 333 o, 335 o, 337 o, 339 o, 341 o, 343 m, 345 o, 345 u, 347 m, 353 o, 355 o, 357 u, 361 o, 373 o, 373 m, 379 u, 381 u, 385 m;
Zepf 241 m, 241 u, 243 o, 259 u, 265 u, 271 m, 271 u, 275 u, 279 o, 279 m.

Einbandfotos: Wilhelm Eisenreich

Grafiken: Barbara von Damnitz

Inhaltsübersicht